人工智能赋能教育改革 通识教育系列

• 丛书主编：曾文权

生成式人工智能素养

曾文权 王任之 主编

苑占江 张启项 王羿夫 副主编

清華大学出版社

北 京

内 容 简 介

本书从人工智能时代大学生应具备的基础素养出发，紧密围绕任务案例阐述生成式人工智能（AIGC）如何辅助学习、工作、生活、专业等方面，主要内容包括探索人工智能新篇章、AI时代的核心竞争力、AIGC与文本生成、AIGC与数据处理、AIGC与图像生成、AIGC与语音生成、AIGC与视频生成、AIGC与智能体和AIGC的伦理与责任。

本书既可以作为高等职业院校、应用型本科院校、中等职业学校人工智能通识课程的教材，也可以作为广大读者提升个人生成式人工智能素养的参考学习资料和相关培训机构的教材。

图书在版编目（CIP）数据

生成式人工智能素养 / 曾文权, 王任之主编.

北京 : 清华大学出版社 , 2024. 7(2025.1 重印). -- (人工智能赋能教育改革). -- ISBN 978-7-302-66779-7

Ⅰ. TP18

中国国家版本馆 CIP 数据核字第 2024U7H092 号

责任编辑：刘翰鹏
封面设计：常雪影
责任校对：袁　芳
责任印制：刘　菲

出版发行：清华大学出版社
　　网　　址：https://www.tup.com.cn，https://www.wqxuetang.com
　　地　　址：北京清华大学学研大厦A座　　邮　　编：100084
　　社 总 机：010-83470000　　邮　　购：010-62786544
　　投稿与读者服务：010-62776969，c-service@tup.tsinghua.edu.cn
　　质量反馈：010-62772015，zhiliang@tup.tsinghua.edu.cn
　　课件下载：https://www.tup.com.cn，010-83470410
印 装 者：三河市龙大印装有限公司
经　　销：全国新华书店
开　　本：185mm×260mm　　印　张：15.5　　字　　数：371千字
版　　次：2024年8月第1版　　印　　次：2025年1月第4次印刷
定　　价：49.00元

产品编号：108322-02

序

PREFACE

自21世纪开启以来，全球迎来了移动互联网、云计算、大数据、VR/AR、5G等数字技术的飞速发展和广泛应用。特别是2022年年底，人工智能技术实现历史性突破，以ChatGPT为代表的生成式人工智能惊艳亮相，其自动生成内容的卓越能力，正以迅雷不及掩耳之势影响并重塑着各行各业。回顾教育发展的历程，每一次科技与产业的重要变革都引发了教育随之而变。近年来，数字技术的潜力逐步释放，为教育形态的变化和重塑提供了前所未有的机遇与挑战。生成式人工智能的最大特点就是工具的随手可及和应用的操作便捷，上至耄耋老人，下至低龄幼童，都有可能轻松驾驭，由此将为个性化学习、差异化因材施教以及更加科学的教育治理开辟一个新的天地，这对于提高职业教育的质量与效率具有不可估量的深远意义。

由广东科学技术职业学院副校长曾文权教授等主编的《生成式人工智能素养》敏锐捕捉到了当前通用大模型教学应用的急迫需求，为高校师生提供一本生成式人工智能教学应用的通识类教材。本书以九个项目的形式呈现了生成式人工智能应用于学习、工作、生活、专业等方面的内容。每一个项目都创设了典型应用场景，分析了任务特点，提供了任务实施的步骤等。除了呈现文字内容外，本书编者还创建了一个可交互的AI智能体。读者通过扫描书中二维码可以访问对话式互动学习资源，具备通过AI智能体工具互动教学的新形式。学生可以根据自己的学习进度、兴趣偏好以及知识掌握程度从AI智能体中获得个性化的学习资源推荐；教师可以根据AI智能体的实时反馈掌握学生的学习情况并调整教学内容。通过这种人机合作模式，教师和学生能够有效地将AI智能体融入日常教学，共同构建一个更加个性化、高效互动的教育环境，实现人与智能技术的深度融合与协同进步。在内容上，注重理论与实践的结合，提供了相关的教学案例，从实际操作的角度出发，阐述了生成式人工智能在职业教育中的应用方法。本书是通用大模型教学应用的入门级教材，对提升全国职业院校师生的人工智能素养、生成式人工智能教学应用能力具有重要的参考价值。

我所在的清华大学教育技术团队过去26年来一直致力于教育技术学的研究与实践，深信教育与技术的深度融合是未来教育发展的方向。广东科学技术职业学院围绕人工智能赋能职业教育教学开展了一系列改革行动，成效显著。希望更多的职业院校行动起来，迎接人工智能创新教育的新挑战，共同推动我国高等职业教育数字化的转型发展。

愿本书能够帮助职业院校师生快速掌握人工智能教学应用的知识和技能，同时更为重要的是形成以人为本、科技向善的人文意识与伦理素养，促进适应数字时代需要的高素质技术技能人才的培养。

清华大学教育研究院长聘教授
2024 年 7 月 25 日

前言

FOREWORD

当前，生成式人工智能催生和引领新一轮科技革命和产业变革。在算法、算力、数据的集成创新下，生成式人工智能日臻成熟，能够学习远超人脑掌握的知识，同时对信息化的知识进行重新组合并进行创造性运用，为全方位提升劳动力素养和技能、生产力要素提质增效提供了重要动力。开展“人工智能 +”行动，打造具有国际竞争力的数字产业集群和培养高质量数字人才，成为加快培育和发展新质生产力的重要引擎。随着人工智能技术的迅猛进步和不断更新，涌现出了以 GPT、文心一言、火山、Kimi 等为代表的国内外人工智能大模型，越来越多的组织开始探索使用人工智能生成内容（artificial intelligence generated content，AIGC）的工具，以快速、经济的方式创造大量内容，从而为人们的日常工作和生活带来便利，并满足各行业的特定需求。

生成式人工智能重塑高等教育形态应回归育人本源，回答“培养什么人”的时代之问，承担起新质人才培养新使命。联合国教科文组织 2024 年发布了《教师人工智能能力框架》《学生人工智能能力框架》，要求具备以人为本的人工智能意识、掌握人工智能的应用、树立正确的人工智能伦理。面向智能时代，提升人工智能素养、开设人工智能通识课已达成共识。我们更应该注重培养人的高阶认知能力、复杂技能的组合运用能力和与强人工智能的协作能力。

目前市场上缺乏生成式人工智能素养的系统化、专业化教材，无法满足应用本科、职业院校的教学需求以及企事业单位培训的要求。因此，编写一本知识适度、技能实用、交互性强、AI 赋能、师生能快速入门且适合人机协同教学培训的生成式人工智能通识课教材显得尤为迫切。

本书具有以下特点。

（1）内容全面。本书涵盖了人工智能的概念和基本知识、提示词设计方法、AI 生文、AI 绘画、AI 数据分析、AI 视频、AI 智能体、AI 伦理等内容的核心知识和技能，并将其应用到工作、学习、生活和专业等场景中。教材同时在拓展部分融入信息技术基础相应模块的内容，满足不同学习者的需要。

（2）形态新颖。本书充分发挥 AIGC 的作用，采用“预设 + 生成”设计教材内容，采用“问答式、探究式、交互式”实现人机协同教学新模式，采用“大模型智能体”实现生成个性化教学资源、智能辅助实训与智能评价，探索了“教、学、评”一体化的问答式、多模态、智能化教材新路径。

（3）体例创新。本书基于人智协同教育理念，充分发挥 AI 的作用，采用 AI 导学、AI 助学、AI 助训、AI 拓学体例，同时融入教学设计、实施与智能评价，真正做到教师好教、学生好学、人机共评。

（4）任务驱动。教学内容结合专业特点，通过场景引入与 AIGC 在工作、学习、生活、科研、伦理中的典型场景结合，将学习置于任务实践中，从而培养学生的实践能力和解决问题的能力。

（5）人机协同。本书突出了师生与 AI 的协同，强调了在人机交互中如何充分使用人类和机器的知识、经验和能力达到预期的输出结果。

（6）AI 学伴。本书使用前沿的 AI Agent 技术，每一章节都配有对应的智能体助手，通过有趣、有用的智能对话方式提供个性化辅导和反馈和推荐，有效提升教学效率与质量。

（7）产教融合。本书的编写得到了字节、百度、阿里、科大讯飞等头部大模型企业的支持，融入企业的新技术、新标准和新场景。同时使用 AI 工具（如豆包、扣子、智谱清言、文心一言、Kimi Chat、LiblibAI、剪映）进行内容生成与智能体开发，突出这些工具的强大能力、易用性等特点。

（8）资源丰富。本书提供素材文件、教学视频、教学 PPT、教案、教学日历和教学大纲，同时开发了配套的智能体等教学资源与平台。

本书由曾文权、王任之担任主编，苑占江、张启项、王羿夫担任副主编，国家首批人工智能领域教师创新团队相关成员杨玲、哈雯、韩天琪、孙巍、黄丽霞、冯翔飞、夏丛紫、许赢月、陈筱、杨家慧、杨忠明、赵曦等参与了编写和审稿。本书的编写得到了教育部教育数字化专家咨询委员会孙善学教授、韩锡斌教授，教育部职业教育教学信息化教学指导委员会王钧铭主任，中国计算机学会 VC 主席安淑梅女士及编委会专家委员等专家的指导与支持，他们的指导使本书内容更加符合人工智能通识课的定位和要求。感谢本书中所使用的生成式人工智能工具的开发者与经营者，他们为推动我国人工智能领域的发展，提升国民在生成式人工智能技术方面的素养和应用能力，提供了宝贵的支持和帮助。

本书可作为可单独开设的人工智能通识课教材，也可作为信息技术基础课的升级替代教材。建议学时为 32~48，可根据学校专业和企业实际，模块化组合教学内容。限于编者水平，书中难免有不足之处，诚挚期盼诸位专家学者、使用本书的师生们和企事业单位人员的指正。

编　者

2024 年 11 月

本书配套资源

目录

CONTENTS

| 项目 1 |

科技的浪潮：探索人工智能新篇章

【AI 导学】

项目 1
教学视频

科技的革命：人工智能赋能千行百业

自动驾驶

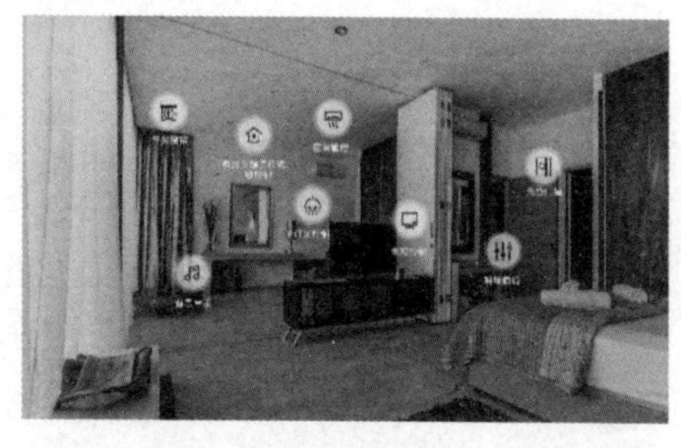

智能家居

智慧工厂

虚拟主播

欢迎来到人工智能的世界，这里，自动驾驶、智能家居、智慧工厂和虚拟主播等人工智能前沿科技正重塑我们的未来。让我们一起探索这些变革性案例，开启智能生活的新篇章。

试一试

亲爱的同学们，你们有没有在校园里或者日常生活中偶遇过那些聪明的人工智能小伙伴呢？请尝试使用“豆包”聊一聊。

打开豆包，分别输入以下问题：

（1）请推荐几个文生文的工具。

（2）请推荐几个文生图的工具。

（3）搜索一些关于 AI 教育的视频。

在科技革命和产业变革的浪潮中，人工智能正以其独特的力量赋能各行各业，引领着一场前所未有的革命。那么，人工智能究竟是什么？它的起源在哪里？当前的发展状况如何？未来又将如何发展？

本项目旨在深入探究人工智能的起源、发展史、核心要素、发展趋势，以及生成式人工智能的定义、特点及应用场景。通过实际操作，使用百度 AI 开放平台、文心一言、即梦 AI 和腾讯智影等工具，体验植物识别、人脸对比、文生文、文生图和数字人等前沿技术。

学习图谱

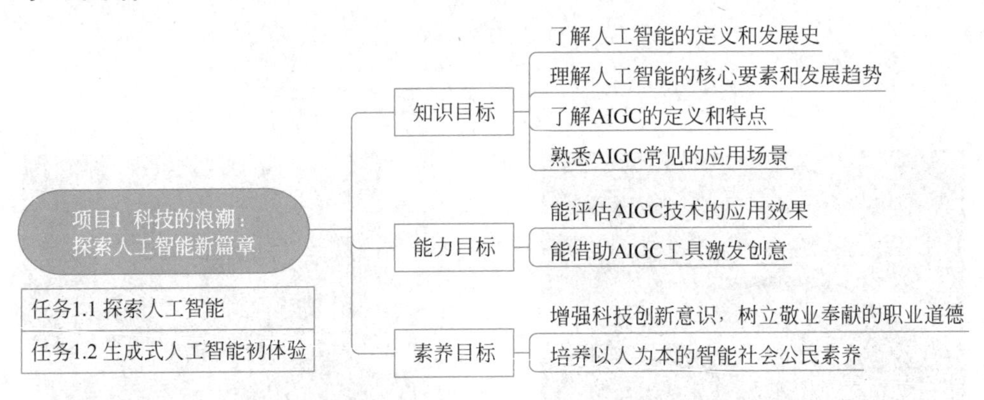

【AI 助学】

人工智能已成为推动社会进步和科技创新的关键力量。它模拟人类的智能行为，如感知、推理和学习，涉及了计算机科学、认知心理学等多个学科，展现出跨学科的研究深度。本节将带您深入了解人工智能的基本概念、发展历程、核心要素和发展趋势，以及生成式人工智能的定义、特点及应用场景。

1.1 初识人工智能

1. 人工智能的定义

人工智能（artificial intelligence，AI）是一门新的技术科学，目的是让机器拥有类似人的智能行为。这些智能行为包括感知、运动、推理、学习、规划、决策、想象、创造和情感等。人工智能也是一个跨学科的研究领域，它涉及计算机科学、认知心理学、神经科学、数学和哲学等多个学科。人工智能有多强大？如图 1-1 所示。

一般认为，人工智能是探讨用计算机模拟人类智能行为的科学。计算机是实现人工智能的基本工具，为智能行为建立计算模型是人工智能的基本任务。

当前人工智能方法都是通过计算实现的，因此计算机是基本工具。基于物理过程实现的功能一般不作为人工智能的研究对象，如风力带动石磨研磨稻谷等。

人工智能起源于对人类思维的模拟，关注那些需要“动脑子”才能完成的工作，或称为智能行为，如感知、记忆、动作、推理等。

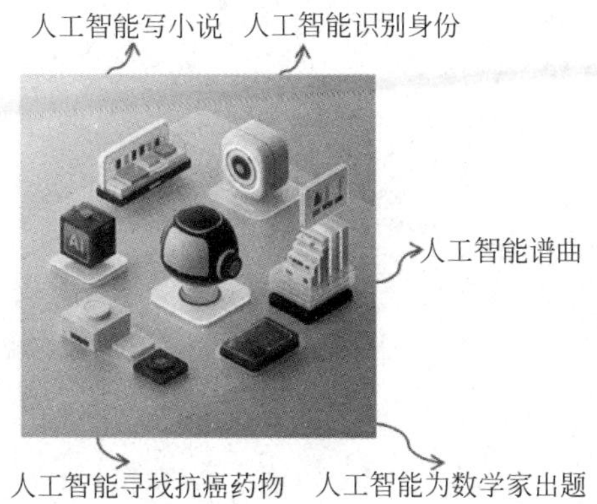

图 1-1　强大的人工智能

2. 人工智能的发展史

1950 年，艾伦·麦席森·图灵（Alan Mathison Turing）针对机器能否思维，发表了一篇题为 *Computing Machinery and Intelligence*（计算机器与智能）的论文。这篇论文提出了一种通过测试来判定机器是否有智能的方法，被后人称为图灵测试（Turing test）。该测试让测试者与被测试者（一个人和一台机器）在隔开的情况下，通过一些装置（如键盘）向被测试者随意提问。进行多次测试后，如果机器让平均每个参与者做出超过 30% 的误判，那么这台机器就通过了测试，并被认为具有人类智能。这一划时代的作品，使图灵赢得了“人工智能之父”的桂冠。图灵测试示意图如图 1-2 所示。

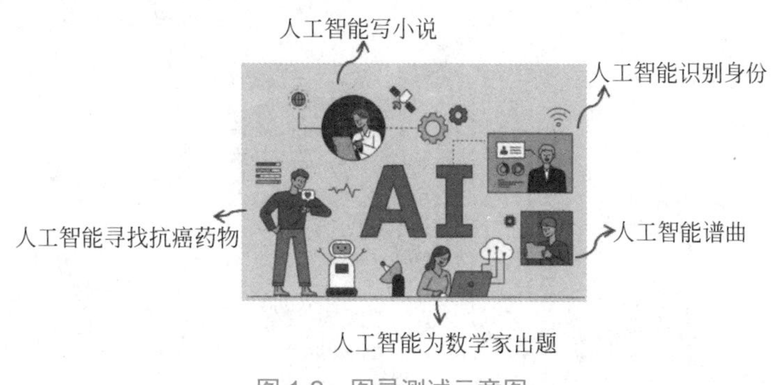

图 1-2　图灵测试示意图

1956 年 8 月，约翰·麦卡锡等一批年轻学者在美国达特茅斯学院召开研讨会，探讨实现智能机器的方法，史称达特茅斯会议。首次提出 AI 这一概念，标志着人工智能作为一个研究领域的正式诞生，为后续人工智能的发展奠定了学科基础。因此，1956 年被公认为人工智能元年。

人工智能的发展并不是一帆风顺，经历了若干次高潮与低谷。每当陷入困境时，总有一些科学家勇敢地打破传统思想的束缚，创造出新理论、新方法，使人工智能重现生机。人工智能发展的三次浪潮如图 1-3 所示。

3. 人工智能的核心要素

人工智能的三大核心要素是海量数据、强大算力和先进算法。海量数据为 AI 提供学

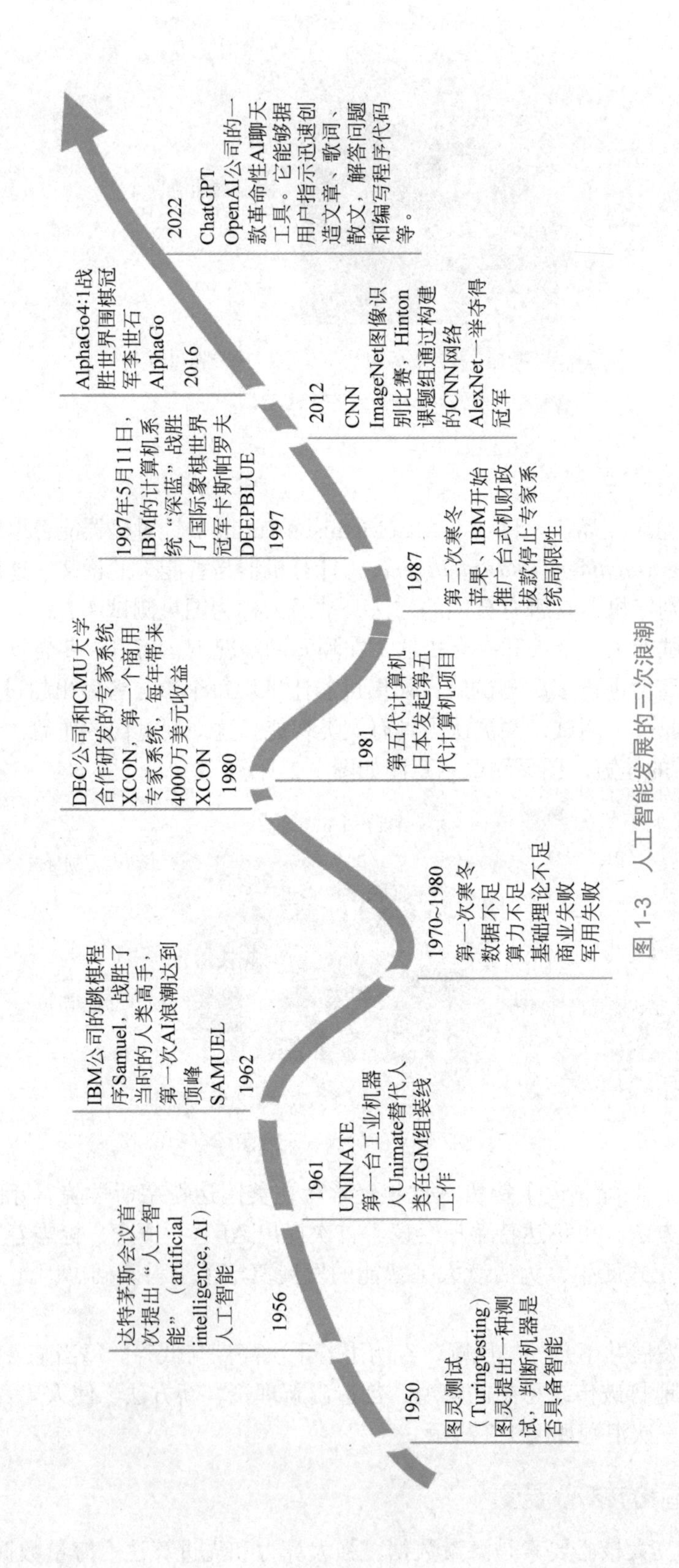

图 1-3　人工智能发展的三次浪潮

习材料，使其能从大量信息中提取模式和知识。强大算力是 AI 处理复杂计算和数据分析的基石，它依赖于高性能计算资源，如 GPU 和 TPU。算法则是 AI 的大脑，包括机器学习、深度学习等技术，它们使 AI 能够学习、预测和决策。这三者相辅相成，共同推动 AI 技术的进步，如图 1-4 所示。

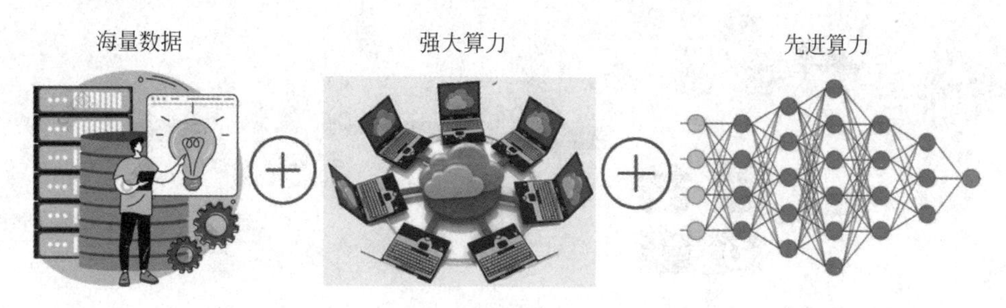

图 1-4　人工智能的核心要素

进入新世纪以来，基于机器学习的人工智能技术大放异彩。特别是 2010 年以后，以深度学习为基础的新一代人工智能技术突飞猛进。在计算机视觉、语音处理、自然语言处理、机器人等“传统”人工智能领域中，不仅系统（如人脸识别、语音识别）性能得到显著提升，而且还涌现出一些新的智能系统，如写诗、作画等。另外，近几年，人工智能与其他学科的交叉共融取得长足进展，极大拓展了人工智能的应用领域，如图 1-5 所示。

图像处理

最左侧为原始照片，美颜程度从左到右依次增强。

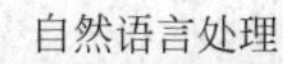

上图是给系统输入“泰迪熊作为疯狂的科学家在混合发光的化学物质”后生成的图片。

语音处理

人工智能技术已经可以合成出流畅清晰的声音，甚至可以用很小的代价生成特定人的发音。

图 1-5　人工智能的应用领域

4. 人工智能的发展趋势

OpenAI 公司在 2022 年底发布的 ChatGPT 模型，通过学习大量人类文字资料，不仅可以和人流畅对话，还可以写小说、写论文、编制项目计划书、充当计算器、调试代码。从这些结果来看，ChatGPT 不仅学习到了人类语言本身的规律，而且在一定程度上掌握了语言中所表达的知识，实现了对知识的学习和总结，这是人工智能领域又一次重要突破。人工智能的未来发展趋势将呈现多维度的变革。

AI 技术将继续在特定任务上超越人类，尤其在图像分类、视觉推理和语言理解等领域。其次，多模态 AI 的发展将使机器能够更全面地理解和响应复杂的数据类型，包括文本、图像和声音。此外，小型化和开源 AI 模型的进步将使 AI 技术更易于获取和定制，进一步推动其在各行各业的应用。群体智能实现“人类—环境—机器”无缝衔接，孕育并引领下一代人机协作范式。最终实现具有高效的学习和泛化能力、能够根据所处的复杂动态环境自主产生并完成任务的通用人工智能，如图 1-6 所示。

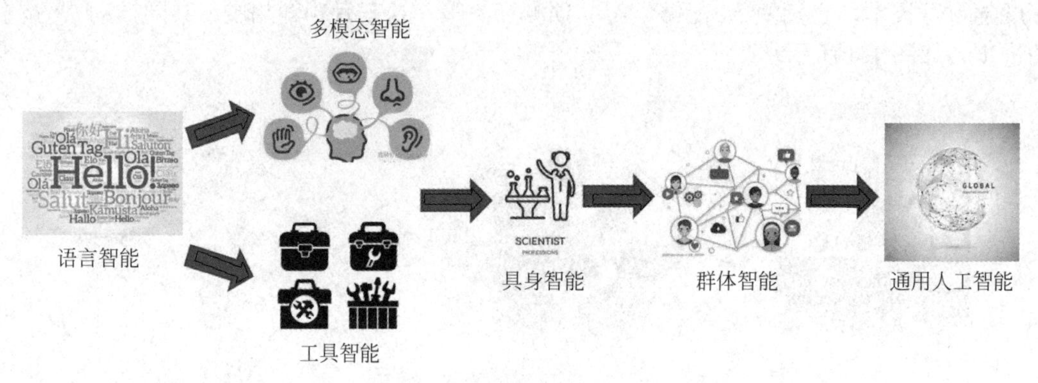

图 1-6 人工智能的发展趋势

1.2 生成式人工智能概述

1. 从 PGC 到 UGC 再到 AIGC

随着互联网与相关技术的发展，内容生产方式经历了三个发展阶段，分别是内容质量高但体量小的 PGC 阶段、内容丰富性提升的 UGC 阶段、内容智能高效生成的 AIGC 阶段。

1）PGC：精雕细琢，量少质优

专家生成内容（professional generated content，PGC）指由专业人士或团队创作和制作的内容。PGC 通常具有较高的质量、专业性、可信度和权威性。PGC 包括新闻报道、图书、电影、电视剧和音乐专辑等。这些内容经过精心策划、编辑和创作，以满足特定的标准和用户需求。

2）UGC：众创云集，量多质异

用户生成内容（user generated content，UGC）指由用户主动创作和分享的内容。UGC 是由用户主动创作的内容，包括文字、图像、音频和视频等多种形式，它反映了普通用户的观点、经验、兴趣和创造力。用户通常在微博、论坛和视频分享网站等平台发布和分享自己创作的内容。

3）AIGC：智能生成，高效质优

生成式人工智能（artificial intelligence generated content，AIGC）是一种新的 AI 技术，它使用 AI 模型，根据给定的主题、关键词、格式和风格等条件，自动生成各种类型的文本、图像、音频和视频等内容。

随着人工智能技术的快速发展，AI 可以通过机器学习、自然语言处理、计算机视觉和生成对抗网络等技术生成各种类型的内容。AIGC 可以模仿人类的创造力和风格，生成更符合用户需求的文本、图像、音频和视频等。

AIGC 与 PGC 和 UGC 相比，具有独特的优势，可在短时间内生成大量的内容，自动化创作、减少人工创作的成本和时间。然而，AIGC 也面临一些挑战，如内容原创性、伦理问题和法律责任等。PGC、UGC 和 AIGC 的内容生成方式、主体、优势和劣势见表 1-1。

表 1-1　PGC、UGC 和 AIGC 的优势与劣势

	PGC	UGC	AIGC
内容生成方式	专家生成内容	用户生成内容	人工智能生成内容
内容生成主体	专家或专业机构	普通用户	人工智能
优势	内容质量高、影响力大、可信度高	内容产量高、丰富多样、能吸引大量用户参与	产量高、效率高、可根据用户需求进行个性化定制
劣势	内容产出门槛高、产量低、受众范围较小	内容质量参差不齐	目前还存在很多错误

PGC、UGC 和 AIGC 代表不同阶段和不同参与者在内容生成中的角色变化，这个演变过程反映了技术进步和内容创作模式的变革。

2. AIGC 的特点

AIGC 通过深度学习、自然语言处理等技术，模拟人类的创作能力，生成文本、图像、音频和视频等内容。AIGC 的特点见表 1-2。

表 1-2　AIGC 的特点

特　　点	简　　介
自动化生成	能够自动根据输入生成内容，减少人工参与
高效率	快速处理数据并生成内容，提高内容产出速度
个性化定制	根据用户偏好生成定制化内容
跨模态能力	结合文本、图像、音频等多种媒介生成内容
持续学习	通过机器学习不断优化生成内容的质量
大规模应用	适用于大规模内容生产，满足不同用户需求
创新性	AI 能够创造出新颖独特的内容形式
交互性	支持与用户进行互动，提供更加个性化的体验
数据驱动	依赖于大量数据进行学习和生成内容
可扩展性	技术可以应用于多种不同的领域和场景

3. 生成式人工智能发展趋势

我国生成式人工智能产业蓬勃发展，产业规模和产品数量迅速增加，并逐渐融入人们的日常生活。一是我国人工智能产业体系更加全面。我国初步构建了较为全面的人工智能产业体系，相关企业超过 4500 家，核心产业规模已接近 6000 亿元人民币，产业链覆盖芯片、算法、数据、平台、应用等上下游关键环节。二是生成式人工智能产品在我国百花齐放。截至 2024 年 7 月，我国完成备案并上线、能为公众提供服务的生成式人工智能服务大模型已达 190 多个，为用户提供了丰富的选择空间和差异化体验。三是生成式人工智能与各行各业的融合正在我国加速落地。从智能语音助手到自动驾驶汽车，从机器翻译到智能医疗诊断，从智能制造到智慧城市，各类人工智能产品正逐步走进人们的生活，极大提高了用户的生活质量和工作效率。

大模型应用落地发展方向逐步清晰，大模型应用发展的三个阶段包括：人工智能助手阶段，如办公助手、营销助手和个人助手，在提升工作效率和生活质量方面发挥着重要作

用；智能体阶段，涵盖办公智能体、创作智能体和智能家居，通过感知环境和自主决策，为用户提供更加智能化的服务；具身智能阶段，包括工业机器人、人形机器人和自动驾驶汽车，在实际物理世界中执行复杂任务，展现了人工智能技术与实体世界深度融合的新趋势。如图 1-7 所示。

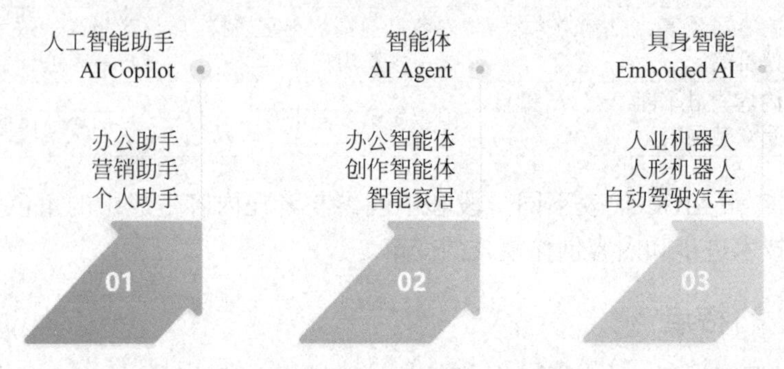

图 1-7　大模型应用发展的三个阶段

1.3　AIGC 的应用场景

随着人工智能技术的飞速发展，AIGC 技术正逐渐渗透到各行各业，从影视传媒到电商，从教育到医疗，再到金融和农业，AIGC 技术的应用正不断拓展行业边界，提升服务质量。AIGC 技术在不同领域中发挥作用，推动产业升级，改变我们的生活和工作方式。

1. AIGC+ 影视传媒：拓展空间，提升质量

影视技术的进步一直在推动行业发展，AIGC 技术的应用可以激发剧本创作，扩展角色和场景设计，提升制作质量，实现影视作品的文化和经济价值最大化。

2024 年 2 月 23 日，中国首部文生视频 AI 系列动画片《千秋诗颂》启播，如图 1-8 所示。《千秋诗颂》聚焦国家统编语文教材 200 多首诗词，依托中央广播电视总台“央视听媒体大模型”，运用 AI 人工智能技术将国家统编语文教材中的诗词转化制作为唯美的国风动画。

图 1-8　文生视频 AI 系列动画片《千秋诗颂》

【家国情怀　文化自信】：中国传统文化

节目首批推出《咏鹅》等六集诗词动画，沉浸式再现诗词中的家国情怀和人间真情，让更多的人尤其是青少年，感受中华文脉的勃勃生机和独有魅力，在内心根植深厚的文化自信。

2. AIGC+ 电商：智能化电商，改变购物模式

随着数字技术的发展，电商行业正广泛应用 AIGC 技术，以提升购物体验。该技术可用于商品 3D 模型的搭建、虚拟主播的创设，甚至虚拟货场的建设。同时，与增强现实（AR）、虚拟现实（VR）等新技术相结合，AIGC 可以实现视听等多感官交互的沉浸式购物体验。

虚拟主播在电商直播中的应用，如京东言犀虚拟主播，已经广泛投入使用，实现了直播成本降低 95%，平均 GMV 提升 30% 以上。AIGC 技术改变电商领域的购物模式，提供更智能化的购物体验。如图 1-9 所示。

图 1-9　虚拟主播

3. AIGC+ 教育：赋能教育，引领教育变革

人工智能与教育的结合已经成为教育领域的热门话题。人工智能可以为教育领域带来很多助力，如自适应学习、个性化教育、实时辅助等，有望为学生提供更好的学习体验，使其获得更好的学习效果。同时，人工智能技术还可以用于教育评估、教育管理等方面，帮助学校和政府更好地了解教育状况，为教育改革提供有力支持。

科大讯飞 AI 学习机结合 AIGC 技术，为中小学生和家长提供个性化学习辅导。它覆盖预习、复习、备考等场景，提高学习效率，培养良好习惯，减轻家长辅导负担，推动教育个性化发展。如图 1-10 所示。

图 1-10　科大讯飞 AI 学习机

4. AIGC+ 医疗：智能医疗，诊疗新范式

医疗保健是人类生产生活中不可或缺的一部分，对于保障人民健康、提高生活质量以

及促进经济发展都有非常重要的作用。在国民生产中，医疗保健领域是一个巨大的产业，包括医疗设备、医疗服务、药品制造和分销等多个方面。根据世界卫生组织的数据，全球医疗保健行业每年的总支出超过 10 万亿美元，是全球最大的产业之一。同时，医疗保健行业也是事关人类福祉和社会稳定的关键因素之一。

在医疗保健领域，AIGC 技术的应用可以帮助提供更高效、更精准、更智能的医疗保健服务。AIGC 在医疗保健领域的应用可以大致分为疾病诊断和治疗、药物研发及精准医疗等方面。如图 1-11 所示。

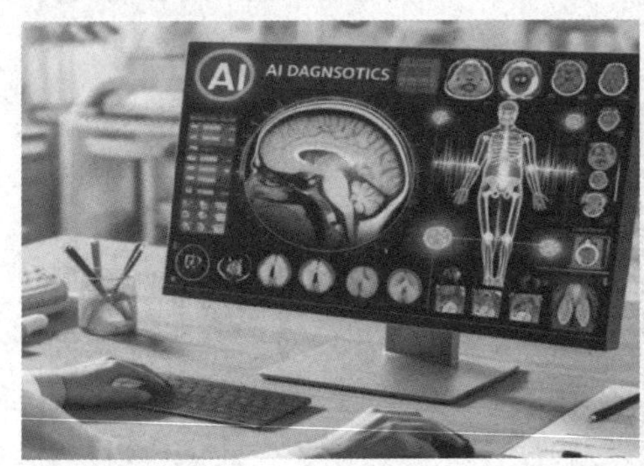

图 1-11　疾病诊断与药物研发

5. AIGC+ 金融：大数据与人工智能革新

随着人工智能和大数据技术的不断发展，金融领域也开始逐步采用 AI 和大数据技术，以提高业务效率和降低风险。金融业是信息密集型行业，海量数据的处理和分析是金融机构所面临的重要挑战。人工智能和大数据技术能够通过分析金融市场和客户行为等海量数据，为金融机构提供更精确、更全面、更实时的决策支持，从而提高金融机构的竞争力和风险控制能力。AIGC 在金融领域的应用，已经成为提高金融机构盈利能力、降低风险、提升客户满意度的必然选择。如图 1-12 所示。

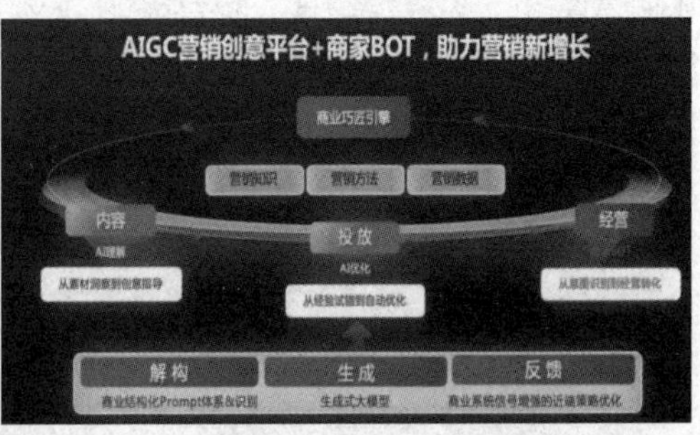

图 1-12　分析金融市场与预测

6. AIGC+ 农业：革新农业，未来可期

随着科技进步的浪潮，AIGC 技术正日益渗透至农业领域，为现代农业注入了无限活力与发展潜力。在现代农业生产实践中，人们借助尖端科技手段，致力于提升农作物种植的效率与品质，同时减少资源的消耗与环境的负担。因此，AIGC 技术在农业领域的应用

成为了一个备受瞩目的焦点。通过将 AIGC 技术与农业生产深度融合，能够实现农业作业的智能化、数字化和精准化管理，为农业生产提供科学、精确的指导与建议。如图 1-13 所示。

图 1-13 对农作物环境分析和预测

1.4 AIGC 常用的大模型工具

AIGC 常用的大模型工具见表 1-3。

表 1-3 AIGC 常用的大模型工具

工 具	简 介
豆包	字节跳动公司基于云雀模型开发的多功能人工智能工具，它集成了聊天机器人、写作助手以及英语学习助手等多种功能
百度 AI 开放平台	人工智能服务平台，提供全栈 AI 能力，包括语音识别、自然语言处理、计算机视觉等，支持端到端软硬一体应用解决方案
文心一言	百度推出的一款人工智能助手，专注于中文语言处理和搜索服务
即梦 AI	字节跳动推出的一站式 AI 创意创作平台，能够根据文本或图片生成图像和视频
腾讯智影	腾讯推出的云端视频编辑工具，集成了素材搜集、剪辑、包装、导出和发布等功能
扣子	字节跳动推出的一个新一代一站式 AI Bot 开发平台，用于快速搭建基于 AI 模型的问答 Bot
Kimi AI	由月之暗面科技有限公司开发的人工智能助手，擅长中英文对话

学一学

近几年诺贝尔奖中，人工智能专家获奖者备受瞩目。2024 年诺贝尔物理学奖授予了 John Hopfield 和 Geoffrey Hinton，以表彰他们在机器学习领域的开创性贡献。Hinton 曾因其在深度学习领域的工作被誉为"AI 教父"，并在 2018 年荣获图灵奖。这些成就突显了人工智能技术在当代科研中的重要性和影响力。

你可以跟大模型聊一聊，学习以下内容。

（1）用通俗易懂的语言解释什么是图灵测试？

（2）人工智能经历了三次发展浪潮，请分析人工智能第三次浪潮与前两次有何不同？

（3）人工智能的关键技术有哪些？

（4）了解 AIGC 的发展历程。
（5）你认为 AIGC 技术在未来十年内将如何重塑你所选择的行业？
（6）请考虑 AIGC 技术可能带来的机遇与挑战，并探讨如何准备和适应这些变化。

通过智能对话，AIGC 能迅速地按需生成人工智能相关知识并做出总结，极大地提升学习效率和学习效果，也可以智能推荐相关的学习资源。

测一测

测一测

扫码进入智能体，测一测知识的掌握情况。

【单选题】首次提出“人工智能”这一概念是在（　　）年。

A. 1956　　B. 1997　　C. 2016　　D. 2022

AI 助训

【AI 助训】

任务 1.1　探索人工智能

目前国内主流的 AI 开放或体验平台有：百度云、华为云、阿里云和腾讯云等。在这些平台上，都会为“开发者”提供智能开放平台，平台上有较多先进的应用体验，可以帮助初学人工智能的同学，直观理解人工智能的研究方向以及各研究方向的应用场景等。本任务使用百度 AI 开放平台，体验图像识别、人脸对比和文字识别等应用场景。

1. 图像识别

登录百度 AI 开放平台，单击“开放能力”，选择“图像技术”，单击“植物识别”，如图 1-14 所示，进入“植物识别”应用页面，接着单击“功能体验”按钮，进行“植物识别”体验。

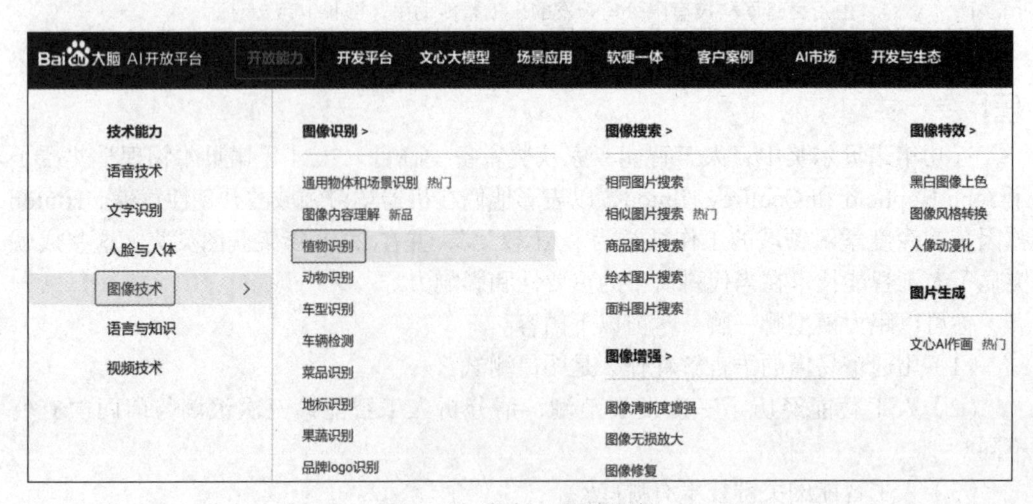

图 1-14　百度 AI 开放平台

选择任意示例图片，即可见到相应的识别结果。如单击第 3 张图片，即可见到图片右上方显示其可能结果，是蝴蝶兰的置信度为 0.868，如图 1-15 所示。也可单击“本地上传”按钮，上传本地图片并查看识别效果。

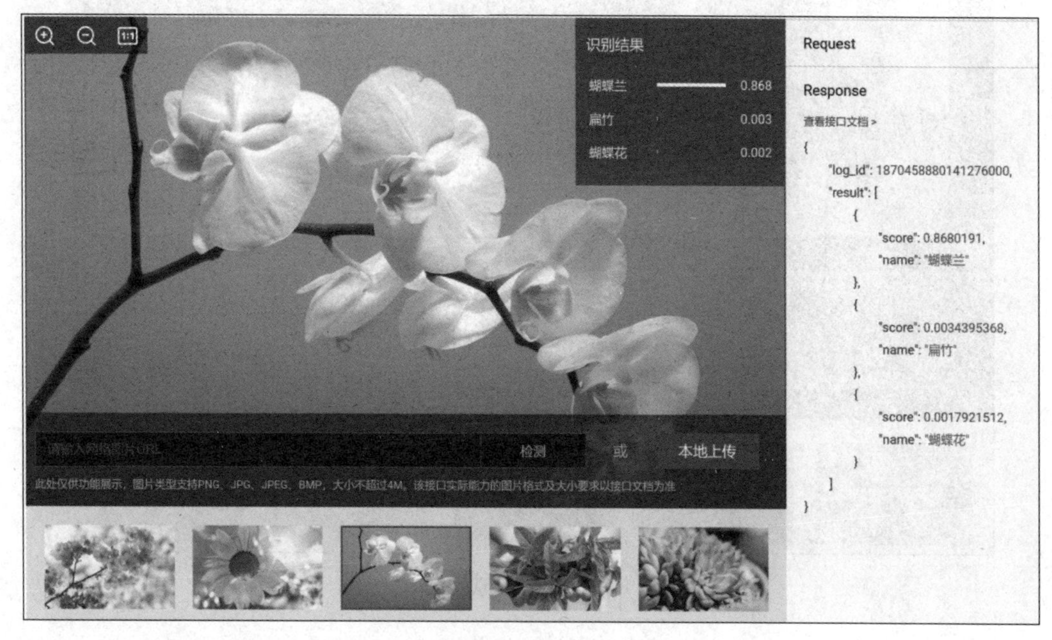

图 1-15　植物识别结果

2. 人脸对比

登录百度 AI 开放平台，单击“开放能力”，选择“人脸与人体”，单击“人脸对比”，进入“人脸对比”应用页面，单击“功能演示”按钮，如图 1-16 所示。

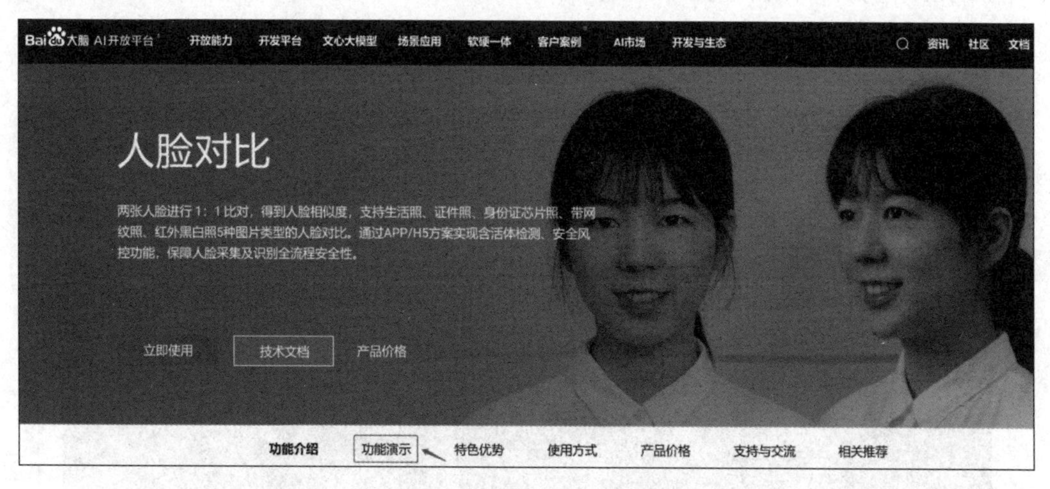

图 1-16　“人脸对比”应用页面

进行“人脸比对”体验，也可以从本地上传两张人脸照片进行相似度比对，如图 1-17 所示。

图 1-17　人脸相似度比对

3. 文字识别

登录百度 AI 开放平台，单击“开放能力”，选择“文字识别”，单击“银行卡识别”，进入“银行卡识别”应用页面，单击“功能演示”按钮，如图 1-18 所示。选择任意示例银行卡图片，即可见到相应的文字识别结果，如图 1-19 所示。也可单击“本地上传”按钮，上传本地银行卡图片并查看文字识别效果。

图 1-18　“银行卡”应用页面

图 1-19　银行卡识别结果

登录百度 AI 开放平台，单击“开放能力”—“语言与知识”—“语言理解”“语言合成”，选择“情感倾向分析”“关键词提取”“文章分类”等功能进行体验。快来体验它们带来的智能乐趣吧！

任务 1.2　生成式人工智能初体验

AI 助训

2022 年 8 月，美国科罗拉多州举办艺术博览会，一幅名为《太空歌剧院》的作品获得数字艺术类别冠军。该幅画是游戏设计师杰森·艾伦（Jason Allen）使用 AI 绘图工具 Midjourney 生成，再经 Photoshop 润色而来，如图 1-20 所示。《太空歌剧院》让更多人直观认识到 AIGC 技术的强大之处，AIGC 的出现代表着人工智能正逐步实现从感知世界到生成创造的进击。

图 1-20　AIGC 作品《太空歌剧院》

在本次探索中，我们将深入了解人工智能技术如何推动 AIGC 引领数字内容生产迈向新高度，并探讨 AIGC 如何通过多模态生成，在工作和创作中开辟无限新天地。

在实际应用中，AI 可以根据用户的需求，实现各个模态数据间的相互转换。如图 1-21 所示。

图 1-21　各个模态数据间的相互转换

1. 文本生成：10 秒书写一首藏头诗

1）“文心一言”简介

文心一言是百度推出的一款人工智能大语言模型，它具备跨模态、跨语言的深度语义理解和生成能力。这款模型拥有五大核心能力：文学创作、商业文案创作、数理逻辑推算、中文理解和多模态生成。文心一言在搜索问答、内容创作生成、智能办公等多个领域都有广泛的应用前景。它通过深度学习算法和大规模语料库的训练，能够实现文本分类、情感分析、摘要生成等功能，极大地提升了文本处理的效率和准确性。

2）基本用法

进入“文心一言”首页，在下方的文本框中，可以输入任何想要咨询的问题。此处以生成一首以“生日快乐”为藏头的诗为例，如图 1-22 所示。

图 1-22　“文心一言”首页

生机盎然春意长，
日月轮转岁又芳。
快意人生多美好，
乐声悠扬庆吉祥。

尝试使用文心一言等平台，挑选一个感兴趣的主题，并创作出相应的文本。

学生自主体验文本创作：____

____

2. 图像生成：一句话超越“画家”

1）“即梦 AI”简介

即梦 AI 是由字节跳动推出的一站式 AI 创意创作平台，能够根据文本或图片生成图像和视频。它具备 AI 绘画、智能画布、视频生成等功能，简化了创作流程，提升了效率。用户只需提供提示词，即可生成图片或视频，还能进行创意编辑。即梦 AI 旨在降低创作门槛，激发创意。

2）基本用法

进入“即梦 AI”首页，注册并登录账号，进入“图片生成”操作界面。此处以生成一幅“一只毛茸茸的猫骑着电动车”的画为例，输入提示词，选择生图模型、精细度和图片比例，具体的参数设置和生图效果如图 1-23 所示。

图 1-23　即梦 AI“图片生成”操作界面

来吧，让我们动动手指，为你的社交账号打造一个独一无二的个性头像！让你的头像在众多账号中脱颖而出，成为最闪亮的那颗星！

3. 音视频生成：音乐视频剪辑提速 100 倍

1）“腾讯智影”简介

腾讯智影是腾讯推出的云端视频编辑工具，集成了素材搜集、剪辑、包装、导出和发布等功能。使用 AI 技术，它支持文本转语音、数字人播报、自动字幕等，提高视频制作效率。用户可通过浏览器直接访问，无需下载软件，进行多轨道剪辑、特效添加等操作，并享受云端素材管理的便利。

2）基本用法

进入“腾讯智影”首页，注册并登录账号，在“创作空间”页面中，单击“数字人播报”按钮进入制作流程。根据项目需求，选择合适的数字人形象。添加所需的背景图片，以增强视频视觉效果。若需增加趣味性，可添加贴纸等元素。选择适合的音乐，以提升视频的听觉体验。编辑并添加字幕，确保信息传达的准确性与清晰度。完成所有编辑后，单击“合成视频”按钮，系统将自动处理并生成最终视频文件。腾讯智影平台操作界面如图 1-24 所示。

图 1-24 “腾讯智影”平台操作界面

挑选一款产品，让我们一起制作一个酷炫的数字人宣传视频！

4. 智能体体验：MBTI 性格测试

1）“扣子”简介

字节跳动推出的“扣子”是一个新一代一站式 AI Bot 开发平台，它允许用户无需编程基础，快速搭建基于 AI 模型的问答 Bot，从简单的问答到处理复杂逻辑的对话。

2）基本用法

进入“扣子”首页，注册并登录账号，单击界面左侧菜单“商店”按钮，在商店界面搜索框中输入“MBTI 性格测试”，然后单击搜索结果中与 MBTI 性格测试相关的机器人按钮，即可进入 MBTI 性格测试界面，如图 1-25 所示，单击文本框上方的提示文字“请直接出题，帮我进行 MBTI 测试，谢谢。”此时 AI 将开始出题，只需根据个人习惯，在相应的字幕选项中输入你的选择，当完成所有测试题后，系统将立即生成 MBTI 性格测试结果。

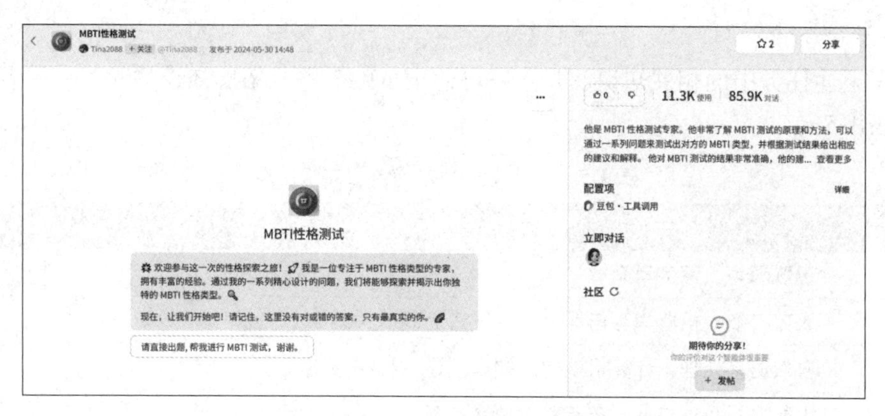

图 1-25　“扣子”平台的“MBTI 性格测试”智能体

选择你感兴趣的主题，挑选一款智能体进行体验。

练一练：探索“文心一言”百宝箱

根据学习任务的情况，完成下述实训任务并开展评价，详见表 1-4。

表 1-4　练一练任务清单

<table>
<tr><td>任务名称</td><td colspan="2">探索“文心一言”百宝箱</td><td>学生姓名</td><td></td><td>班　　级</td><td></td></tr>
<tr><td>实训工具</td><td colspan="6">“文心一言”百宝箱</td></tr>
<tr><td>任务描述</td><td colspan="6">探索“文心一言”百宝箱，开启一段文生文创作和 AI 绘图的奇妙之旅。</td></tr>
<tr><td>任务目的</td><td colspan="6">（1）提升创意写作技能，学习根据不同场景定制文案。
（2）锻炼针对特定职业群体的文案定制能力，增强市场沟通技巧。
（3）探索 AI 在视觉艺术中的应用，激发创意产业中的 AI 使用潜力</td></tr>
<tr><td colspan="7">AI 评价</td></tr>
<tr><td>序号</td><td colspan="2">任务实施</td><td colspan="4">评价观测点</td></tr>
<tr><td>1</td><td colspan="2">写一篇六一儿童节小红书风格文案</td><td colspan="4">文案是否具有吸引力和互动性，同时符合小红书平台的轻松亲切风格</td></tr>
<tr><td>2</td><td colspan="2">写一首散文诗来赞美江南春色</td><td colspan="4">诗歌是否能够以优美的语言和深刻的情感描绘江南春色，展现文学美感</td></tr>
<tr><td>3</td><td colspan="2">选择“AI 画图”，生成古风人像插画</td><td colspan="4">插画是否准确捕捉古风人像的艺术特征，同时具有创意性和文化准确性</td></tr>
<tr><td colspan="7">学生评价</td></tr>
<tr><td colspan="7">学生自评或小组互评</td></tr>
<tr><td colspan="7">教师评价</td></tr>
<tr><td colspan="7">教师评估与总结</td></tr>
</table>

AI 拓学

【AI 拓学】

1. 拓展知识

除了上述任务中的相关知识，我们还可使用 AIGC 进行拓展知识的学习，推荐的知识主题见表 1-5。

表 1-5 项目 1 推荐拓展学习知识主题

序号	知识主题
1	机器学习、深度学习
2	人工智能、机器学习与深度学习三者之间的关系
3	自然语言处理、计算机视觉、知识图谱、神经网络
4	大数据、数据挖掘、云计算、边缘计算
5	熟悉文生文、文生图、图生图、文生音频、文生视频和图生视频等工具
…	…

2. 拓展实践

（1）探索 Kimi 智能助手的 KIMI+ 功能。

下面请你使用 AIGC 辅助完成以下任务，要求见表 1-6。

表 1-6 探索 Kimi 智能助手的 KIMI+ 功能

<table>
<tr><th>任务主题</th><th>任务思路</th><th>任务要求</th></tr>
<tr><td rowspan="3">探索 Kimi 智能助手的 KIMI+ 功能，包括 PPT 助手、学术搜索、翻译通和小红书爆款生成器等</td><td>了解并使用 Kimi 智能助手的 KIMI+ 功能</td><td rowspan="3">（1）使用 PPT 助手制作自我介绍 PPT；
（2）使用学术搜索查找 AIGC 资料；
（3）通过翻译通进行语言翻译；
（4）应用小红书爆款生成器创作热门内容</td></tr>
<tr><td>掌握 PPT 助手、学术搜索、翻译通和小红书爆款生成器的基本操作</td></tr>
<tr><td>通过这些功能提升工作效率和内容创作质量</td></tr>
</table>

（2）信息技术基础实践任务：了解计算机的系统组成。

【生成式作业】

【评价与反思】

根据学习任务的完成情况，对照学习评价中的“观察点”列举的内容进行自评或互评，并根据评价情况，反思改进，认真填写表 1-7 和表 1-8。

表 1-7 学习评价

观 察 点	完全掌握	基本掌握	尚未掌握
人工智能的定义			
人工智能的发展史			
人工智能的核心要素			
内容生产方式的三个发展阶段			
AIGC 的定义			
AIGC 的特点			
AIGC 常见的应用场景			

表 1-8 学习反思

反 思 点	简要描述
学会了什么知识?	
掌握了什么技能?	
还存在什么问题，有什么建议?	

扫一扫右侧二维码，查看你的个人学习画像。

学习画像

| 项目 2 |

提问的智慧：AI 时代的核心竞争力

项目 2
教学视频

【AI 导学】

解锁提问密码：让内容创作高效起来

君子九思，疑思问。解锁 AIGC 提问的密码，在于深思而笃行。善学者，必能提问，会提问，勇于提问，且能提好问。问中见智，问里求真，方为学问之道也。那么如何高效地向 AIGC 提问来开启创作之旅？有哪些编写提示词的技巧需要我们去学习？

试一试

古诗是我国古代诗歌的泛称，它历史悠久，源远流长，是中华民族传统文化的重要组成部分。从《诗经》开始，中国就诞生了大量优秀的诗歌作品，这些作品不仅具有高度的艺术价值，还蕴含着丰富的文化内涵和民族精神。请尝试生成一首古诗词。

打开豆包平台，在对话框中输入提示词，生成古诗词。提示词示例如下：

（1）请帮我生成一首古诗。

（2）请帮我生成一首词，该词要带有词人李清照的风格。

在 AI 技术日新月异的当下，内容生成与创造的领域正迎来一场深刻的变革。AIGC，如同一位智慧超群的导师，悄然步入内容创造的殿堂，为编写提示词这一关键环节赋予了全新的生命与活力。精心编写的提示词，如同打开内容创作之门的魔法咒语，让 AI 得以精准捕捉我们的意图，生成符合预期的高质量内容。它们不仅是与 AI 沟通的桥梁，更是引领内容生成、激发无限创意的强大引擎。通过巧妙地构思与组合，提示词能让创作思路如繁星般璀璨，让 AI 生成的内容丰富多彩、各具特色。

本项目致力于深入探究 AIGC 技术在编写提示词方面的应用，旨在引导学习者全面掌握提示词的基本技巧、进阶技巧和工程实践技巧。通过学习和实践，学习者将学会如何精准提问、有效提问，以及如何提出高质量的问题，并凝练成提示词。我们的目标是培养学习者在编写提示词时的敏锐洞察力与创造力，使他们能够运用这些技巧，在文心一言、通义千问、LibLib AI、Coze 等广受欢迎的 AIGC 平台上，轻松编写出确实解决实际问题的提示词，从而大幅提升内容生成的效率与质量，为内容创造领域的智能化发展注入新的动力与活力。

学习图谱

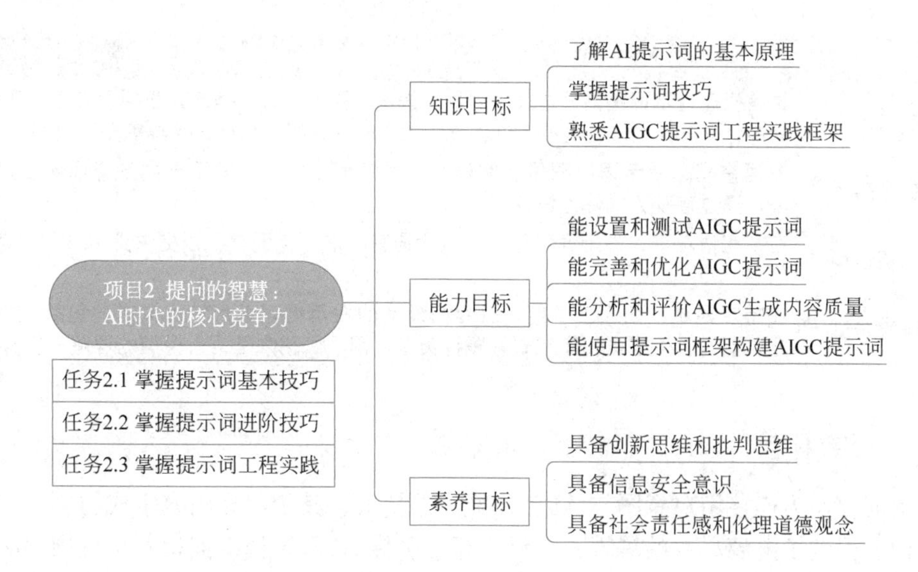

AI 助学

【AI 助学】

2.1　提示词概述：理解核心概念

1. AIGC 提示词的定义

用户向 AI 系统提供的指令或描述，即提示词，在 AIGC 技术中占据核心地位。它们不仅是人类创意与 AI 智能之间沟通的桥梁，更是驱动 AI 系统生成高品质、多元化内容作品的关键因素。

2. AIGC 提示词的元素组成

一个基础的提示词需要包含表 2-1 中的元素。

表 2-1　提示词的组成元素

中文名称	英文名称	是否必填	含义
指令	instruction	必填	希望模型执行的具体任务
语境	content	选填	也称上下文，可以引导模型输出更好的回复
输入数据	input data	选填	向模型提供需要处理的数据
输出指标	output indicator	选填	告知模型输出的类型或格式

提示词举例：我要竞选班干部（语境），请你帮我写一个演讲稿（指令），要求包含自我介绍、班级工作开展方案、致谢等内容（输入数据），结果以 Markdown 格式输出（输出指标）。

3. 提示词的类型

根据提示词的不同模态，可将提示词分为几种不同的类型，见表 2-2。

表 2-2　提示词类型

类型	简要描述
语言模态提示词	语言模态提示词主要通过文字引导、提示、强调或总结信息，包括引导性、强调性、转折性、总结性及针对特定创作需求的主题、情感、风格、目标等多种类型提示词
非语言模态提示词	非语言模态提示词以图像、图标、符号等形式出现，常用于视觉界面或多媒体环境，通过直观方式传递信息
混合模态提示词	在某些情况下，提示词可能同时包含语言和非语言元素，以提供更丰富、更直观的信息
特定领域提示词	在特定领域，如人工智能，有专门设计的提示词以满足特定需求，包括直接、链式、图谱、生成类和集成式等多种类型，用于优化大型语言模型的理解和任务执行

2.2　提示词作用：解锁创作潜能

提示词，作为连接用户意图与 AI 创作能力的桥梁，其价值在内容生成与创意表达的广阔舞台上得到了淋漓尽致的展现。它们不仅是引导 AI 系统精准捕捉并呈现用户心中所想的关键，更是推动艺术创作迈向新高度的强大驱动力。

（1）提示词在内容生成中扮演着至关重要的角色。用户通过精心挑选的词汇组合，能够清晰地勾勒出对作品的期待与愿景，无论是追求高质量的视觉盛宴，还是渴望探索某一特定艺术流派的精髓，提示词都能精准地传达这一信息，引导 AI 系统生成既符合用户预期又充满个性魅力的作品。这一过程不仅极大地拓宽了创作的边界，更让个性化定制成为可能，使得每一件作品都能体现作者的独特性格与魅力。

（2）提示词在提升作品质量中的价值同样不容忽视。通过引入专业术语与细致入微的描述，如"解剖学正确""非常详细"等，AI 系统在生成内容时能够更加注重细节与质感，从而在准确性与精细度上实现质的飞跃。这种对细节的极致追求，不仅让作品更加真实可信，更赋予了其超越现实的艺术美感。

（3）提示词还为实现跨风格创作提供了可能。用户只需简单指定不同的艺术风格提示词，便能轻松驾驭从古典到现代、从东方到西方的多元艺术流派，让 AI 系统生成出风格多元、魅力四射的作品。这一过程不仅展现了 AI 创作的无限潜力，更让用户在享受创作乐趣的同时，深刻感受到艺术的魅力与多样性。

提示词作为 AI 创作的灵魂引导者，其价值不仅体现在对作品内容的精准把控与质量的显著提升上，更在于它赋予了用户前所未有的创作自由与想象空间，让每一次创作都成为一次探索未知、追求卓越的奇妙旅程。

2.3　提示词设计：提升内容品质

1. AIGC 提示词基本原则

（1）确定生成目标。明确内容生成的目的和预期结果，这有助于指导内容生成者朝着正确的方向努力。

（2）聚焦。集中于一个或几个核心点，确保内容的针对性和深度，避免内容过于分散。

（3）要有上下文。提供足够的背景信息，使内容生成者能够理解提示词的语境，生成更符合实际情境的内容。

（4）简明清晰。提示词应该直接了当，避免不必要的复杂性，使内容生成者能够迅速理解需求。

（5）具体化。提供具体的信息和细节，这有助于内容生成者精确地把握用户的需求，避免模糊和误解。

（6）使用正确的语法、拼写和标点符号。确保输入准确表达目标的提示词，保证提示词生成内容与预期目标一致。

（7）验证准确性。对提示词中的信息进行核实，确保提供给内容生成者的信息是准确无误的，避免误导。

遵循上述原则，可以有效提高内容生成的质量和效率，确保最终产出的内容满足用户的需求和期望。同时，这些原则也有助于维护内容的专业性、可靠性和有效性。

2. 有效设计提示词的步骤

有效设计 AIGC 提示词，是确保 AI 创作既精准又富有创意的关键所在。从宏观层面来看，设计过程需遵循明确性、定制性与平衡性三大核心原则。明确性要求提示词必须清晰无误，以避免 AI 模型产生误解或执行错误的任务；定制性则强调针对特定任务或需求，灵活调整提示词以优化 AI 模型的上下文理解与输出相关性；平衡性则是指在引导 AI 模型的同时，保留足够的空间以促进创造性表达与多样性。因此，有效设计 AIGC 提示词应该遵循以下步骤。

（1）需求分析与任务定义。明确创作目标、受众特征以及期望的输出类型。这一步骤是设计提示词的基石，有助于后续步骤的精准定位。

（2）关键词筛选与组合。基于需求分析，筛选与任务紧密相关的关键词，并考虑其组合方式。关键词的选择应兼顾明确性与创意性，既要确保 AI 模型能够准确理解，又要激发其创造性表达。

（3）语境优化与细化。根据任务的具体要求，进一步细化提示词，包括添加背景信息、约束条件或特定风格等。这一步骤有助于 AI 模型更好地把握上下文，生成更贴合需求的输出。

（4）测试与调整。设计完成后，通过实际测试评估提示词的有效性。根据测试结果，对提示词进行必要的调整，直至达到最佳效果。这一步骤是确保提示词设计精准性的重要保障。

（5）持续迭代与优化。随着 AI 技术的不断进步与应用场景的拓展，提示词设计也需持续迭代与优化。通过收集用户反馈、分析输出质量等方式，不断优化提示词，以适应新的需求与挑战。

总结一下，有效设计 AIGC 提示词需遵循明确性、定制性与平衡性的原则，并通过需求分析、关键词筛选、语境优化、测试调整与持续迭代等步骤，确保提示词既能精准引导 AI 模型，又能激发其创造性表达，从而推动 AI 创作迈向更高水平。

2.4 提示词的应用场景

通过设计不同的提问提示词，AIGC 技术可以广泛地应用于各种不同的文生文场景，见表 2-3。

表 2-3 提示词应用场景举例

场景名称	提示词在生成内容中作用
新闻报道	确保内容的时效性和准确性，引导记者关注重要事实和数据
市场营销	突出产品特性，定位目标受众，制定有效的营销策略
技术文档	提供清晰的功能描述、操作步骤和故障排除指南
创意写作	激发创意思维，构建故事框架，引导情节发展
教育课件	明确学习目标，选择合适的教学方法，设计评估标准

无论是新闻报道的时效性和准确性，还是学术论文的数据分析；无论是市场营销的营销策略优化，还是技术文档的清晰功能描述；更或是创意写作的创意无限，以及教育课件的精彩呈现，AIGC 都以其强大的智能生成能力，为各行各业带来了前所未有的便捷与创新。

2.5　提示词工具

巧妙运用提示词工具能显著提升内容创作的效率与质量。以下介绍一些提示词工具平台，见表 2-4。无论是初学者还是资深人员，这些工具都能助力创作之旅，让文字生成更加精准、高效。

表 2-4　AI 提示词工具平台举例

平　台	简要描述
Langchain Hub	AI 提示词管理工具，一个提示词上传、浏览、拉取和管理的工具。
微软 Prompt	简化 LLM 应用开发流程，全周期覆盖，实用便捷。
PromptPort	中文提示词网站，资源丰富可复制，含文本、视频等，优化服务佳，附 GPTS 推荐。
PromptKnit	将图片解析成提示词，也可以通过变量来调试文本提示词。
ClickPrompt	支持多种基于 Prompt 的 AI 应用，例如 Stable Diffusion、ChatGPT 和 GitHub Copilot 等。

学一学

提示词工程涵盖了从基础理论到高级应用、从创意构思到技术实现的广泛知识体系，展现了跨领域、跨学科的深厚底蕴。其中，建议式提示词是一种旨在提供建议、引导或启发思考的简短语句或短语。它们通常用于激发创意、促进问题解决或优化决策过程，通过提出具体建议或方向性引导，帮助用户或团队在特定任务或项目中取得更好的成果。如果想要进一步加深理解上述知识或学习其他相关知识，你可以和豆包大模型聊一聊。

提示词公式：知识点 + 详细解析 + 应用案例

（1）建议式提示词的特点有哪些，请分类描述，并且列举 2 个应用案例。

（2）请详细描述什么是安全类提示词，列举 2 个应用案例。

（3）状态类提示词的特点有哪些，请列举 2 个应用案例。

通过与智能体对话，AIGC 能迅速地按照提示词内容生成相关知识并做出总结，这样可以极大程度地提升学习效率和学习效果。

测一测

测一测

扫码进入智能体，测一测知识的掌握情况。

在 AIGC 创作中，__________扮演着桥梁的角色，连接着创作者的意图与 AI 生成的内容。

【AI 助训】

AI 助训

任务 2.1　掌握提示词基础技巧

“千里之行，始于足下”，为了与 AI 大模型建立高效沟通，并使用其解决实际问题，掌握撰写高质量提示词的方法论至关重要。撰写提示词时，提供充分的信息是核心原则，这有助于AI大语言模型准确理解用户意图，生成优质响应。在撰写提示词的过程中，详细而具体的指示影响着任务的执行效率。由于AI大语言模型不具备对用户及其背景信息的深入了解，若输入的提示信息存在缺失或模糊，输出的结果往往难以保证准确性。正如流行语所言："输入之质，决定输出之优"。

通过学习如何撰写出色的提示词，我们可以使AI大语言模型成为工作、学习和生活中的得力助手。这不仅提升了与AI大模型的沟通效率，还确保了生成的结果更加符合用户期望，从而在实际应用中发挥更大的价值。在这一任务中，我们将深入探索如何撰写高质量的提示词，为与AI大模型的合作奠定坚实基础。

什么是提示词工程师？日常生活哪些方面可以用到提示词？

AI 什么是提示词工程师？

提示词工程师是一种专注于设计、优化和应用提示词（Prompt）的专业人员。他们使用自然语言处理、人工智能和机器学习等技术，创造和引导智能系统（如聊天机器人、搜索引擎、智能助手等）生成更加准确、自然和符合用户意图的响应。提示词工程师的工作不仅涉及技术层面的创新，还包括对用户行为、心理需求及信息交互的深入理解，以确保提示词的有效性和用户体验的提升。

日常生活哪些方面可以用到提示词？

提示词在日常生活中的应用广泛，几乎涵盖了所有与智能设备或系统交互的场景。以下是一些具体的例子：

社交媒体：在发布帖子或状态更新时，平台可能会提供标签或话题提示词，帮助我们增加内容的可见度。

在线购物与推荐：电商平台使用提示词技术，根据用户的购物历史和偏好，提供个性化的商品推荐和购物建议，提升用户的购物体验。……

总之，提示词技术在日常生活中的应用越来越广泛，它们正在改变我们与智能设备或系统交互的方式，使生活更加便捷、高效和个性化。

1. 信息充分，让AI大模型更懂你

在这个信息爆炸的时代，每一分每一秒都有海量的数据产生。为了让AI大模型更精准地理解并执行你的指令，我们需要提供详尽且周全的信息。这涵盖了为大模型设定明确的身份角色，确保模型能够识别和适应不同的任务需求；同时也意味着需要输入个性化的用户信息，让模型能够更好地理解不同用户的意图，预测需求，并提供愈发贴合个人偏好的解决方案。这种高度互动的模式不仅提高了效率，还极大地优化了用户体验，使得AI技术更加贴近个人需求，实现真正的智能化服务。

步骤 1　提供详细的上下文

提问关键词：AI 身份 + 用户信息 + 目的

提示词示例：你是一个营养和健身专家，非常擅长做健身规划。我是一个身高 175cm，体重 70kg，体脂率 20% 的在校大学生，如何制定健身计划？

我是一个擅长做健身规划的营养和健身专家。针对身高 175cm、体重 70kg、体脂率 20% 的大学生，以下是一些建议：目标设定……科学饮食……
通过上述建议，可以更好的平衡学习和生活，实现健康和体能的提升。

内容辨析

为了让 AI 大语言模型提供更精准的健身建议，我们需要赋予其详尽且全面的身份信息。针对不同身体状况和健身基础的大学生，AIGC 技术将致力于提供个性化建议，满足他们的特定需求。同时，考虑课余时间存在显著差异，需进一步补充相关的背景信息，确保所提供的建议能够贴合实际生活，实现真正的个性化健身计划的定制与落实。

内容优化

学生自主设计提示词：____

____

步骤 2　明确时间和背景

提示词公式：背景信息 + 相关说明

提示词示例：目前白天都要上课，只有晚上才有时间锻炼，你有什么进一步的建议。

对于白天需要上课，晚上才有时间锻炼的大学生来说，制定一个高效且适应性强的健身计划尤为重要。以下是一些具体的建议，帮助你最大化晚上的锻炼效果：高效使用时间、合理安排晚餐……

内容辨析

针对大学生的实际情况，制定一个既符合学业需求，又能有效使用晚上时间进行锻炼的健身计划，需要充分考虑生活节奏、学习压力和身体特点。

内容优化

学生自主设计提示词：____

____

步骤 3　六何分析法，快速简单写出提示词

提示词公式：5W1H

提示词示例

（何人）你是一个擅于制定计划的营养和健身专家。我是一个身高 175cm，体重 80kg，体脂率 25% 的大学生。

（何事）制定一个健身计划。

（何故）为了平衡学习和生活。

（何时）白天有课，只有晚上有时间锻炼。

（何处）学校提供免费的健身房和田径场及运动设施。

（何以）建立一个为期 2 个月的健身计划，体脂率降低到 20%。

为你制定一个为期 2 个月的健身计划，帮助你在晚上锻炼的同时，平衡学习和生活，并将体脂率从 25% 降低到 20%。以下是你的健身计划：

目标设定……训练计划……训练内容……

通过遵循这个计划，你可以在 2 个月内看到明显的身体变化，同时提高你的整体健康和体能。

健身强国，铸就时代新人

在中国体育健儿于国际赛事中屡创佳绩的光辉篇章里，我们深刻领略到体育精神的魅力与力量。从奥运赛场上的奋力拼搏，到世锦赛上的卓越表现，中国体育健儿以强健的体魄、坚韧的意志，一次次升起五星红旗，奏响国歌，激发了无数中华儿女的爱国情怀。这些辉煌成就不仅是对个人努力的肯定，更是国家强盛的象征。它们告诉我们，强健的体魄是服务国家、贡献社会的重要基础。

乒乓球国手马龙不仅在国际赛场上屡获殊荣，更以自律和坚韧著称。他的故事激励着学生们，让他们明白，只有拥有强健的体魄和坚韧的意志，才能更好地肩负起民族复兴大任，成为新时代的栋梁之才。

你可以使用豆包平台提问：“郑钦文，作为中国首位奥运会网球女子单打冠军，我们能从她身上学到什么体育精神？”

内容辨析

六何分析法，包括何人（who，涉及哪些人或人群）、何事（what，具体什么事情）、何故（why，问题的背景，包括为什么做和目的等）、何时（when，什么时候开始、结束或者是时长等）、何处（where，在哪里，物理位置或网络空间）和何以（how，怎么做）。虽然在实际使用这个技巧时，不一定要写出六何分析法的所有要素，可以根据需求挑选需要强调的内容，但是提供的内容越多，AI 大语言模型给出的回答就越精准。

内容优化

学生自主设计提示词：____

____

2. 精准用词，让 AI 大模型更高效

在创作过程中，精确的指令是确保 AI 大语言模型输出高质量作品的关键。当指令不明确时，AI 可能会因歧义而产生不确定的输出结果。例如，对于“苹果这种水果怎么样”的提示词，AI 可能会从多个角度回答，包括营养价值、口感等，导致输出内容过于宽泛。为了减少歧义，我们应使用“澄清内涵”的技巧，明确指令的具体含义，如“请描述苹果这种水果的口感特点”。同时，通过“重述技巧”对指令进行细化，如“请从甜度、酸度、脆度等方面评价苹果这种水果”，可以使输出更加精确可控。

步骤 1　描述主题和目的

提示词公式：主题 + 需求

提示词示例：你好，苹果怎么样？

苹果是一个品牌，其在多个领域都表现出色，以下是对苹果的详细评价：

一、市场表现与财务状况：苹果公司的市场表现一直强劲，其股价在美股市场上表现出色，例如某日的收盘价为 233.400 美元，总市值高达 3.55 万亿美元……

苹果作为一个品牌，在市场表现、产品创新、社会责任等方面都表现出色。

内容辨析

这个提示词存在一个问题：指令不够明确。这句话可能对 AI 大语言模型来说有歧义，因为“苹果”既可以指水果，也可以指苹果公司的产品。AI 大语言模型也许会混淆，不确定你是在询问苹果（水果）的口感，还是在询问苹果公司的产品（如 iPhone 或 MacBook）的用户体验。这时候，可以针对话题进行再次优化，澄清和明确对象，这个技巧也被称为“澄清内涵”。

内容优化

学生自主设计提示词：____

____

步骤 2　澄清内涵，明确主体

提示词公式：苹果 + 水果

提示词示例：你好，请问苹果这种水果怎么样？

苹果是一种非常受欢迎的水果，它有许多优点和营养价值，以下是对苹果的详细评价：营养价值、口感与风味、食用方式、储存与保鲜、注意事项……

综上所述，苹果是一种营养丰富、口感脆爽、风味多样的水果，非常适合作为日常饮食的一部分。适量食用苹果有助于保持健康的生活方式。

内容辨析

减少提示词歧义的主要方法包括更明确地表达问题和需求，以及用更详细的语境来指导AI大语言模型的回答，尽量避免使用可能有多重含义的词语，或者在使用时，明确其在当前语境中的具体含义。提示词的指令“苹果这种水果怎么样”有太多的“发挥空间”，会造成输出结果的不确定性。AI大语言模型对苹果的评价包括营养价值、口感、注意事项等。针对具体的用途，我们需要优化指令，以得到更好的结果。这个技巧也被称为“重述技巧”。

内容优化

学生自主设计提示词：____

____

步骤 3　重述技巧，明确关键点

提示词公式：平台限定 + 主题提示 + 标题数量

提示词示例：你好，请问苹果这种水果的食用方式有哪些？

苹果是一种营养丰富且易于食用的水果，其食用方式多种多样，以下是一些常见的苹果食用方法：生吃……榨汁……

苹果的食用方式多种多样，每一种都有其独特的风味和营养价值。

内容辨析

通过"重述技巧"对指令进行细化，得到的输出会更可控、更精确。

内容优化

学生自主设计提示词：

3. 分步提问，让AI大模型更深入

分步提问在AI提示词中扮演着至关重要的角色。首先，明确创作目标是基础，它如同指南针，引领我们前行。随后，我们可以将任务细化成一系列可操作、可实现的步骤。通过分步追问，不断增加具体细节，使创意逐渐丰满。最后，将这些细节汇总融合，如同拼图般拼凑出完整的创作蓝图。在这一过程中，我们不仅仅是简单地堆砌信息，而是通过原创性的思考，将各个步骤巧妙地串联起来，生成出既富有创意又切实可行的制作步骤。

步骤1　明确目标，AI助力细化任务步骤

提示词公式：步骤+产品+目的

提示词示例：我应该如何按照步骤的顺序来做一个菠萝包，以确保菠萝包的口感和外观都达到最佳效果？

制作菠萝包需要遵循一定的步骤顺序，以下是一个详细的制作流程，以确保菠萝包的口感和外观都达到最佳效果：

①准备材料；②制作面团；③制作菠萝皮；④整形与二次发酵；⑤烘烤；⑥享用……通过以上步骤，你可以制作出美味的菠萝包。

内容辨析

给出了具体的菠萝包制作需求时，AIGC从如何准备原料、制作面包、烘烤等方面全面展开，这无疑是干货满满的一场盛宴。那么，如何继续了解制作菠萝包需要哪些工具设备呢，可以继续向AI语言大模型提问。

内容优化

学生自主设计提示词：

步骤2　分步追问，增加具体细节

提示词公式：提供关注主题+注意事项

提示词示例：制作菠萝包时还需要哪些工具？

要制作菠萝包，您需要准备一些基本的烘焙工具和设备。以下是一些建议：
搅拌盆、搅拌器或面包机、保鲜膜、擀面杖、刀具、烤盘……

给出具体的工具和设备，为后续菠萝包的制作做准备。

提示词公式：提供关注主题＋注意事项

提示词示例：制作菠萝包时还需要注意哪些细节或技巧？

制作菠萝包时，除了之前提到的工具外，还有一些细节和技巧需要注意，这些将直接影响菠萝包的口感和外观。以下是一些建议。

一、材料处理与混合……

综上所述，制作菠萝包时需要注意的细节和技巧很多，但只要掌握了这些关键步骤和注意事项，就能够制作出美味的菠萝包。希望这些建议能够帮助您成功制作出满意的菠萝包！

内容辨析

站在用户的角度，我们已经有了几乎完整的制作流程，但是被分成多个部分。因此，我们需要将以上步骤进行整合，得到一个从工具选择到注意事项的完整流程。

内容优化

学生自主设计提示词：____
____

步骤 3　汇总融合，原创制作步骤生成

提示词公式：总结上述背景＋具体要求

提示词示例：请结合上述制作菠萝包的步骤、工具和注意事项等模块的内容，以原创的方式精心编写一份完整的菠萝包菜谱。在这份菜谱中，请加入更多细节以便吸引大家的关注和兴趣。同时，请注重语言表达的准确性和流畅性，确保菜谱的专业性和可读性。

> 原创菠萝包菜谱：打造酥脆与柔软完美结合的甜蜜杰作
> 菜谱概述
> 菠萝包，一款源自香港的经典面包……
> 材料准备……工具与设备……制作步骤……注意事项……结语……

内容辨析

从工具材料准备到制作步骤和注意事项，AIGC 已经为我们提供了一个整体的菠萝包制作全流程。从开头的引入方式，到中间的内容展开，再到结束语如何带动气氛、升华主题，都进行了详细的阐述。从分享干货知识到如何巧妙地植入互动场景，即便是刚入门的新手，也能够轻松理解并应用。

内容优化

学生自主设计提示词：____
____

练一练：AI 心理咨询师

根据学习任务的情况，完成下述实训任务并开展评价，详见表 2-5。

表 2-5　练一练任务清单

任务名称	AI 心理咨询师	学生姓名		班　级	
实训工具	文心一言				
任务描述	在校园生活中，难免遇到各种问题，让自己疲惫不堪，这时我们需要向专业人士寻求帮助。使用本任务中学习到的知识，完成下面心理咨询的模拟实训任务				
任务目的	（1）深入理解提示词的基础技巧。 （2）能够在模拟心理咨询过程当中灵活运用多种基础提示词技巧				
AI 评价					
序号	任务实施	评价观测点			
1	明确 AIGC 的身份设定	提示词能展现出专业心理咨询师的特征，以及能保持专业、中立、保密的咨询态度			
2	详细阐述生活中遇到的困惑	能清晰阐述学习生活中的困惑内容、影响，并愿意开放地与 AIGC 分享个人感受和经历			
3	AIGC 进行心理咨询回复并持续更新心理状态	能针对用户困惑提供合理建议，且用户积极采纳并展示咨询后心理状态改善的情况			
学生评价					
学生自评或小组互评					
教师评价					
教师评估与总结					

AI 助训

任务 2.2 掌握提示词进阶技巧

“工欲善其事，必先利其器”。李婉，一位对古典文学满怀热情的青年，她在诗词创作的道路上不断前行，并巧妙地利用 AIGC 技术助力。在一次全国诗词大赛中，她巧妙地将这些进阶提示词融入作品，创作出一首意境深远、情感真挚的佳作，赢得了大赛的最高荣誉。李婉在诗词创作过程中，通过深入研究古典意象与现代情感的结合，掌握了示例投喂、结构化输入输出等进阶技巧，并巧妙地运用它们来提升自己的创作水平。这些努力不仅让她在比赛中脱颖而出，更充分展示了进阶提示词在提升作品艺术价值、激发创作灵感方面的巨大潜力。

李婉的故事充分证明了 AIGC 技术在文学创作中的巨大价值。通过运用 AIGC 技术，尤其是进阶提示词的巧妙运用，文学爱好者们可以更加高效地提升自己的创作技巧，创作出更具艺术价值和感染力的作品。这不仅为文学创作提供了新的路径和可能性，也激励着每一位文学爱好者在创作的道路上勇于尝试、不断进阶，绽放属于自己的文学光彩。

AIGC 进阶提示词还能怎样帮助我们提升设计技能?

列举出助力作品设计提升的场景

1. 设计灵感生成
2. 个性化设计推荐
3.……

进阶提示词通常指的是在创作、思考、讨论或学习等过程中，能够引导人们进行更深入、更细致或更具创造性思考的关键词或短语。这些提示词旨在激发更高级别的思考、更精细的表达或更全面的理解。它们通常用于教育、写作、设计、创新等多个领域，帮助人们超越表面的、常规的思维模式，进入更深层次的探索和思考。

进阶提示词在人工智能交互中扮演着至关重要的角色，其作用主要体现在以下几个方面。

（1）提高交互效率：进阶提示词通过明确表达需求和任务，能够引导人工智能模型生成更加精准和符合用户期望的输出。这避免了模糊和歧义的产生，减少了用户与 AI 之间的反复沟通和确认，从而提高了交互效率。

（2）优化输出质量：通过提供详细的背景信息、上下文、格式要求等，进阶提示词有助于 AI 生成逻辑严密、表达清晰、语义明确的内容。这种高质量的输出不仅满足了用户的需求，还提升了用户体验。

（3）激发创意和想象力：在某些场景下，进阶提示词可以引导 AI 生成原创性的想法或创意。例如，通过设定特定的主题、风格或要求，AI 可以基于这些提示词创作出具有独特性和创新性的作品。

（4）增强 AI 的理解和应对能力：通过使用角色扮演、多重问题提示等进阶技巧，可以进一步引导 AI 模型理解复杂问题，并给出更加专业和有针对性的回答。这有助于提升 AI 在特定领域或任务中的表现，使其更加智能和灵活。

（5）提升 AI 的可靠性和安全性：在构建进阶提示词时，可以通过添加约束条件、限制答案范围等方式，确保 AI 的输出符合特定的标准和要求。这有助于减少 AI 的幻觉（即生成不真实或不合理的内容）和错误，提升 AI 的可靠性和安全性。

1. 投喂示例，让 AI 大模型秒懂你的意思

在信息泛滥的时代，精准的示例投喂成为 AI 大模型响应指令的重点之一。这些经过精心设计的示例，不仅是明确的指引，更是行动的准则，构建了我们与 AI 大模型之间的沟通桥梁。它们使得 AI 大模型能够迅速理解你的意图，无需冗长的交流，便能提供符合期望的解决方案。这种高效且个性化的互动，不仅加快了 AI 的响应速度，还极大地提升了用户体验。通过示例投喂，AI 技术展现了前所未有的便捷性和精确性，每一次服务都充满了惊喜，让智能更加贴心，个性更加鲜明。让我们一同沉浸在这份智能与个性化的服务之中，体验 AI 所带来的无限可能。

步骤 1　通过简单提示让 AI 生成内容

提问关键词：新闻 + 要求

提示词示例：请你写一份关于学校运动会比赛的新闻。

【校园新闻】

标题：燃情秋日，逐梦赛场——我校成功举办 2023 年秋季运动会

日期：2023 年 10 月 19 日

（校园新闻社讯）金秋十月，我校迎来了一年一度的体育盛会——2023 年秋季运动会。10 月 17 日至 18 日，全校师生欢聚一堂，共同见证了这场充满激情与活力的体育赛事。

【开幕式：激情与梦想的起航】

17 日上午 8 时，运动会开幕式在我校体育场准时举行。伴随着雄壮的国歌声，五星红旗冉冉升起，全校师生肃立，共同表达对祖国的热爱。...

内容辨析

通过使用基础提示词方法，AIGC 能迅速地生成一个运动会新闻的描述，包括时间、环境、简单的氛围和比赛结果等内容。但是，AIGC 不知道你期望的具体风格、情节等细节。有的同学喜欢激情盎然型、有的同学喜欢幽默诙谐型或者温馨感人型。因此，我们也需要使用 AIGC 生成风格多样的新闻稿。

内容优化

学生自主设计提示词：______________________________

____

步骤 2　通过投喂示例让 AI 生成内容

提问关键词：新闻 + 示例说明

提示词示例：请你写一份关于学校运动会比赛的新闻，请参考《人民日报》的风格。

【校园风采】

标题：金秋逐梦，赛场扬威——XX 学校成功举办 2024 年秋季运动会

日期：2024 年 10 月 19 日

（本报讯）秋风送爽，硕果累累，XX 学校于 10 月 17 日至 18 日成功举办了一场别开生面的秋季运动会，全校师生齐聚一堂，共同见证了这场体育盛事的精彩瞬间，展现了新时代青少年的蓬勃朝气与昂扬斗志。

【开幕式：梦想与希望的启航】

17 日上午，伴随着雄壮的国歌声，运动会开幕式在我校体育场隆重举行。五星红旗在晨光中冉冉升起，全校师生肃立 ....

内容辨析

对比不采用样例产生的新闻稿，采用《人民日报》风格撰写新闻倾向于使用更为正式、庄重的语言，营造出一种权威而庄重的氛围。从用词到句式，都力求精练、准确，避免口语化和随意性的表达，使得新闻内容更加严肃、可信。在内容编排上，《人民日报》风格的新闻通常遵循一定的逻辑顺序，从开幕式到赛场瞬间，再到观众互动和闭幕式，每个环节都进行了详尽而有序的描述。这种结构不仅使得新闻内容条理清晰，易于读者理解和接受，同时也能够更好地展现新闻事件的完整性和连贯性。

内容优化

学生自主设计提示词：______________________________

____

2. 输入结构化，让提问更清晰

结构化输入，提问更明晰。试想，大脑如繁忙的信息站，结构化提问则如条理分明的包裹，直指所需答案。它让信息定位精准，避免混淆，大幅提升处理效率。同时，结构化

提问能驱散“模糊迷雾”，让问题清晰明确，无懈可击。提问时，尝试这一“魔法”，让问题直击要害，收获丰富答案。这不仅能提速沟通，更彰显智慧之光，让每一次交流都充满力量与效率。

提问关键词：结构 + 描述

提示词示例：你是大神级小说作家，请按照曹雪芹《红楼梦》的风格，写一个玄幻小说的故事梗概，要求故事曲折，体现主角的成长，语言优美，具备优秀的文笔和诗意，不少于 500 字。

在那浩瀚无垠的玄灵大陆上，有一座名为“绮梦幽谷”的神秘之地，谷中四季如春，云雾缭绕，藏有上古遗落的秘密与无尽的奇幻。故事的主角，名曰云澈，自幼生于谷中一户平凡人家，性情温良，眸若星辰，却身负不为人知的奇异血脉。

云澈年少时，偶得一枚古朴玉佩，内藏灵识，乃上古神祇残魂，自此踏上修行之路，命运轨迹悄然改变。初时，他不过是个对世间万物充满好奇的少年，随着修为日深，渐渐揭开自身血脉之谜——乃远古神裔之后，背负着重振神族、平息大陆劫难的宿命。...

将上面的输入提示词改成结构化的输入，我们可以这样写：

提示词示例

角色扮演：你是大神级小说作家；
执行动作：请按照曹雪芹《红楼梦》的风格，写一个玄幻小说的故事梗概；
背景建议：要求故事曲折，体现主角的成长，语言优美，具备优秀的文笔和诗意；
备注说明：不少于 500 字。

《玄灵幻梦录》故事梗概

昔日天地未分，混沌一片，玄灵之气孕育万物，世间由此而分仙、人、妖三界。于三界交汇之处，有一神秘之地，名曰“幻梦谷”，谷中奇花异草，灵兽翔集，更有玄灵之气最为浓郁之处，名为“梦回泉”，传说饮此泉水者，可得无上修为，窥探天机。...

内容辨析

通过精心设计的结构化输入提示词，AIGC 生成了一个逻辑严密、条理清晰的《玄灵幻梦录》的故事梗概。使用清晰、有条理的信息框架引导用户高效、准确地完成信息输入与交互，确保用户按照规范准确填写信息，减少错误和遗漏，能更有效地生成内容。

内容优化

学生自主设计提示词：____
____

3. 输出结构化，让结果更可控

在提示词工程的秘境里，结构化提示词技巧犹如“智慧魔杖”。它非普通工具，而是指挥 AI 创造精彩内容的神奇力量。除了结构化输入外，结构化提示也可以清晰规划输出内容，引导 AI 步步生成符合预期的作品。这“魔杖”还极尽灵活，微调提示即改风格、语气，如调配烤肉秘方，让 AI 内容既独特又诱人。要在 AI 世界施展魔法，紧握“智慧魔杖”，让输出有序、逻辑强，成就真正的“创意巫师”。

步骤 1　指定格式输出

提问关键词：内容 + 格式

提示词示例：请统计我国唐朝诗人的出生日期、逝世日期、主要作品，并使用 CSV 格式输出。

以下是我国历史上唐朝的部分著名诗人的出生日期、逝世日期以及主要作品的 CSV 格式表格：

诗人	出生日期	逝世日期	主要作品
李白	701 年	762 年	《望庐山瀑布》《行路难》《将进酒》等 ....

当然，除了对数据输出的格式进行设定外，还可以对文本输出的风格、字数以及输出重点等进行设定，例如我们可以这样提问：

提示词示例：你能按照以下顺序帮我介绍一下唐朝诗人李白吗？要求以幽默的风格进行描述，内容上重点突出他在诗歌方面的成就，字数 500。注意，下面的描述只能作为段落内容，而不能作为标题使用。

生平背景
主要成就和代表作品
诗歌风格和艺术特点
历史影响和后世评价

话说在唐朝那会儿，有个哥们儿，名叫李白，人称“诗仙”，可不是因为他会啥仙术，而是因为他写的诗，那简直是飘逸得能上天！他出生在四川江油，一个山清水秀的地方，可能从小就吸了太多天地灵气，导致后来他写的诗都自带仙气。...

内容辨析

观察上面 AIGC 生成的内容，我们不难发现，其文本内容严格遵循了提示词中指定的格式和顺序，对诗人李白进行了全面而生动的介绍。从李白的生平事迹到诗歌风格，再到后世影响，每一个部分都被巧妙地串联起来，构成了一篇条理清晰、内容丰富的文章。同时，整体的行文风格明显带有幽默色彩，使得原本可能枯燥的历史介绍变得生动有趣，让读者在轻松愉快的氛围中领略到李白的独特魅力。

内容优化

学生自主设计提示词：________________________________

____

步骤 2　根据样本格式输出

提问关键词：内容 + 样本格式

提示词示例：请统计我国宋朝诗人的出生日期、逝世日期、主要作品，并使用文本格式输出。
例子：
……
李白　（701-762 年）《望庐山瀑布》、《行路难》、《将进酒》等
杜甫　（712-770 年）《春望》、《茅屋为秋风所破歌》、《登高》等
……

王安石（1021—1086 年）《泊船瓜洲》、《登飞来峰》、《伤仲永》等
苏轼　（1037—1101 年）《水调歌头》、《浣溪沙》、《江城子》、《赤壁赋》等 ...

古诗词韵，涵养时代新人

在中国古诗词的璀璨星河中，我们深刻感受到中华文化的博大精深与独特魅力。从唐诗的豪迈奔放，到宋词的婉约细腻，古诗词以其独特的韵律与意境，滋养了一代又一代华夏儿女。这些流传千古的佳作，不仅是对个人才情的彰显，更是民族精神的传承。它们教会我们，古诗词的韵味与智慧，是涵养品德、提升素养的重要源泉。

李白的诗歌以豪放不羁、想象力丰富而著称。他的《将进酒》中，“君不见黄河之水天上来，奔流到海不复回”等名句，不仅展现了诗人对自然的赞美，更表达了对人生的豁达与超脱。这样的古诗词，激励着学生们追求真理、热爱生活，成为具有高尚情操与深厚文化底蕴的时代新人。

除了古诗词外，你还想了解哪些中国优秀传统文化？请像豆包大模型提问：“请介绍一下中国书法。”

内容辨析

在上述案例中，AIGC 的输出内容严格遵循了提供的提示词指令与样例格式。这一现象表明，通过调整提示词指令和样例的具体形式，可以有效地引导 AIGC 生成符合期望格式的内容。换句话说，不同的案例格式能够作为模板，指导 AIGC 输出相应风格的内容。

内容优化

学生自主设计提示词：____

____

练一练：设计个人阅读计划

根据学习任务的情况，完成下述实训任务并开展评价，详见表 2-6。

表 2-6　练一练任务清单

<table>
<tr><td>任务名称</td><td>设计个人阅读计划</td><td>学生姓名</td><td></td><td>班　级</td><td></td></tr>
<tr><td>实训工具</td><td colspan="5">文心一言</td></tr>
<tr><td>任务描述</td><td colspan="5">为了系统提升阅读技能，拓宽知识视野，确保持续学习，丰富个人内涵与思维深度，你计划设计一份个人阅读计划书，请借助本任务学习到的知识完成下面任务</td></tr>
<tr><td>任务目的</td><td colspan="5">（1）深入理解提示词进阶技巧。
（2）能够使用多种提示词进阶技巧生成阅读计划书。</td></tr>
<tr><td colspan="6">AI 评价</td></tr>
<tr><td>序号</td><td colspan="2">任务实施</td><td colspan="3">评价观测点</td></tr>
<tr><td>1</td><td colspan="2">确定阅读主题、书籍类型和阅读目标</td><td colspan="3">能够清晰明确地定义阅读主题、书籍类型和具体目标，能够准确地理解需求并提供相关建议</td></tr>
<tr><td>2</td><td colspan="2">通过与 AI 交互规划阅读计划</td><td colspan="3">能够通过与 AIGC 的有效交互，根据个人兴趣、阅读难度和目标，合理规划阅读书籍的选择及阅读顺序</td></tr>
<tr><td>3</td><td colspan="2">利用 AI 查询并采纳相关书籍推荐、书评及阅读技巧，生成阅读计划书</td><td colspan="3">能够筛选出与阅读主题紧密相关、评价较高的书籍；最终生成的阅读计划书完整、清晰，易于执行</td></tr>
<tr><td colspan="6">学生评价</td></tr>
<tr><td colspan="6">学生自评或小组互评</td></tr>
<tr><td colspan="6">教师评价</td></tr>
<tr><td colspan="6">教师评估与总结</td></tr>
</table>

任务 2.3　掌握提示词工程实践

AI 助训

“凡事有所成，必先磨其技”，李明自踏入职场，便深刻认识到掌握提示词工程实践的重要性。他每日精进，不仅熟练掌握了基础技巧，更在实践中不断优化提示词，以提升信息传达的效率。在一次紧急的项目汇报中，李明凭借精准的提示词设计，将复杂的数据清晰呈现，赢得了团队的广泛赞誉。李明的故事展示了提示词工程在职场沟通中的巨大价值。他通过细致规划和持续实践，不仅提升了自身的沟通技巧，更在重要时刻发挥了关键作用。这充分说明了掌握和优化提示词对于提高信息传达效率、增强沟通效果的重要性。

运用 AIGC 提示词工程化实践技术，可以大幅提升工作效率，优化信息呈现方式，使复杂的数据和创意更加直观易懂。同时，AIGC 技术还能降低人力成本，提供新的创作和运营路径，激励着职场人和创作者不断前行，共创高效、智能的工作和创作新篇章。

根据自身目前的学习情况，想一想 AIGC 提示词工程实践能够在哪些方面助力个人发展。

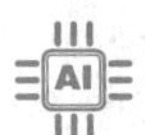
列举出具体的场景。
1. 广告文案生成
2. 游戏开发
3. ……

1. ICIO 框架

ICIO（指令—上下文—输入—输出指令器）框架是人工智能的“超级导航员”，正掀起理解与处理的革新风暴。它源于自然语言处理和机器学习需求，以“明确界定，精准执行”为核心，由指令（instruction）、上下文（context）、输入（input data）和输出指令器（output indicator）四大组件构成。这四大元素协同工作，确保 AI 系统准确高效响应用户需求。

提问关键词：框架 + 描述

提示词示例

instruction：描述：请为学校迎新晚会撰写一份台词。重要性：台词的准确性和感染力对于营造晚会氛围至关重要。

context：场景：这份台词将用于学校的迎新晚会。目的：台词旨在为新生和家长营造一个温馨、热情的欢迎氛围，同时展示学校的教育理念和文化。

input data：台词内容：“尊敬的家长们、亲爱的新同学们，欢迎大家来到我们充满活力的校园！今晚，我们齐聚一堂，共同庆祝你们新旅程的开始。在这里，你们将开启知识的探索，结交新朋友，共同成长。”

output indicator：风格：正式、温馨且具有启发性的教育风格。注意事项：请确保台词内容无语法错误，并准确传达出晚会的欢迎和庆祝之意，同时体现出学校的教育理念。

迎新晚会台词

尊敬的家长们、亲爱的新同学们：

大家晚上好！

在这个星光璀璨、温馨宜人的夜晚，我们满怀喜悦与期待，热烈欢迎大家来到我们充满活力与梦想的校园！今晚，我们齐聚一堂，不仅是为了迎接新一届学子的到来，更是为了共同庆祝你们人生新旅程的璀璨启程。...

内容辨析

上述提示词指导了台词的生成过程，确保了内容正式、温馨且具有启发性，同时准确传达了晚会的欢迎和庆祝之意以及学校的教育理念。在生成过程中，遵循了无语法错误的要求，并注重营造温馨、热情的欢迎氛围。当然，并不是ICIO框架的所有组成部分都是必需的。例如，如果对于文本的输出格式没有硬性要求，可以不必限制输出形式。尽管某些情况下可能并未明确指定输出内容，但我们依然能够依托强大的信息处理能力与创新思维，生成具有深度与广度的内容。所以，在实践当中，可以根据实际情况，灵活地使用框架的组成部分。

内容优化

学生自主设计提示词：____

____

2. CRISPE 框架

CRISPE框架集五大核心要素于一体：能力角色（capacity and role）、背景洞察（insight）、任务指令（statement）、个性风采（personality）与实验反馈（experiment），共同编织出高效、精准且个性化的互动篇章。能力角色的设定，赋予其教育者、翻译家等身份，让AI以更贴近人类的方式提供服务。背景信息的融入，使AI能精准捕捉用户意图。任务指令的明确，确保AI准确执行用户请求。个性风采的加入，让AI回复更加生动有趣，满足用户多样化需求。实验反馈机制则为用户提供选择空间，通过对比不同风格示例，定制满意对话体验，同时为AI学习优化提供数据支持。

提问关键词：框架 + 描述

提示词示例

capacity and role（CR）：假设你是一位经验丰富的农产品营销专家，具备多年在农产品推广领域的经验。

insight（I）：公司致力于推广来自贫困地区的农产品，目标受众是对健康生活和社会责任有高度认识的消费者。产品的核心卖点是天然、有机的农产品和对贫困地区的支持。

statement（S）：我需要你创建一个详细的小红书营销计划，用于推广我们的扶贫农产品，并在接下来的三个月内提高品牌知名度和用户参与度。

personality（P）：请使用温馨且富有创意的语言来制定计划，确保策略既实用又感人，能够激发目标受众的共鸣和购买欲望。

experiment（E）：请提供至少三种不同的营销策略，包括但不限于内容创意、广告投放和用户互动活动，以便我们团队可以评估和选择最合适的方案。

capacity and role（CR）：农产品营销专家。insight（I）：推广贫困地区天然、有机农产品，吸引对健康生活和社会责任有高认识的消费者。statement（S）：制定详细的小红书营销计划，提升品牌知名度与用户参与度，目标周期为三个月。personality（P）：温馨而富有创意，实用且感人，激发共鸣与购买欲望。experiment（E）：三种不同的营销策略。

策略一：故事化内容创意

1. 内容主题："从田间到餐桌的温暖旅程"：讲述每一款农产品背后的故事，从贫困地区的农户种植过程到产品如何送到消费者手中，突出天然、有机和对农户的支持。...

农产品推广，助力乡村振兴

在中国广袤的田野上，孕育着丰富多样的农产品，它们不仅是农民辛勤耕耘的结晶，更是中华民族农耕文明的瑰宝。从东北的黑土地到江南的水稻田，从西北的瓜果飘香到西南的茶叶满园，农产品以其独特的品质与风味，滋养着亿万中国人民。这些农产品不仅承载着农民的希望与梦想，更是乡村振兴的重要支撑。它们教会我们，农产品的推广与销售，是连接城乡、促进经济发展的重要桥梁。

云南普洱茶以其独特的地理环境与制作工艺，赋予了普洱茶独特的品质与口感。通过品牌策划与网络营销，云南普洱茶不仅在国内市场享有盛誉，更走向世界，成为代表中国茶文化的一张名片。这样的成功案例，激励着学生们运用所学知识，为农产品推广贡献力量，助力乡村振兴。

乡村振兴是以促进农村经济发展、提升农民生活水平、保护和传承乡村文化为目标，通过一系列政策措施和实践活动，推动农村地区全面振兴的过程。你还知道哪些乡村振兴的事例？请向豆包输入："乡村振兴——'普洱咖啡'让远山树林的味道飘香世界。"

内容辨析

通过 CRISPE 框架的精心指引，我们能够将原本纷繁复杂的营销计划巧妙地凝练成一段既温馨又充满创意的描述。这一框架以其清晰明确的指导原则，为我们与 AI 的交流搭建了一座高效的桥梁。在它的助力下，我们得以更加精准地传达意图，引导 AI 生成与我们期望高度契合的内容。这不仅极大地提升了互动的质量，还让我们在追求营销目标的过程中收获了更加满意和令人惊喜的结果。CRISPE 框架无疑成为我们与 AI 共创精彩营销故事的重要工具。

内容优化

学生自主设计提示词：________________

____

3. BROKE 框架

BROKE 框架包含背景（background）、角色（role）、目标（objectives）、关键结果（key result）与改进（evolve）五部分结构，共同塑造了高效、精准的交互体验。背景为 AI 提供全面任务信息，角色明确 AI 定位，目标指引 AI 行动，关键结果确保输出质量，改进则促进持续优化。例如，在撰写新闻稿时，BROKE 框架助力 AI 精准理解任务背景，以专业角色撰写符合要求的稿件，用户还可通过改进建议微调输出。这一框架不仅提升了沟通效率，更让 AI 适应多样场景，成为用户得力助手。

提问关键词：框架 + 描述

提示词示例

background：英语四级考试（CET-4）是中国大学生英语能力的一项重要评估，它不仅衡量学生的英语水平，也是许多学术和职业机会的门槛。

role：假设你是一名准备参加英语四级考试的学生，希望通过练习来提高你的英语水平和考试成绩。

objectives：掌握四级考试的核心词汇和语法知识。提高听力、阅读、写作和翻译的实战技能。通过模拟考试和练习获得持续的反馈，了解自己的进步和需要改进的地方。

key result：考过四级。

evolve：每个月至少评估一次学习进度，根据模拟考试的成绩和练习题的反馈调整学习计划。如果发现某些学习材料或方法效果不佳，寻找新的资源或策略来替代，以确保持续进步并最终通过四级考试。

英语四级备考策略与计划

一、背景与目标

英语四级考试（CET-4）是衡量中国大学生英语能力的重要标尺，它不仅是对学生英语水平的检测，更是许多学术和职业机会的入场券。作为一名备考四级的学生，我深知通过刻意练习来提高英语水平和考试成绩的重要性。我的目标是掌握四级考试的核心词汇和语法知识，提高听力、阅读、写作和翻译的实战技能，并通过模拟考试和练习题获得持续的反馈，以了解自己的进步和需要改进的地方，最终成功考过四级。...

内容辨析

根据上面的 AIGC 生成的英语四级备考计划制定可见，BROKE 框架帮助我们清晰地勾勒出了学习的路径，从掌握核心词汇到提升各项技能，再到通过模拟考试获得反馈并不断优化学习策略，每一步都紧密相连，形成了一个闭环的、不断进化的学习过程。通过 BROKE 的逻辑结构，我们能够系统地构建出详尽而富有条理的描述。这一框架不仅确保了描述的完整性，还融入了动态调整与持续改进的理念，使得生成的描述既贴合实际，又具备前瞻性和适应性。

内容优化

学生自主设计提示词：____

____

练一练：设计户外活动策划方案

根据学习任务的情况，完成下述实训任务并开展评价，详见表 2-6。

表 2-6　练一练任务清单

任务名称	设计户外活动策划方案	学生姓名		班　级	
实训工具	文心一言				
任务描述	为了享受大自然的美景，增进团队合作与个人体能，同时创造难忘的共同回忆，请你根据本任务学习到的知识，写一份户外活动策划方案				
任务目的	（1）深入理解提示词工程实践框架。 （2）能够组合多种框架进行户外活动策划方案的设计与优化				
AI 评价					
序号	任务实施	评价观测点			
1	与 AI 交互确定活动类型、预算及规划初步路线	活动类型的选择符合参与者的兴趣与体能水平，预算分配合理且留有余地应对意外支出			
2	使用 AIGC 细化活动路线与安全措施	活动路线经过 AI 的详细规划，包括具体的起点、终点、途经点及备选路线，安全措施得到全面加强			
3	AI 查询并推荐户外活动装备与场地，生成详细计划书	AI 推荐的户外活动装备齐全且符合活动需求，生成的详细计划书包含活动流程、时间表、人员分工等关键要素			
学生评价					
学生自评或小组互评					
教师评价					
教师评估与总结					

AI 拓学

【AI 拓学】

1. 拓展知识

除了上述任务中的相关知识，我们还应使用 AIGC 进行拓展知识的学习，知识主题和示范提示词见表 2-8。

表 2-8　项目 2 知识主题和示范提示词

序号	知识主题	示范提示词
1	文生图提示词	帮我画一个正在上课的大熊猫
2	指定风格	请用知乎的风格，写一篇关于大语言模型的应用发展软文，适当增加专业知识
3	结构化提示词	角色设定：你是一位才思敏捷的 10 年经验自媒体博主，善于捕捉热点话题，深入挖掘事件背后的意义。任务描述：根据用户提供的选题方向，撰写一篇有见地、有思想、有温度的公众号文章。话题主题：公众号写作。核心关键词包括选题策划、资料搜集、提纲撰写、事件梳理、观点阐述、论据支撑、文字表达和传播策略。输出格式：输出为一篇完整的公众号文章。初始化：引导用户输入文章主题

2. 拓展实践

（1）制作老年人心理慰藉活动手册。

通过本项目的学习，你应该已经学会了向 AIGC 提问的技巧，熟悉了使用提示词基本技巧、进阶技巧以及了解提示词工程实践。下面请你使用 AIGC 辅助完成以下任务，要求见表 2-9。

表 2-9　制作老年人心理慰藉活动手册

任务情景	任务目标	任务要求
作为大学生志愿者，你计划参与一次为老年人提供心理慰藉的公益活动，你该如何完成任务?	学习老年人心理健康知识和沟通技巧	通过查阅资料，了解老年人心理健康的基本特点、常见问题和沟通技巧
	制定心理慰藉计划和志愿者培训计划	计划需明确心理慰藉的方式、时间、地点和预期效果；培训计划需涵盖心理慰藉的基本技巧、注意事项和伦理原则
	编写心理慰藉手册和感谢信	手册包含老年人心理健康的基本知识、心理慰藉的方法和技巧，以及实际案例和效果；感谢信需表达对所有志愿者的感激之情，介绍心理慰藉活动的意义和目的

（2）信息技术基础实践任务：认识计算机中的数制系统。

【生成式作业】

【评价与反思】

根据学习任务的完成情况，对照学习评价中的“观察点”列举的内容进行自评或互评，并根据评价情况，反思改进，认真填写表 2-10 和表 2-11。

表 2-10　学习评价

观　察　点	完全掌握	基本掌握	尚未掌握
掌握提供充分信息的提示词技巧			
掌握精准用词的提示词技巧			
掌握分步提问的提示词技巧			
掌握投喂示例的提示词技巧			
掌握输入结构化的提示词技巧			
掌握输出结构化的提示词技巧			
掌握 ICIO 提示词实践框架			
掌握 CRISPE 提示词实践框架			
掌握 BROKE 提示词实践框架			

表 2-11　学习反思

反　思　点	简要描述
学会了什么知识?	
掌握了什么技能?	
还存在什么问题，有什么建议?	

扫一扫右侧二维码，查看你的个人学习画像。

学习画像

| 项目 3 |

文字的魅力：AIGC 与文本生成

项目 3
教学视频

【AI 导学】

从文字到智慧：AI 赋能文本学习的创新之道

在这个快节奏的时代，AIGC 文本生成技术以其深邃的智慧和无限的潜力，让学习与工作变得前所未有的高效。只需一个想法，AIGC 就能根据您的需求，制定出一份详尽的职业规划。无论是探索未知的学术领域，还是跨越行业获取新知，AI 的力量都能为您提供支持，让每一步职业发展都充满信心和机遇。智慧赋能文本，AI 正引领着学习与工作的创新模态，让每一次思考都充满启发，每一次努力都收获成果。现在，就让我们跟随 AI 的引领，开启一段充满智慧与创新的旅程吧！

试一试

请你选择感兴趣下列场景，尝试使用豆包大模型生成以下内容。

（1）我是一名大一新生，请为我生成一篇班委竞选演讲稿。

（2）请将以下句子翻译成英文："世上无难事，只要肯登攀"。

（3）我想以"重走长征路 争做时代好青年"为主题写一篇文章，请你为我提供一些素材。

文本创作是一个涉及灵感捕捉、内容构思、语言打磨的复杂过程。从初步的想法到最终的文本，从词汇的选择到句式的构建，从资料的搜集到作品的发布，这一过程需要创作者具备深厚的文学功底和丰富的想象力。AI 技术的发展为文本创作带来了革命性的变化，使得创作过程更加灵活和高效。目前，一些知名的 AI 文本生成平台如文心一言、Kimi AI、通义千问等平台的出现能辅助创作者快速生成和优化文本内容。

本项目通过 AIGC 文本生成在学习、生活、自媒体文案中的应用为导入点，让大家在完成任务的同时学会高效与 AIGC 协同工作的技巧，提升大家的学习、工作效率。然而，创作者在使用 AIGC 技术时也应保持高度警觉，也需要确保内容的原创性与符合道德标准。AIGC 技术不应成为替代人类创造力的工具，而应作为激发创意和提高工作效率的辅助手段，帮助创作者在保持文本原创性的同时，提升作品的质量和传播力。

学习图谱

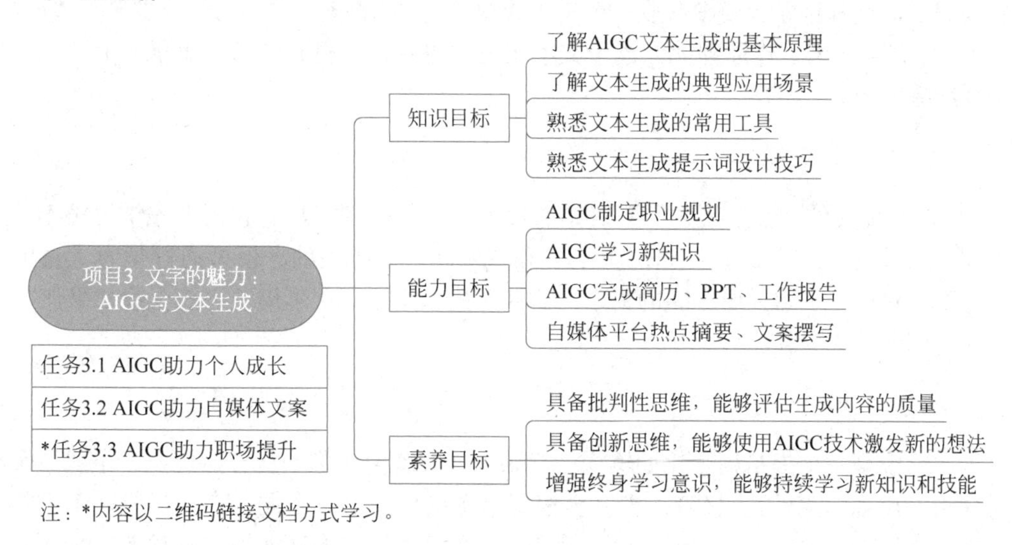

注：*内容以二维码链接文档方式学习。

【AI 助学】

AI 助学

AI 生文是指使用人工智能生成自然语言文本内容的过程，核心是基于语言模型的生成能力。语言模型通过大量的语料库学习语言的统计特性、语法结构和上下文关联等，从而生成具有一定语义和逻辑的文本。在学习 AIGC 文生文之前，我们需要简要了解一些 AI 生文的原理以及应用场景。

3.1 AI生文的原理

AIGC文生文的基本流程如图3-1所示，从图中可以看出流程主要是从数据处理、模型构建、文本生成、后期处理与迭代优化组成。为了让大家直观地感受这个流程，下面我们通过一个“文字接龙”的案例简要解释文生文的原理。

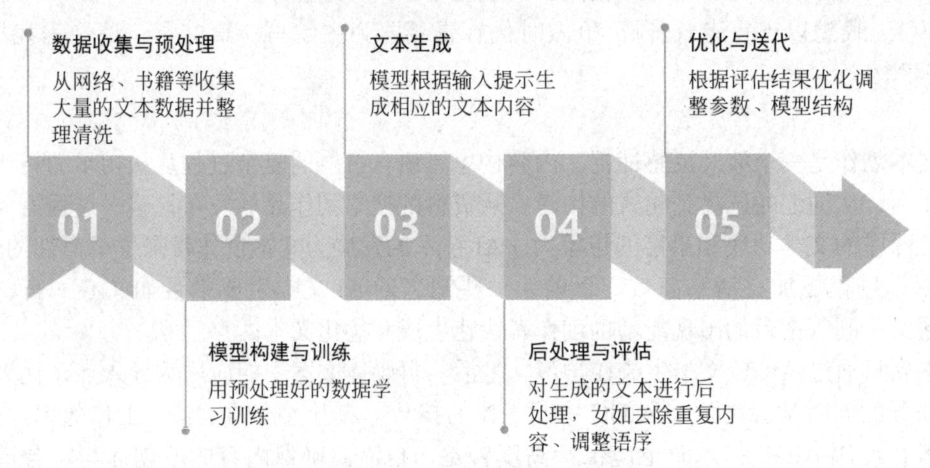

图3-1 文生文的基本流程

假设你和你的朋友在玩文字接龙游戏：你先说一个词，比如“苹果”。你的朋友需要接一个跟“苹果”有关的词，比如“果汁”。然后你再接一个词，比如“汁水”，以此类推。你们通过这种接龙，慢慢形成一个句子或故事。

AIGC文生文的工作原理就像这个文字接龙的过程，不过是通过计算机来完成的。以下是详细的解释。

1. 学习语言规律

AIGC文生文的“文字接龙”游戏是通过人工智能模型来玩，它需要先学习很多语言的规律。就像你玩接龙时，知道“苹果”和“果汁”是相关的，模型通过学习大量的书籍、文章和对话，了解词语之间的关系。例如，模型学会了“苹果”可能会跟“果汁”“水果”这些词联系在一起。

2. 从提示词开始接龙

当你给模型一个提示词（比如输入“苹果”），它就会像你一样开始接龙，生成一个相关的词语，比如“果汁”。接着，它又会根据这个词生成下一个词，直到形成一个完整的句子或段落。每一次生成新的词，模型都会参考之前的词，保证连贯和有意义。

3. 生成句子的过程

就像你们在玩文字接龙时，规则是接下来的词必须与前一个词相关，AIGC也是根据它之前学习的语言规律和上下文来生成下一个词。比如，如果提示词是“今天我们去吃”，模型可能会继续生成“披萨”或“火锅”，而不是一些不相关的词，比如“飞机”。

4. 调整和优化

AIGC 模型会通过不断训练和改进，学会更好地接龙。例如，它可能学到有些词组合起来比较常见，而有些词组合起来会让句子更加流畅或者有创意。就像你玩接龙时，可能会有时候想出特别好或特别有趣的词来接，AIGC 也可以在生成文本时做出创意的选择。

AIGC 文生文就像一个自动化的“文字接龙”游戏，它根据你提供的起始词或句子，接着生成相关的文本，并且会考虑上下文来保持句子连贯、合理。通过不断地训练，模型学会如何更好地“接龙”，生成符合语法、语义的文本。

3.2　AIGC 文生文技术的应用场景

AIGC 文生文技术在多个领域中都有广泛应用。它不仅可以帮助创作文本内容，如新闻、小说和社交媒体文章，还能进行推理、回答问题并生成逻辑严密的文本。此外，AIGC 还可以对文档进行解析，提取关键信息或生成摘要，甚至能帮助自动化生成代码，提供代码补全、优化和 bug 修复等功能。这些应用大大提高了工作效率，并且减少了人工干预。AIGC 文生文的常用领域与应用场景见表 3-1。

表 3-1　AIGC 文生文的常用领域与应用场景

领　域	应用场景	描　述
文本内容创作	创意写作	AIGC 可以帮助作家创作故事、小说、诗歌等。例如，输入一个简单的情节或关键词，AI 可以根据这些信息生成一段完整的故事
	文章生成	在新闻报道、博客文章、广告文案等领域，AIGC 可以快速生成高质量的文本内容
	社交媒体内容	在微博、推特等社交平台上，AIGC 可以自动生成吸引人的帖子，甚至根据当前的热点话题生成内容
推理	问题解答	如果你向 AIGC 提出一个问题（如“地球的直径是多少？”），它可以从已知的知识中推理出答案
	逻辑推理	AIGC 可以进行简单的逻辑推理，如在数学题目中解题，或者在复杂的情境中推测可能的结果
	推理式写作	在侦探故事或法律文本中，AIGC 可以帮助生成基于线索的推理过程，创造出逻辑严密的故事情节或合同条款
文档解析	自动摘要	当有长篇文档时，AIGC 可以自动提取文档中的关键信息，并生成一个简短的摘要
	信息提取	AIGC 能从大量的文本中提取出特定的信息，如从法律文件中提取出合同的关键条款，或者从新闻报道中提取出事件的时间、地点、人物等重要信息
	数据分析	AIGC 可以分析企业报告、市场研究数据等文档，并生成易于理解的结论和推荐。例如，输入一份财务报表，可以分析数据并生成财务报告
代码生成	自动代码生成	AIGC 可以根据用户的描述或需求，自动生成代码
	代码补全	AIGC 在开发环境中可以提供代码补全，帮助开发者快速编写代码并减少错误
	代码重构优化	AIGC 还能够根据已有的代码，提供代码优化建议或进行代码重构，使得代码更加高效、可读和简洁

3.3 AIGC 文生文的常用工具

AIGC 文生文的常用工具和简介见表 3-2。

表 3-2 AIGC 文生文的常用工具和简介

工 具	简 介
文心一言	百度推出的一款人工智能助手，专注于中文语言处理和搜索服务
Kimi AI	由月之暗面科技有限公司开发的人工智能助手，擅长中英文对话
通义千问	阿里巴巴推出的人工智能问答系统，提供信息检索和智能问答服务
WPS AI	金山办公软件推出的 AI 功能，集成在 WPS Office 中，提升办公效率

学一学

请你继续学习文生文的基本原理与应用场景，直接询问豆包大模型，提示词如下：

（1）请问 AIGC 文生文的基本原理是什么？

（2）什么是大语言模型？

通过与大模型交流，我们能迅速掌握完成任务所需的基本背景知识和流程，这极大地提高了我们的学习效率，下面我们来评测一下知识的掌握情况。

测一测

测一测

扫码进入智能体，测一测知识的掌握情况。

AIGC 的文生文应用广泛，包括但不限于________、________和________等领域。

【AI 助训】

AI 助训

任务 3.1 AIGC 助力个性化学习

林晓，一名法律学院的大一新生，深知“凡事预则立，不预则废”的道理，借助 AIGC 的力量，提前布局企业法务专员的职业发展路径。AIGC 作为他的学习助手，不仅为他量身定制了个性化学习方案，精确提供课程资料，还通过模拟测试帮助他进行自我评估和能力提升，确保他能够稳步前进。为了满足法务职位的多样化需求，AIGC 深入挖掘学科间的联系，智能推荐跨学科的学习资源，从而扩展林晓的知识视野。在语言学习方面，AIGC 化身为“一对一外教”，全面提升林晓的词汇量、阅读理解、听说能力和翻译技巧，为处理国际法律事务打下坚实的基础。

得益于 AIGC 的全面支持，林晓在专业学习、跨学科探索以及语言能力提升方面都取得了显著的成就，为他成为一位杰出的法务专员奠定了坚实的基础。林晓的每一步成长，都凝聚着 AIGC 的智慧与陪伴，共同绘制着未来法务精英的辉煌蓝图。

AIGC还能在哪些方面助力我们的学习和成长呢？

除了上文提到的方面，AIGC还能在以下方面助力我们的学习和成长：
① 增强学习动机与兴趣。
② 培养自主式探索和解决问题的能力。
③ 拓宽国际视野与跨文化交流。
④ 支持个性化辅导与心理关怀。
……

1. 梦想启航：AI定制你的职业蓝图

AIGC能够依据学生的兴趣爱好、个人特长以及市场的需求，为其量身打造个性化的职业发展蓝图。这样，学生能够以目标职业为出发点，通过期望的职业目标来激发学习动力，实现学习的合理导向。AIGC协助分析大学生在制定职业规划时所需的核心要素，并提供获取这些要素的具体途径，助力学生精准识别个人优势和职业机遇。结合学生的个性化信息，AIGC智能生成职业规划方案，为学生设计一条明确且可行的职业发展道路。

步骤1　通过AI工具了解大学生制定职业规划的关键要素

提问关键词：大学生 + 职业规划 + 关键要素

提示词示例

制定一份大学生的将来职业规划，有哪些关键要素？

制定一份大学生的将来职业规划，关键要素包括：
自我评估：了解个人的兴趣、价值观、技能、优势和劣势，这是规划的基础。
职业目标设定：明确短期和长期的职业目标，确保目标具有可行性和挑战性。
行业研究：深入了解目标行业的发展趋势、就业市场、所需技能和潜在机会。
技能提升：根据职业规划，制定学习计划，提升专业技能和软技能 ...
实践经验：通过实习、项目、志愿者工作等方式积累实际工作经验 ...
网络建设：建立和维护行业内的人脉关系 ... 为将来的职业发展铺路。
持续学习：保持对新技术、新知识的学习动力，适应快速变化的职业环境 ...

内容辨析

现有的职业规划关键要素已经为大学生提供了一个坚实的框架，但加入心理健康与工作生活平衡，社会责任感与伦理意识等补充点可以使规划更加全面和个性化。每个学生的背景、兴趣和目标都是独一无二的，因此职业规划也应该因人而异，灵活调整，以满足个人的具体需求和发展方向。

内容优化

学生自主设计提示词：____

____

步骤 2　分步骤追问，了解关键要素的具体获取方法

提问关键词：自我评估 + 操作

提示词示例：在制定职业规划时，大学生应该如何完成以上所提到的自我评估？

大学生可以遵循以下具体步骤来确保评价的全面性和准确性。

1. 兴趣探索 ...

2. 价值观澄清 ...

3. 技能识别

（1）技能清单：列出你技能清单 ... 专业技能和软技能（如沟通、团队协作、领导力等）。

（2）技能评估：对每个技能进行评估，确定其熟练程度和在职业市场上的价值。

（3）技能提升计划：针对需要提升的技能，制定具体的学习计划和实践机会。

4. 优势与劣势分析 ...

内容辨析

以上 AIGC 的回答，包含了 20 多条评估细则，内容非常全面且细致；然而，如果试图照单全收地执行，显然会面临不小的挑战。在实际应用这些回答时，我们需要进行仔细的甄别与筛选。例如，在个人兴趣探索的层面，大多数同学已经对自己的兴趣爱好有了相对清晰的认识，因此无需花费过多时间去进行详细的记录与分析。而在职业规划的方面，我们反而可以更加积极地访问招聘网站或亲临工作现场，去深入了解各种岗位的具体工作内容和实际情境，这样做将更有助于学生们准确找到自己的职业定位。

内容优化

学生自主设计提示词：____

____

步骤 3　投喂个性化信息，生成职业规划初稿

提问关键词：个性化信息

提示词示例：分析我的职业规划关键要素的评估结果，帮我生成一份职业规划书。关键要素评估结果如下。

基本信息：法律事务专业，高职大一学生，女

自我评估：MBTI 性格测试结果是 INTJ，内向型（I）直觉（N）思考（T）判断（J）。

职业目标设定：法务顾问 / 企业法务

行业研究：随着社会经济发展和法治建设推进 ... 企业法务市场需求持续增长 ...

当提示词需要提供较多的信息时，需要采用上面这种结构化的表达方式，使条理清晰。

职业规划书

一、基本信息 ...

二、自我评估：根据 MBTI 性格测试，我的性格类型为 INTJ（内向型、直觉、思考、判断）。我倾向于独立思考，善于分析复杂问题 ...

三、职业目标：我将职业目标设定为成为一名优秀的法务顾问 / 企业法务 ...

短期目标（1~2 年）：深入学习法律事务专业的核心课程，积极参加学校组织的法律实践活动，如模拟法庭、法律援助等，提升法律实践能力 ...

中期目标（3~5 年）：毕业后进入一家知名企业或律师事务所，从事法务顾问 / 企业法务工作 ... 如合同管理、合规审查、知识产权保护等方面的能力 ...

长期目标（5 年以上）：成为企业法务部门的核心成员或资深法律顾问 ...

内容辨析

以上为 AIGC 根据步骤 1 和步骤 2 收集的关键要素，初步生成的大学生职业规划。AIGC 提供了系统的框架和基本的职业规划相关内容。但是，依然有较大的改进空间。例如，在技能提升计划中，我们可以继续与 AIGC 互动，了解你将来希望从事行业的主要法务业务需求，持续优化和改进，以得到更加具体、可执行性强的职业规划。

内容优化

学生自主设计提示词：________________________________

____

步骤 4　持续优化改进，输出最终规划

提问关键词：细节优化 + 有所侧重

提示词示例：我想要从事制造业的企业法务，从事知识产权与合同相关的法律事务处理，帮我优化职业规划书。

职业规划书（优化版）

一、基本信息：姓名：［姓名］；专业：法律事务；学历：高职在读 ...

二、自我评估

三、职业目标

短期目标：在制造业企业中担任法务助理或专员，专注于知识产权、合同审核 ...

中期目标：晋升为企业的法务顾问或高级法务专员 ... 长期目标：企业法务专家 ...

四、行业分析

制造业作为国民经济的支柱，对知识产权保护和合同管理有着极高的需求 ... 企业越来越重视通过法律手段保护自身权益，预防法律风险 ...

五、实施策略

专业知识积累：深入学习法律事务专业课程 ... 知识产权法、合同法等相关法律 ...

行业知识拓展：... 为企业提供前瞻性的法律建议 ...

内容辨析

通过了解制造业对企业法务的岗位要求，可以使自己的技能提升计划更具有针对性与可行性。多次重复本步骤，我们就可以得到更加满足个性化需要的职业规划。后续我们还可以根据职业规划，生成详细的学习计划。

内容优化

学生自主设计提示词：____

____

2. 学霸养成：AI 打造专属学习秘籍

在学习领域，AIGC 智能学习助手以卓越的数据处理能力为翼，为大学生量身定制学习资源和策略，让学习效率与质量齐飞。日常学习中，它精准匹配课程资料与练习题，助力新知巩固；制定个性化学习计划，则确保学习之路既高效又独特。备考阶段，AIGC 更是大放异彩，智能规划复习计划，进行模拟考试评估，精准击破知识盲点。面对快速变化的社会，跨专业学习成为必需，AIGC 通过智能分析，发掘专业间的内在联系，推荐跨学科资源，助力学生轻松跨越专业界限，拓宽知识视野，培养综合素养与创新能力，为未来职业生涯铺设更多可能，让知识的融合与创新成为常态。

步骤 1　使用 AIGC 系统梳理知识体系和简介

提问关键词：梳理知识体系

提示词示例：我正在学习《法治思想概论》之“法治的价值取向”，请帮我梳理该章的知识体系，以思维导图的形式输出，并对每一项做一两句话的简介。

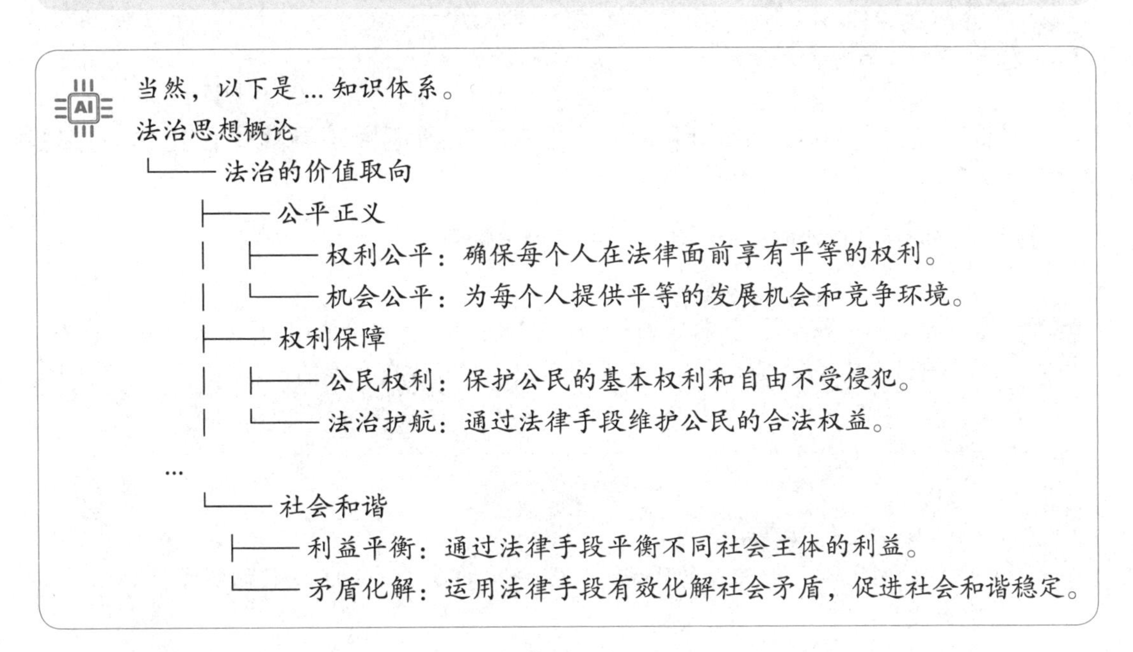

内容辨析

以上 AIGC 通过树形结构描述了“法治的价值取向”这一章的知识体系，同学们可以进一步整理成思维导图的形式输出，这种整理过程本身就是很好的学习方式。很多办公软件有绘制思维导图的软件，可以通过与 AIGC 询问获得指导。

我国法制的价值取向

当前我们国家法制的价值取向涵盖国家、社会、公民三个层面。国家层面追求富强、民主、文明、和谐，旨在通过法制建设推动国家繁荣和人民幸福。社会层面强调自由、平等、公正、法治，保障公民权利，维护社会秩序，促进公平正义。公民层面则要求爱国、敬业、诚信、友善，引导公民树立正确价值观，积极参与社会建设。这些价值取向共同构成了我国法制的核心价值体系，是全面依法治国的重要指引。通过法制建设，我们致力于实现国家发展目标，维护社会稳定和谐，提升公民道德素质，推动形成人人讲法、人人守法的良好社会氛围，为中华民族的伟大复兴提供坚实的法制保障。

“诚信”是社会主义核心价值观的重要组成部分。你如何看待学术诚信、考试诚信等问题？在日常生活中，我们应该如何坚守诚信原则？

内容优化

学生自主设计提示词：____

____

步骤 2　使用 AIGC 完成自我学习评估，找到短板，寻找个性化学习路径与学习资源

提问关键词：自我评估 + 个性化 + 学习路径 + 资源

提示词示例：我学习了《法治思想概论》之“法治的价值取向”，请帮我出一些练习题目（选择题、判断题）来巩固知识，并完成自我评估。

1. 选择题

法治的核心是（　　）。

A. 法律的制定　　B. 法律的实施　　C. 法律的遵守　　D. 法律的解释 ...

2. 判断题

（1）法治是一种静态的概念，是法律制度的简称。（　　）

（2）法治政府建设的主要内容是依法行政、廉洁高效、公正透明和服务人民。（　　）

内容辨析

我们完成练习作答，AIGC 就可以帮我们评估知识薄弱点，并推送提升学习方法与资源。

内容优化

学生自主设计提示词：____

____

步骤 3　使用 AIGC 获得跨学科的课程资源和学习路径，轻松跨越专业壁垒，促进知识的融合与创新

提问关键词：跨学科学习 + 融合创新

提示词示例：我未来想成为一名制造业的企业法务，从事合同管理、合规审查、知识产权保护的工作，我需要掌握哪些跨专业的知识？

从事制造业企业法务 ... 从易到难推荐的跨专业知识领域：
1. 基础法律知识 ...
2. 财务知识
财务报表：能够看懂资产负债表、利润表和现金流量表 ...
财务管理制度：了解公司的财务审批流程、资金管理制度等 ...
3. 商业知识 ...
学习建议：
（1）系统学习：从基础法律知识入手，逐步深入到财务、商业、合规 ...
（2）实践应用：结合实际工作案例进行分析和应用 ...

内容辨析

AIGC 先总体提供了作为制造业企业法务岗位的跨专业知识技能要求，并且给出了学习建议，我们可以分步去追问各方面的具体学习路径与学习资源。

内容优化

学生自主设计提示词：____
____

3. 环球通吃：AI 带你玩转语言世界

AIGC 全方位赋能外语学习，让大学生在外语世界里游刃有余，轻松应对考试与工作挑战。AIGC 精准推送，助力词汇量飙升，为阅读、写作、听力、口语打下坚实基础。面对英语文献阅读挑战，尤其是长句解析难题，AIGC 以智能解析为刃，破解“单词都认识句子读不懂”的困境。听说训练，AIGC 化身“一对一外教”，营造沉浸式语言环境，让口语流利不再是梦。更值得一提的是，其翻译功能强大，无论是词汇精配还是句意深解，AIGC 都游刃有余，让语言转换变得轻松简单。

步骤 1　使用 AIGC 提升词汇量

提问关键词：背单词 + 词根 + 词缀 + 相近词 + 例句

提示词示例：生成单词 abandoned 的信息，包括中文定义、英语定义、词源、词根词缀、短语搭配和短句。

中文定义：主要用作形容词和动词，主要意思为“被抛弃的；废弃的，被丢弃的；放纵的，不羁的；放弃的，不再考虑的”...
英语定义：An adjective used to describe something or someone that has been left, discarded...

词源：Abandoned 一词源自拉丁语 abandonare，意为“放弃”“离开”。在英语中，它最早出现于 14 世纪，起初只有“离开”“放弃”的意思，后来逐渐演变成现在的含义。

词根词缀：这个单词由“ab-”和“-andon”两部分组成。“ab-”是一个常见的拉丁语前

短语搭配：abandon property 废弃财产

内容辨析

相较于传统的查词软件，使用 AIGC 来查询单词含义的方式显得更为灵活自由。除此之外，我们还能让 AIGC 帮助我们辨别英语中形近词的用法。我们在考试中还经常遇到很多易混淆的单词，无法分辨，例如：

Her performance received many ______ from the audience. (A. compliments B. complements).

提示词示例：我很难区分 complement 和 compliment，请帮我从词根、词缀等方面分辨。

为了从词根词缀的角度区分 complement 和 compliment，我们可以从以下几个方面进行详细分析。

词根词缀分析

单词	词根词缀分解	词根词缀含义	单词整体含义
complement	com- + -ple- + -ment	com-：共同，一起；-ple-：满，填满；-ment：名词后缀，表示行为或状态	补充物，补足，使完备；强调两个或多个事物之间的共同补充关系
compliment	com- + -pli- + -ment	com-：共同，一起；-pli-：满，填满（这里引申为使满足或高兴）；-ment：名词后缀，表示行为或状态	赞美，恭维；强调通过言语或行为使对方感到满足或高兴

详细解释 ......

内容优化

学生自主设计提示词：____
____

步骤 2　使用 AIGC 营造沉浸式的英语对话环境，终结“哑巴英语”

提问关键词：沉浸式 + 对话

一开始，我们很难知道自己能聊些什么，现在可以使用 AIGC 先生成一段场景对话。

例如，使用文心一言作为你的“一对一教练”，建议使用手机 APP 版。

提示词示例：帮我生成一段对话，比如我去珠海航展了，遇到了一个外国友人，我们聊起了近年来中国的基础建设与科技的发展。

场景设定：你在珠海航展上漫步，欣赏着各种先进的飞行器和技术展示。突然，你注意到旁边有一位外国友人也在专注地观察着一架新型战斗机。你决定主动上前与他交流，聊聊近年来中国的基础建设与科技发展。

你：（微笑）Hi there! I couldn’t help but notice you’re really interested in this fighter jet. Are you here for the air show too?

外国友人：Oh, hi! Yes, I am. I’m fascinated by the technological advancements in aviation, and I’ve heard a lot about China’s progress in this field. Are you from here?

你：Yeah, I’m from China. It’s great to see so many people from around the world coming to our air show. Have you had a chance to explore much of China’s infrastructure and technology developments recently... ...

上面 AIGC 为我们构造了一个对话场景，下面我们尝试在这个框架下与 AI 进行真实的语音对话吧！

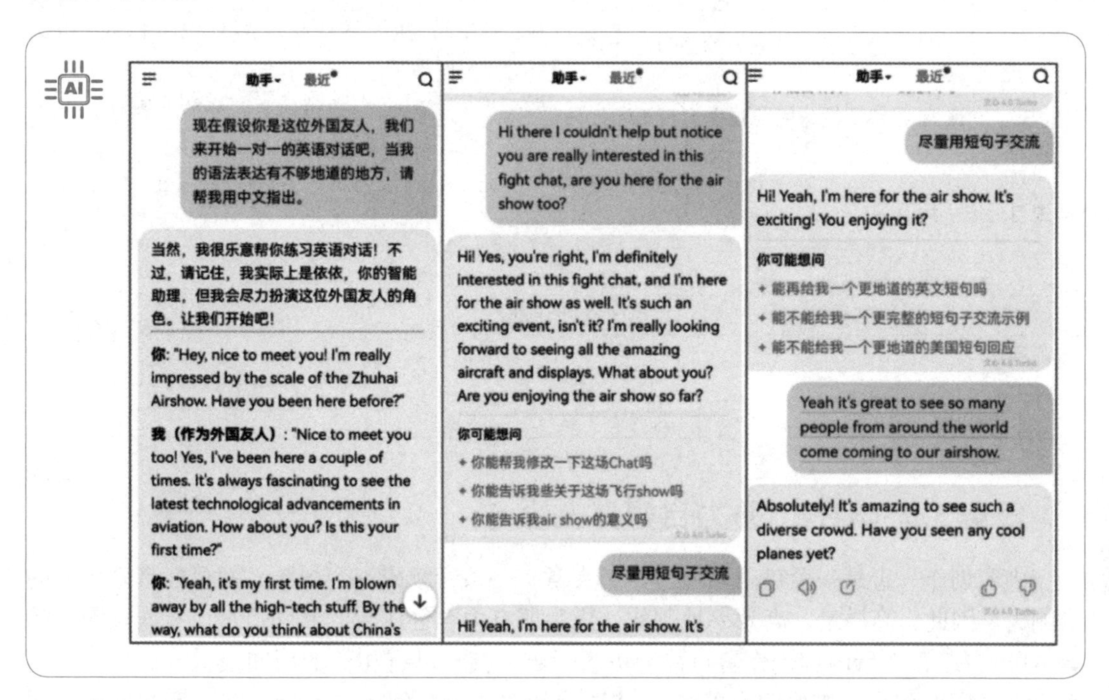

内容辨析

提升外语口语能力，关键在于持之以恒地练习。无论何时何地，只需轻启手机，便能即刻开启一段对话之旅。日积月累，你将能自信流畅地进行交流，迈向口语“达人”之路。

内容优化

学生自主设计提示词：____
____

练一练：AIGC 构建绘画学习新路径

根据学习任务的情况，完成下述实训任务并开展评价，详见表 3-3。

表 3-3　练一练任务清单

<table>
<tr><td>任务名称</td><td colspan="2">AIGC 构建绘画学习新路径</td><td>学生姓名</td><td></td><td>班　级</td><td></td></tr>
<tr><td>实训工具</td><td colspan="6">文心一言</td></tr>
<tr><td>任务描述</td><td colspan="6">假设你对绘画有浓厚的兴趣，但是缺乏系统的学习方法和资源。现在请你使用 AIGC 构建一条个性化的绘画学习路径</td></tr>
<tr><td>任务目的</td><td colspan="6">（1）学会使用大模型辅助制定学习计划。
（2）学会使用大模型推荐学习资料。
（3）培养创新思维和艺术创作能力</td></tr>
<tr><td colspan="7">AI 评价</td></tr>
<tr><td>序号</td><td colspan="2">任务实施</td><td colspan="4">评价观测点</td></tr>
<tr><td>1</td><td colspan="2">与 AI 一起探索绘画学习的相关知识体系</td><td colspan="4">提示词中是否包含绘画学习、关键要素、知识体系等关键词</td></tr>
<tr><td>2</td><td colspan="2">让 AI 辅助设计个性化的绘画学习计划</td><td colspan="4">提示词中明确指出需要设计学习计划、内容安排以及具体的时刻表</td></tr>
<tr><td>3</td><td colspan="2">请 AI 推荐个性化的绘画学习资源和工具</td><td colspan="4">提示词中要有个人绘画水平的说明和资源、工具推荐</td></tr>
<tr><td colspan="7">学生评价</td></tr>
<tr><td colspan="7">学生自评或小组互评</td></tr>
<tr><td colspan="7">教师评价</td></tr>
<tr><td colspan="7">教师评估与总结</td></tr>
</table>

任务 3.2　AIGC 助力自媒体文案

AI 助训

内容创作一直是一个热门领域。一篇文章、一条音频或一个视频，都可能带来巨大的影响力。因此，高质量、高效率地创作，成为所有内容创作者的共同追求。有人预测，随着 AI 的兴起，大量内容创作者可能会失去饭碗，甚至已有相关的新闻报道。然而，我们大可不必因此焦虑。需要明白的是，AI 取代的并非内容创作者本身，而是那些不懂得如何使用 AI 的人。

试想，当别人使用 AI 一天能创作出几十条优质内容，而你却还在为一条文案苦思冥想，最终被淘汰的会是谁？正所谓“工欲善其事，必先利其器”。与其等到 AI 普及后才被迫学习，不如现在就掌握这项技能，率先甩开大多数同行！接下来，让我们一起探索如何借助 AI 工具，挑选热点话题、拟定吸引读者的标题，并快速撰写出高质量文案。

自媒体文案有哪些特点呢？

自媒体文案作为连接内容创作者与受众的重要桥梁，具有一系列独特的特点，这些特点有助于吸引读者、增强互动性和提升传播效果。

自媒体文案具有个性化、互动性、即时性、情感共鸣、多媒体融合等特点。这些特点有助于自媒体创作者更好地吸引读者、建立个人品牌，并提高文案的传播效果。

1. 热点捕捉：AI 撰写吸引眼球的实时热点

在信息爆炸的时代，AIGC 技术能够精准捕捉并分析实时热点，为内容创作者提供丰富而引人入胜的素材。通过挖掘社交媒体趋势、新闻头条和用户兴趣点，AIGC 可以定制化生成热点话题，使创作者始终紧跟潮流，打造更具吸引力的内容。AIGC 还能帮助创作者深入剖析撰写热点文章所需的关键要素，确保内容的时效性和相关性。它结合最新事件动态与用户个性化需求，智能生成热点内容的初稿，为创作者提供一条清晰、高效的创作路径。这种方式不仅提升了内容的吸引力，更确保了原创性和创新性，助力创作者在竞争激烈的内容市场中脱颖而出，抢占先机。

步骤 1　通过 AI 工具搜索热词

提问关键词：平台 + 数量 + 热词

提示词示例

请搜索小红书平台，给出最近最热门的 10 个热词

根据搜索结果，以下是小红书平台最近最热门的 10 个热词。

（1）考公上岸：与稳定职业选择相关，反映出消费者在不确定性下对安全感的追求。

（2）人生是旷野：与“安全感”相关的热门话题，体现消费者寻求稳定与安心的心理需求。

…

（10）搭子文化：都市青年探索新型社交，重新定义“一份恰到好处的陪伴”，话题浏览量突破 4000 万。

这些热词涵盖了小红书用户在生活方式、文化娱乐、健康养生等方面的热门关注。

通过联网搜索功能，AIGC 能迅速地所搜当下互联网的热词并做出总结，使用 AI 的信息搜索与总结能力可以极大地提升工作效率。

步骤 2　提问热词概念

提问关键词：热词 + 相关说明

提示词示例

请你为我解释最近在年轻人当中很流行的“人生是旷野”。

“人生是旷野”这一表述在年轻人中广为流行，它蕴含着丰富的人生哲理和积极的生活态度。以下是对这一表述的详细解释：

从字面意义上理解，“人生是旷野”将人生比作一片广阔无垠的旷野。旷野通常指的是未经开垦、自然生长的土地，它广阔、自由，充满了未知与可能。当这一自然景象被用来形容人生时，便赋予了人生以相似的特质。在隐喻层面上，“人生是旷野”意味着人生并非一条既定的道路，没有预设的终点，也没有固定的路线。它更像是一片未被完全探索的领域，每个人都可以根据自己的意愿和选择，走出属于自己的独特路径。

内容辨析

这段解释并不准确。“人生是旷野”这一表述强调了人生的不确定性和多样性，每个人的人生都是独一无二的，充满了各种可能性和未知。它鼓励人们勇敢地追求自己的梦想，不被传统的框架和观念所束缚。例如，微博知名博主曾发布过相关内容的微博，用狗狗的口吻说出“没错妈妈，人生是旷野哦”。“人生是旷野”这一理念对年轻人的生活态度和人生选择产生了深远的影响。它促使人们更加珍惜每一个当下，勇于尝试新事物，不断挑战自己的极限。在面对困难和挫折时，人们也能够以更加积极和乐观的态度去面对，因为旷野的精神告诉他们，每一次的失败都是成长和进步的机会。

这句话这么流行，为什么 AIGC 的解释会出现偏差？这就要从 AIGC 的滞后性说起了。尽管 AIGC 已经可以追踪到实时热点，但实操中仍然存在一定的延迟，因此对搭子文化这种新兴关系的理解存在偏颇也是情理之中。不过，随着硬件技术和训练算法的不断进步，也许有一天它能够和社会热点保持同步。如果你提问的内容已经超出 AIGC 的理解范畴，可以先给 AIGC“喂养”信息。

内容优化

学生自主设计提示词：____

____

步骤 3　喂进资料 + 输出新观点

提问关键词：提供资料 + 输出观点

提示词示例

“人生原本就是无穷无尽的旷野，在这个旷野上，每个人都可以有自己的想法，想说的话，想做的事都是被容许的自由的（国家法律规定以外的除外）每个人啊，可以成为自己想成为的样子，可以内向，不和人打交道，也可以天马行空，天天哭，天天笑，天天大喊大叫，尽情的释放自己内心的压抑和苦楚，可以舒展，放松，自由，在这片旷野上，每个人都是独一无二的闪光的存在，都可以有缺点有优点，他们也可以自己去定义，什么是缺点，什么是优点，什么是好的不好的，1000 个人有 1000 种衡量标准，即使根据自己的定义自己身上还是有很多的不足之处和缺点，也可以做到接纳自己，热爱自己，没有任何人有资格去怪罪你。”

这是我在网上看到的一篇报道。请认真学习后告诉我，你对现在年轻人流行的人生是旷野怎么看？

这篇报道所描述的人生为“无穷无尽的旷野”这一比喻，富有诗意且深刻地反映了现代年轻人对于人生多样性和自我探索的理解与追求。以下是我对此观点的一些分析和看法。

强调个性与自由：

旷野象征着广阔无垠、充满可能性的空间。在这个比喻中，每个人都被赋予了无限的自由去追寻自己的梦想、表达自己的想法和情感。这符合现代年轻人对个性解放、自我表达的渴望。

...

挑战与机遇并存：

旷野虽然广阔无垠，但也充满了未知和挑战。这反映了现代年轻人在追求自由和多样性的同时，也面临着诸多不确定性和困难。

然而，正是这种挑战和不确定性，激发了年轻人的创造力和创新精神。他们敢于尝试新事物、敢于面对失败，从而在挑战中不断成长和进步。

综上所述，我认为这篇报道所描述的人生为“无穷无尽的旷野”这一比喻，深刻反映了现代年轻人对个性、自由、多样性和自我实现的追求。这种观念不仅有助于个体的成长和发展，也为社会的进步和变革提供了重要的动力。

内容辨析

显然，AIGC 不仅理解了人生是旷野的正确含义，而且还延伸了一些新的观点和看法，而不是止步于“人工喂养”的信息。它不单单提到了人生是旷野为什么火，还提到了这种现象背后所反映的年轻人的价值观，并总结人生是旷野具备个性、自由、多样性和自我实现的追求。由此可见，AIGC 的理解能力和输出能力兼具深度与广度。接下来，我们结合两个热点一起来考考它！就拿当下流行的人生是旷野和考公上岸做例子吧。

内容优化

学生自主设计提示词：______________________________

____

步骤 4　提供具体场景并输出文案

提问关键词：提供场景 + 主题要求 + 字数限制 + 要求

提示词示例

根据人生是旷野，再结合当下“考公上岸”这个热点，帮我写一段 300 字的文案，语言要轻松幽默，通俗易懂。

在这个被比喻为旷野的人生旅途中，我们每个人都是那个手持指南针，怀揣梦想的探险家。而“考公上岸”，就像是旷野中的一座温馨小木屋，让无数追梦人趋之若鹜，想要在那里安营扎寨，享受一份稳定与安宁。

但别忘了，旷野的魅力在于它的广阔与未知。即使“上岸”成了众多人的目标，也并不意味着它就是唯一的风景。有人偏爱小木屋的温馨，也有人钟情于草原的奔放，或是山巅的壮丽。

所以，无论你是正在奋力划桨，向着“上岸”的目标冲刺，还是已经悠然自得地坐在了小木屋的窗前，都别忘了欣赏沿途的风景，享受这段旅程的乐趣。毕竟，人生这场旷野探险，最重要的不是终点，而是沿途的风景和那份勇往直前的勇气。加油，各位探险家们！

内容辨析

这段文案巧妙地将“人生是旷野”的比喻与当下“考公上岸”的热点相结合，生动解释了两者之间的联系，通过场景化的描述“有人偏爱小木屋的温馨，也有人钟情于草原的奔放，或是山巅的壮丽”，营造出一种轻松愉悦的氛围，让读者仿佛置身于那个充满活力和多元选择的人生旷野之中。

值得注意的是，这段文案并没有简单地要求描述搭子文化或考公上岸，而是通过具体的场景构建和风格定位，让 AIGC 创造出了富有深度和画面感的内容。这种具体化的要求，不仅提升了文案的质量，也让读者在阅读过程中获得了更加丰富和立体的体验。

掌握了这样的方法，我们就能在热点频出的互联网时代，更加高效地输出优质内容。使用 AIGC 的创意能力，结合具体的场景和风格要求，我们可以快速产出与热点现象相关的文案，及时为用户带来新鲜、有趣的信息推送。这不仅提升了内容输出的效率，也让我们在信息的海洋中，能够更加精准地抓住用户的注意力。

内容优化

学生自主设计提示词：______________________________

____

练一练：总结小红书平台热点并撰写分析报告

根据学习任务的情况，完成下述实训任务并开展评价，详见表 3-4。

表 3-4　练一练任务清单

<table>
<tr><td>任务名称</td><td colspan="2">总结小红书平台热点并撰写分析报告</td><td>学生姓名</td><td></td><td>班　　级</td><td></td></tr>
<tr><td>实训工具</td><td colspan="6">Kimi AI</td></tr>
<tr><td>任务描述</td><td colspan="6">假设你现在是一名牛奶公司宣传的员工，现在你需要为公司“十二生肖”新包装牛奶做宣传。请你使用大模型搜索总结当前热点，撰写一份热点分析报告</td></tr>
<tr><td>任务目的</td><td colspan="6">（1）学会使用大模型总结知识的能力。
（2）培养大学生的批判意识以及对 AI 生成文本的评价能力</td></tr>
<tr><td colspan="7">AI 评价</td></tr>
<tr><td>序号</td><td colspan="2">任务实施</td><td colspan="4">评价观测点</td></tr>
<tr><td>1</td><td colspan="2">请你使用 Kimi AI 总结当前小红书十大热点话题</td><td colspan="4">提示词中是否包含投放平台、热点话题等关键字</td></tr>
<tr><td>2</td><td colspan="2">请你自行判断并选取合适的切入点让产品和某个热点结合起来</td><td colspan="4">提示词中明确指出产品特征与热点话题</td></tr>
<tr><td>3</td><td colspan="2">请你输出热点分析报告，描述产品和热点结合起来的逻辑</td><td colspan="4">提示词中要求 AI 分析产品、热点的结合逻辑分析</td></tr>
<tr><td colspan="7">学生评价</td></tr>
<tr><td colspan="7">学生评估或小组评价与总结（学生任务完成程度）</td></tr>
<tr><td colspan="7">教师评价</td></tr>
<tr><td colspan="7">教师评估与总结</td></tr>
</table>

2. 引爆流量：AI 打造无法抗拒的文案标题

在数字营销的战场上，一个出色的文案标题往往是吸引用户点击、引爆流量的关键一步。AIGC 技术能够深刻洞察用户心理和市场动态，为营销人员量身打造引人注目的文案标题。通过结合最新的市场趋势和用户个性化数据，AIGC 智能生成文案标题初稿，为营销人员提供清晰、高效的创作路径。这不仅提升了文案的点击率，还增强了内容的针对性和有效性，帮助营销人员在激烈的市场竞争中抢占先机，赢得更多用户的关注和信任。

步骤 1　使用 AIGC 取标题，要求有悬念和冲突感

提问关键词：内容主题 + 平台风格 + 标题数量 + 有悬念和冲突感

提示词示例

你好，我想写一篇关于直播的9个技巧的文章，可以按照小红书风格帮我取10个标题吗？要求有悬念和冲突感。

当然可以，以下是10个带有悬念和冲突感的小红书风格标题，适合你关于直播技巧的文章：

（1）“直播新手必看！这9个技巧让你一夜爆红还是默默无闻？”

（2）“直播界的潜规则：9个技巧让你从素人变网红！”

（3）“揭秘直播背后的真相：9个技巧让你的直播间人气爆棚！”

...

这些标题都旨在激发读者的好奇心，让他们想要点击阅读以了解更多关于直播技巧的细节。希望这些建议对你的写作有所帮助！

内容辨析

这10个标题或许有你中意的一个，但并不建议直接照搬。我们可以提取每个标题的优点，进行灵活组合，创造出更具特色的新标题。例如，第一个标题“直播新手必看！这9个技巧让你一夜爆红还是默默无闻？”和第六个标题“直播新手的逆袭之路：9个技巧让你迅速脱颖而出！”都很不错。此时，我们可以将第一个标题的后半句与第六个标题的前半句结合，形成一个新的标题：“直播新手必看！ 9个技巧让你迅速脱颖而出！”

这样做有两大优势：一是避免同质化标题。假如其他人也用AIGC生成标题，而大家都不加修改地使用，难免会出现大量“撞标题”的情况；二是规避夸张表达带来的风险，避免被平台判定为违规。

通过对这些标题的分析，我们不难发现，围绕直播主题，AIGC竟然能够提供如此多的选题灵感。与其局限于已有的模板，不妨借助它进行一次头脑风暴，看看会碰撞出什么样的创意火花。

内容优化

学生自主设计提示词：____

____

步骤2 延伸选题内容，了解小红书用户的搜索习惯

提问关键词：平台用户+经常搜索+限定主题

提示词示例

小红书用户经常搜索直播技巧的哪些问题？

小红书用户在搜索直播技巧时，可能会关注以下几个方面的问题。

（1）直播设备选择：用户可能会搜索如何选择摄像头、麦克风、照明设备等。

（2）直播内容策划：如何策划吸引人的直播内容，包括主题选择、内容结构等。

...

这些搜索问题反映了用户在直播过程中可能遇到的各种挑战，他们希望通过搜索找到解决方案和提升直播效果的方法。

内容辨析

借助 AIGC 的强大能力，我们可以快速掌握热搜选题，随后高效产出内容，并通过不断试验总结出爆款内容的规律。要知道，单靠自己慢慢搜索热搜选题，不仅效率低下，还容易错过时机。懂得使用工具，才能实现高效创作，抢占先机。

既然前面 AIGC 已经为我们提炼了爆款选题，不如更进一步，让它为我们生成一组优质标题，作为创作的参考吧！

内容优化

学生自主设计提示词：________________________________

____

步骤 3　9 个爆款小红书标题

提问关键词：平台限定 + 主题提示 + 标题数量

提示词示例

好的，请根据“直播的 9 个技巧”这个主题，帮我取 9 个爆款小红书标题。

当然可以，以下是 9 个针对“直播的 9 个技巧”主题的小红书爆款标题，旨在吸引用户点击和阅读：

（1）“直播新手必看！9 个技巧让你的直播间人气飙升！”

（2）“告别直播尴尬！9 个秘诀让你的直播变得轻松又有趣！”

...

（9）“直播达人都在用！9 个技巧让你的直播效果翻倍！”

这些标题都具有强烈的吸引力和悬念，能够激发用户的好奇心，让他们想要了解更多关于直播技巧的信息。希望这些建议能够帮助你的直播技巧文章在小红书上获得更多的关注和流量！

内容辨析

AIGC能够根据用户的搜索习惯，快速生成一套可复制的标题，为创作者提供高效的灵感来源。这时，我们只需围绕AIGC生成的标题构思内容，再也不用为每天写什么内容、取什么标题而烦恼了。当然，以上的9个标题可能不足以支撑长期创作，尤其是对于日更选手来说，9天可能就消耗完了。

为此，我们可以对某个具体标题进行延伸，通过裂变的方法生成10个、100个甚至1000个相关标题，进一步细化大场景，帮助受众解决更具体的问题，从而让你的内容更加垂直、更具吸引力。例如，我认为第六个标题非常出色，那接下来就让AIGC帮我们扩展出更多标题吧！

内容优化

学生自主设计提示词：____

____

步骤4 根据具体标题进行延伸

提问关键词：根据某个标题+标题数量+突出实用价值+夹带关键词

提示词示例

根据第六个标题，帮我取10个更细分、更聚焦的标题，要求突出实用价值，夹带有效关键词。

基于第六个标题“直播不是只有颜值：9个技巧让你的直播内容更具吸引力！”，以下是10个更细分、更聚焦的标题，旨在突出实用价值并包含有效关键词。

（1）“直播内容策划秘籍：5个步骤打造高互动直播！”

（2）“提升直播吸引力：7个实用技巧让你的观众停不下来！”

...

（10）“直播互动技巧全攻略：6个方法让观众爱上你的直播间！”

这些标题不仅突出了直播技巧的实用价值，还包含了如“直播内容策划”“互动技巧”“变现技巧”等有效关键词，有助于提高文章在小红书平台上的搜索排名和用户点击率。

内容辨析

围绕“直播内容”这一关键词，AIGC可以深挖出更多相关场景。例如，直播没人看怎么办？直播推广如何实施？经验不足怎么提升？直播新手如何优化直播质量？这些问题的探索，是否让你的思路豁然开朗？通过不断调教和训练，AIGC也在持续学习和总结爆款标题的规律。在这个过程中，我们还可以进一步让它为我们整理出一份实用的“标题指南”，为创作提供更系统的参考。

内容优化

学生自主设计提示词：________________________________

____

步骤 5　总结小红书爆款标题的规律

提问关键词：限定平台 + 爆款标题 + 总结规律

提示词示例

请你为我总结小红书爆款标题的规律。

当然可以，小红书爆款标题通常遵循以下规律。

（1）好奇心驱动：标题中包含悬念或问题，激发用户的好奇心，让他们想要点击了解更多。

（2）明确价值：标题直接告诉用户他们能从内容中获得什么价值，比如“提升人气”“增加互动”等。

（3）关键词优化：使用用户可能搜索的关键词，以提高内容在搜索结果中的排名。

...

遵循这些规律，你可以创建出既吸引人又能有效传递信息的小红书爆款标题。

内容辨析

为什么在 AIGC 已经提供现成标题的情况下，我们还需要让它总结爆款标题的规律？如果说 AIGC 生成的标题模板是“枝”，那么掌握爆款规律则是底层的“干”。只有理解了背后的逻辑，才能在此基础上灵活变化，衍生出千万种创作形式，最终形成一套独立的创作逻辑，让工具为我所用，而非形成过度依赖。

通过与 AIGC 的多次互动，相信你已经对取标题的方法和逻辑有了深入了解，并在脑海中形成了清晰的创作思路。但如果你希望进一步深挖，不妨对爆款标题的逻辑进行详细分析和比较，将每一类标题的案例彻底吃透，从而掌握更多创作的主动权。

内容优化

学生自主设计提示词：________________________________

____

步骤 6　整理出爆款标题并加以分析

提问关键词：总结整理 + 爆标题数量 + 分析优点和技巧

提示词示例

请再帮我总结整理出自媒体领域的 20 个爆款标题，并分析它们的优点与技巧，并使用表格输出。

以下是 10 个自媒体领域的爆款标题，以及它们的优点与技巧分析。

序号	爆款标题	优点与技巧分析
1	“揭秘：自媒体大咖都在用的 5 个内容策略！”	使用“揭秘”激发好奇心，数字 5 明确价值
2	“新手必看：自媒体入门的 7 个黄金法则！”	针对特定群体（新手），使用“必看”和数字 7
…	…	…
10	“自媒体运营必备：8 个高效的时间管理技巧！”	使用“必备”和数字 8 强调技巧的重要性和数量

这些标题主要包括以下优点与技巧。

激发好奇心：使用“揭秘”“独家”等词汇。

明确价值：通过数字明确提供的价值，如“5 个技巧”“10 万 + 爆文”。

情感连接：使用“爆红”“翻倍”等词汇激发用户的情感反应。

解决方案：提供用户可能面临的问题的解决方案，如“避免被封号”“打造个人品牌”。

问句形式：使用问句形式激发用户的好奇心和求知欲。

关键词优化：使用用户可能搜索的关键词，如“自媒体”“变现”“涨粉”。

紧迫感：使用“必备”“必看”等词汇创造紧迫感。

个性化和独家：使用“独家”“独特”等词汇增加内容的吸引力。

内容辨析

AIGC 能够通过上下文联系，与人类形成层层递进的交互式沟通。这种沟通可以帮助我们打破思维的局限，从更全面的视角提升认知，深入掌握某一领域的内容。

然而，这种深度交流需要通过不断提问与延伸来实现。如果你仅仅对 AIGC 说“帮我写某个主题的标题”，它的作用必然有限。缺乏发散思维和持续提问的能力时，AIGC 也无法独自生成有价值的答案。

反观那些善于交流的高手，他们会使用 AIGC 的反馈，不断挖掘问题，从浅入深地揭示问题的本质。他们把 AIGC 视为训练思维和深入学习的工具，而不是简单的内容生成器。因此，我们需要反复琢磨和优化每节内容的提问思路，使对话更具深度和方向性。

内容优化

学生自主设计提示词：____

____

3. 内容为王：AI 撰写社交媒体文案

在社交媒体的激烈竞争中，精心策划的内容是吸引关注、提升参与度的关键。AIGC 技术凭借对用户兴趣和社交趋势的洞察，能够助力内容创作者打造引人注目的社交媒体文案。通过分析最新的社交动态和用户行为数据，AIGC 智能生成文案草稿，为创作者指明一条高效且精准的创作方向。这不仅显著提高了内容的互动率，还确保了信息的个性化与吸引力，帮助内容创作者在众多声音中脱颖而出，赢得用户的共鸣。

步骤 1　总结社交媒体文案特点

提问关键词：平台提示 + 总结文案特点

提示词示例

请为我总结小红书文案的特点。

小红书是一个生活方式分享社区，用户们在这里分享购物、旅行、美食、美妆、健身等生活经验。小红书的文案通常具有以下特点。

（1）个性化：文案往往带有强烈的个人色彩，分享者会用自己的语言和风格来表达。

（2）亲切感：文案通常使用第一人称，让读者感觉像是在听一个朋友的推荐。

…

（12）转化导向：商业文案会有明显的转化目标，如引导用户购买、参与活动等。

小红书的文案风格和内容会随着用户群体和市场趋势的变化而不断演进，但上述特点在很大程度上定义了小红书文案的基调。

内容辨析

设想您是一位服装行业的创业者，正计划进军小红书，希望借助专业知识吸引顾客，提升您线下店铺的销售额。然而，您可能缺乏自媒体运营的经验，虽然在面对面的交流中能够自如地与顾客沟通，但在撰写文案方面却感到有些力不从心。现在，让我们借助 AIGC 的力量来拓展您的思路。我们将以“显瘦穿搭”为主题，首先向 AIGC 提供这一概念的具体解释，以便它能够记忆并深入理解这一主题。这样，AIGC 就能够精准地创作文案，无需担心因缺乏相关知识而产生不准确的内容。接下来，我们将指导 AIGC 根据提供的资料进行信息提炼，确保它能够更好地把握“显瘦穿搭”的精髓，为后续的文案创作做好充分的准备。

内容优化

学生自主设计提示词：____

____

步骤 2　提供资料并让其总结特点

提问关键词：提供资料 + 总结特点

提示词示例

“显瘦穿搭”是一种通过巧妙的服装搭配技巧，使穿着者看起来更为修长、苗条的穿搭方式。其核心在于使用服装的款式、颜色、材质以及搭配细节来营造出一种视觉上的错觉，从而优化穿着者的身材比例，掩盖身材上的不足，让整体形象更为协调和美观。”这是网上关于显瘦穿搭的解释，请帮我总结显瘦穿搭的特点。

根据您提供的关于“显瘦穿搭”的解释，以下是其主要特点的总结。

（1）视觉错觉：通过服装搭配技巧创造视觉上的错觉，使穿着者看起来更修长和苗条。

（2）款式选择：选择合适的服装款式，以优化身材比例，突出身体的优势部分。

...

（10）时尚与舒适并重：在追求显瘦效果的同时，也注重服装的时尚感和穿着的舒适度。

这些特点共同构成了显瘦穿搭的核心理念，旨在帮助穿着者通过服装搭配展现出最佳的身体线条和个人魅力。

内容辨析

AIGC 精准地阐述了显瘦穿搭迅速流行的原因：它不仅帮助穿着者通过巧妙的服装搭配展现最佳的身体线条和个人魅力，更为我们的文案创作提供了一个全新的视角。如果文案仅仅停留在提供穿搭技巧的层面，未免显得过于表面。我们应当更深入地挖掘读者的内心需求，给予他们一种深刻的“被理解”之感。通过这种方式，文案与读者之间能够自然地建立起一种身份认同和情感共鸣，从而在无形中提升转化率，使得销售成果变得水到渠成、顺理成章。

内容优化

学生自主设计提示词：____

____

步骤 3　赋予身份并要求写小红书文案

提问关键词：赋予身份 + 提示主题 + 写作要求 + 字数限制

提示词示例

现在你是一位专业的写手，请帮我写一条显瘦穿搭的小红书文案，文风积极向上，通俗易懂，具备一定的专业知识，字数在 500 字左右。

当然，以下是一条针对“显瘦穿搭”的小红书文案，希望能够满足您的需求。

【显瘦穿搭秘籍】

Hey，时尚达人们！你是否曾在镜子前苦恼，怎么穿才能更显瘦？今天，就让我们一起探索那些让你看起来更苗条的穿搭小技巧吧！

垂直线条的魔法：选择带有垂直条纹的衣物，它们能拉长身形，让你看起来更修长。记住，条纹越细，效果越好哦！

...

自信是最好的装扮：最后，别忘了，自信是最美的装扮。穿上你最爱的那套衣服，昂首挺胸，你的光芒无人能挡！

穿搭不仅仅是为了看起来更瘦，更是为了展现你的个性和态度。让我们一起用这些小技巧，打造出既舒适又时尚的显瘦造型，让你在任何场合都能自信满满，光彩照人！

你有什么显瘦穿搭的小秘诀吗？在评论区分享你的经验，让我们一起变得更美！

#显瘦穿搭 #时尚秘籍 #自信最美

希望这条文案能够吸引小红书上的读者，并激发他们对显瘦穿搭的兴趣。记得配上一些精美的图片，让文案更加生动吸引人。

内容辨析

这条文案详尽地解释了显瘦穿搭的亮点与技巧，然而，若我们期望持续吸引读者的注意力，还需增添一些具体的案例来增强文案的说服力和吸引力。接下来，我们可以借助 AIGC 的能力，创作一条关于明星显瘦穿搭的精彩文案。

内容优化

学生自主设计提示词：________________________________

____

步骤 4 列举案例并总结技巧

提问关键词：列举案例 + 总结技巧 + 字数限制 + 适合平台

提示词示例

请列举明星显瘦穿搭案例，并总结显瘦穿搭技巧，要求字数不超过 200 字，适合小红书用户阅读。

显瘦穿搭案例如下。

明星 A：黑色短内衣搭配宽松短外套，下穿白色高腰阔腿裤，拉长腿部比例，展现朋克风格。

明星 B：泡泡袖花色 V 领上衣搭配浅蓝色牛仔直筒裤和小白鞋，展现活力少女感。

明星 C：彩虹色 V 领开衫搭配浅色系阔腿裤，清新甜美，适合夏季。

显瘦穿搭技巧总结：

（1）高腰设计：选择高腰裤或裙，拉长腿部线条，优化身材比例。

（2）V 领上衣：V 领设计能拉长颈部线条，显瘦同时增加性感魅力。

...

（7）印花与色彩：选择印花或明亮色彩的上衣，吸引视线上移，减少对下半身的注意。# 显瘦穿搭 # 明星案例 # 时尚小助手 Kimi

内容辨析

AIGC 通过展示三位明星的穿搭实例，并巧妙提炼出穿搭技巧，采用了‘案例 + 干货’的模式，这种结构不仅让读者更容易置身于实际场景中，也使得我们的观点更加易于理解和接受，同时极大地提升了内容的吸引力和易读性。如果内容只是单纯的干货堆砌，可能会让读者感到阅读上的负担。通过这些生动的示例，相信读者已经对如何有效使用 AIGC 来创作文案有了深刻的理解。然而，我们还需进一步细化目标受众，针对他们的具体穿搭需求和痛点，提供定制化的解决方案。唯有如此，我们的文案才能真正触动人心，赢得粉丝的认可与关注。

内容优化

学生自主设计提示词：____

____

步骤 5 提供具体场景并输出文案

提问关键词：精准人群 + 穿搭痛点 + 总结方法 + 输出文案 + 目的要求

提示词示例

很多微胖青年要么把自己穿的非常宽松，渴望给人一种成熟稳重的印象，要么就是打扮的非常职业化，经常被评价有些油腻。关于微胖青年的穿搭痛点，请问有什么方法可以解决吗？请根据穿搭痛点，帮我写一条显瘦穿搭小红书文案，要求内容犀利又不失专业，让人看完就有下单的冲动。

微胖青年们，别让穿搭成为你们的负担！

【微胖青年的显瘦穿搭革命】

告别宽松衣物的"成熟稳重"误区，拒绝油腻的职业装扮。微胖青年，你们的穿搭痛点，我们懂！

（1）V 领上衣：选择合身的 V 领，不仅显瘦，还能拉长颈部线条，让你的上半身看起来更修长。

（2）高腰下装：高腰裤或裙，搭配收紧的脚踝设计，打造完美比例，让你的双腿看起来更长。

…

（7）腰线突出：用腰带或高腰设计突出腰线，优化上下身比例，打造层次感。

现在，就让我们一起打破微胖的穿搭桎梏，用这些小技巧，让你的每一次出场都充满自信和魅力。点击下方，发现更多显瘦穿搭神器，让你的衣橱焕发新生！

#微胖穿搭 #显瘦秘籍 #时尚革命！ #职场新人穿搭 #专业形象 #时尚小助手 Kimi

内容辨析

文案开篇便精准捕捉到了微胖青年在穿搭上的共同困扰，紧接着提供了切实可行的解决方案：尝试新的风格，挑选合适的服装来增强显瘦效果和时尚感。这不仅为读者指明了方向，还在文末以行动号召的语句激励用户立即下单。这种结构是小红书文案中常见的两段式写作技巧，从标题到正文，再到末尾的话题标签（#话题#），每个环节都精心设计，确保信息传达的完整性和有效性。我们只需对文本进行微调，即可直接发布使用。

内容优化

学生自主设计提示词：________________________________

____

练一练：撰写微博平台产品宣传文案

根据学习任务的情况，完成下述实训任务并开展评价，详见表 3-5。

表 3-5　练一练任务清单

<table>
<tr><td>任务名称</td><td>撰写微博平台产品宣传文案</td><td>学生姓名</td><td></td><td>班　　级</td><td></td></tr>
<tr><td>实训工具</td><td colspan="5">Kimi AI</td></tr>
<tr><td>任务描述</td><td colspan="5">假设你现在是一名牛奶公司宣传的员工，现在你需要为公司“十二生肖”新包装牛奶做宣传。请你根据所学知识写一篇“十二生肖”牛奶宣传文案</td></tr>
<tr><td>任务目的</td><td colspan="5">（1）学会使用大模型生成自媒体文案。
（2）培养对大模型输出内容的辨识能力</td></tr>
<tr><td colspan="6">AI 评价</td></tr>
<tr><td>序号</td><td colspan="2">任务实施</td><td colspan="3">评价观测点</td></tr>
<tr><td>1</td><td colspan="2">请你使用 Kimi AI 总结当前微博十大热点话题</td><td colspan="3">提示词中是否包含投放平台、热点话题等关键字</td></tr>
<tr><td>2</td><td colspan="2">请你选择合适的切入点让产品和某个热点结合起来</td><td colspan="3">提示词中明确指出产品特点与热点话题</td></tr>
<tr><td>3</td><td colspan="2">请你结合产品特点和当前热点生成宣传文案</td><td colspan="3">提示词中要求 AI 分析产品、热点的结合逻辑，并输出文案</td></tr>
<tr><td colspan="6">学生评价</td></tr>
<tr><td colspan="6">学生自评或小组互评</td></tr>
<tr><td colspan="6">教师评价</td></tr>
<tr><td colspan="6">教师评估与总结</td></tr>
</table>

任务 3.3：AIGC 助力职场提升

AI 拓学

【AI 拓学】

1. 拓展知识

除了上述任务中的相关知识，我们还应使用 AIGC 进行拓展知识的学习，推荐知识主题和示范提示词见表 3-6。

表 3-6　项目 3 拓展知识推荐知识主题和示范提示词

序号	知识主题	示范提示词
1	数据投喂	在使用 AIGC 文生文的时候，在提示词中必须投喂哪些数据?
2	拓展学习	我想学习吉他，请为我推荐学习路径和学习资料
3	迭代优化	生成的文案不够有吸引力，请为我重新生成一份更具吸引力的文案

2. 拓展实践

（1）面试写作。

通过本项目的学习，你应该已经学会了 AIGC 文本生成的基本方法，熟悉了使用 AIGC 助力学习、工作以及自媒体文案的撰写。下面请你使用 AIGC 辅助完成以下任务，要求见表 3-7。

表 3-7　面试写作

任务主题	任务思路	任务要求
假设你是即将毕业的大学生，你的意向工作是某大型跨国广告公司的自媒体运营岗位。该公司的招聘要求你在投简历的同时附带提交一份宣传家乡景点的文案，你该如何完成上述任务？	生成积极向上、情节合理的故事文案	学习规划要有时限、有针对性，力争在最短的时间内掌握面试所需的英语学习
	根据故事文案生成并优化分镜头脚本	简历要针对该岗位突出自身的优势，包括但不限于语言优势、项目经验优势等
	根据分镜头脚本生成故事动画片视频素材	由于公司的国际属性，制作的文案应该具有双语版本

（2）信息技术基础实践任务：使用 WPS 制作活动策划书。

【生成式作业】

【评价与反思】

根据学习任务的完成情况，对照学习评价中的“观察点”列举的内容进行自评或互评，并根据评价情况，反思改进，填写表 3-8 和表 3-9。

表 3-8　学习评价

观察点	完全掌握	基本掌握	尚未掌握
制定职业规划			
制定学习计划			
制作简历			
生成汇报书			
生成 PPT			
撰写小红书文案			

表 3-9　学习反思

反　思　点	简要描述
学会了什么知识?	
掌握了什么技能?	
还存在什么问题，有什么建议?	

扫一扫右侧二维码，查看你的个人学习画像。

学习画像

| 项目 4 |

数据的洞察：AIGC 与数据处理

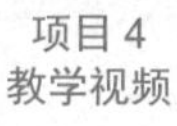

项目 4
教学视频

【AI 导学】

AIGC 与 Excel 组合，玩转数据高效处理

Excel 在日常办公中扮演着极其重要的角色，熟练掌握 Excel 已成为对办公人员的基本技能要求。然而，对于许多初学者和经验不足的从业者来说，Excel 中的数据处理、数据分析和函数计算等往往是难以克服的难题，他们常常面临学不会、记不住、不会用等困境。但随着人工智能技术的发展，这些问题便迎刃而解了。借助 AIGC 工具的能力来辅助 Excel 的应用，数据处理的工作可以变得非常高效。

AIGC 工具通过自然语言的交互方式与用户沟通，帮助用户解答问题、提供建议和解决方案。因此，我们可以将其简单理解为：无论你过去对 Excel 多么陌生，只需通过“问”与“答”的方式，就可以使用 AIGC 工具帮助快速地在 Excel 中完成数据处理。这种便捷的学习或工作方式，虽然在过去难以想象，但在当今时代已成为现实。

试一试

请登录 Kimi 平台尝试处理 Excel 表格，提示词样例：

（1）你是一个 Excel 数据处理专家，请做生成一个新的数据表，表里数据包括学生姓名、语数英成绩。

（2）你是一个Excel数据处理专家，请把上传的文字整理生成一个Excel数据表。

在数据驱动决策如火如荼的时代，Excel 数据处理正迎来一场前所未有的智能化变革。AIGC 宛如一位睿智的数字助手，悄然融入数据处理的广阔天地，掀起了一场效率与精准的革命。AIGC 工具自动生成复杂公式与函数，让数据分析从繁琐的手动操作中解放；一键完成数据清洗与格式化，让凌乱的表格瞬间焕发井然有序的光彩；智能数据透视与可视化工具，精准捕捉趋势与洞察，仿佛拥有了资深分析师的敏锐眼光；自然语言交互功能，让用户只需输入需求，便可轻松生成专业级报表；AI 驱动的预测模型，为决策者提供前瞻性的洞见与建议……AIGC 技术为 Excel 数据处理注入了前所未有的便捷与智慧，赋能每一位用户从容驾驭数据的海洋。

本项目探究 AIGC 技术在 Excel 数据处理中的应用，通过介绍运用 Kimi 等 AIGC 工具辅助编写 Excel 公式函数，以及使用 AIGC 平台自动生成数据处理方案，结合 Excel 内置函数，实现复杂数据的自动化处理，为 Excel 办公效率提升和数据分析领域的智能化发展提供新的解决方案。

学习图谱

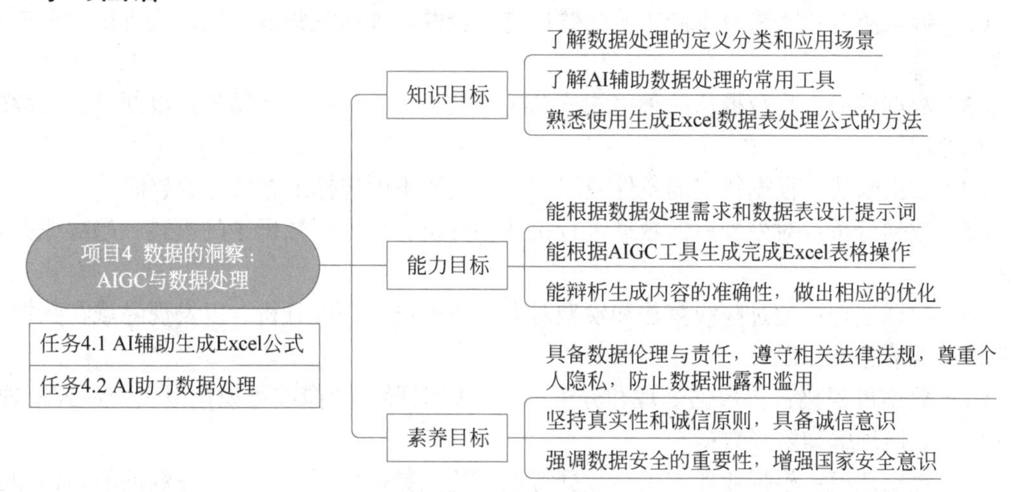

【AI 助学】

AI 助学

4.1　数据处理的定义

数据处理是指对原始数据进行收集、整理、转换、分析和解释的过程，以便将其转化为有用的信息或知识，从而支持决策、研究或其他应用。数据处理的目的是提高数据的质量、结构化程度和可用性，使其能够更好地满足特定需求。

数据处理通常包括以下 7 步。

（1）数据收集：从各种来源（如传感器、数据库、文件、网络等）获取原始数据。

（2）数据清洗：识别并修正数据中的错误、不一致或缺失值，确保数据的准确性和完整性。

（3）数据转换：将数据转换为适合分析或存储的格式，包括数据标准化、归一化、编码转换等。

（4）数据存储：将处理后的数据存储在数据库、数据仓库或其他存储系统中，以便后续使用。

（5）数据分析：对数据进行统计分析、建模、挖掘等操作，以提取有价值的信息或模式。

（6）数据可视化：通过图表、图形或其他形式展示数据分析结果，使其更易于理解和解释。

（7）数据输出：将处理后的数据或分析结果以报告、图表、API 等形式提供给用户或系统。

4.2 数据处理的分类

数据处理可以根据不同的处理方式和目的进行分类。以下是常见的数据处理分类。

（1）数据清洗：包括处理缺失值、去除重复数据、纠正错误数据、处理异常值等，以确保数据的准确性和可靠性。

（2）数据整合：将来自不同来源的数据进行合并、连接或集成，以便进行统一分析和处理。

（3）数据转换：将数据从一种格式或结构转换为另一种格式或结构，以便进行后续的分析和处理。

（4）数据筛选：根据特定的条件或需求，从数据集中选择出感兴趣的数据。

（5）数据分析：对处理后的数据进行统计和分析，以发现数据中的模式、趋势或关联关系。

（6）数据挖掘：通过高级算法和模型对大量数据进行深度分析，以发现隐藏在数据中的有价值的信息和知识。

（7）数据可视化：将数据处理和分析的结果以图形、图像或可视化报表的形式呈现，以便更直观地理解和解释数据。

（8）数据建模：根据业务需求和数据特点，建立数据模型，用于描述数据的结构和关系，支持决策和预测。

（9）实时数据处理：对实时数据进行收集、分析和处理，以支持实时决策和响应。

4.3 AI 辅助数据处理的应用场景

AI 在数据处理方面的应用极大地提升了数据处理效率和准确性，为各行各业带来了显著的效益，详见表 4-1。

表 4-1　AI 辅助数据处理的常见应用场景

垂直行业	应用场景	描　述
医疗健康	疾病诊断与预测	使用 AI 分析医疗影像数据，辅助医生进行疾病诊断和预测疾病发展趋势
	个性化治疗计划	根据患者的基因数据和病史，制定个性化治疗方案
	药物研发	通过分析大量化合物数据，加速新药的研发过程
金融服务	风险评估与欺诈检测	使用 AI 分析交易数据，识别异常行为，预防欺诈和降低风险
	信用评分	根据用户的信用历史和行为数据，评估信用风险
	投资决策支持	通过分析市场数据，为投资者提供投资建议
零售业	客户细分与个性化营销	根据购买历史和行为数据，对客户进行细分，实现个性化营销
	库存管理与需求预测	使用 AI 预测产品需求，优化库存管理
	价格优化	根据市场和竞争对手数据，动态调整产品价格
制造业	质量控制	使用 AI 分析生产数据，实时监控产品质量，减少缺陷
	预测性维护	通过分析设备数据，预测设备故障，减少停机时间
	供应链优化	使用 AI 优化供应链流程，降低成本，提高效率
交通物流	交通流量分析与预测	使用 AI 分析交通数据，预测交通流量，优化交通管理
	智能调度	根据实时数据，智能调度车辆和人员，提高物流效率
	安全监控	使用 AI 监控交通行为，识别潜在的安全风险
教育	个性化学习路径	根据学生的学习数据，推荐个性化的学习路径
	智能评估与反馈	使用 AI 评估学生的学习成果，提供及时反馈
	课程推荐	根据学生的兴趣和表现，推荐合适的课程
能源	能源消耗分析与优化	使用 AI 分析能源消耗数据，优化能源使用，降低成本
	智能电网管理	通过 AI 管理电网，提高能源分配效率，减少浪费
	可再生能源预测	使用 AI 预测风能和太阳能等可再生能源的产量，优化能源供应
政府与公共事业	公共安全监控	使用 AI 监控公共区域，识别潜在的安全威胁
	城市规划与管理	使用 AI 分析城市数据，优化城市规划和管理
	环境监测与保护	使用 AI 监测环境数据，评估环境状况，制定保护措施
医疗健康	疾病诊断与预测	使用 AI 分析医疗影像数据，辅助医生进行疾病诊断和预测疾病发展趋势
	个性化治疗计划	根据患者的基因数据和病史，制定个性化治疗方案
	药物研发	通过分析大量化合物数据，加速新药的研发过程
金融服务	风险评估与欺诈检测	使用 AI 分析交易数据，识别异常行为，预防欺诈和降低风险
	信用评分	根据用户的信用历史和行为数据，评估信用风险
	投资决策支持	通过分析市场数据，为投资者提供投资建议
零售业	客户细分与个性化营销	根据购买历史和行为数据，对客户进行细分，实现个性化营销

4.4　AI+ 数据分析的常用工具

在 AI 技术迅猛发展的今天，数据分析工作变得更加高效和智能。为让大家在工作中更好地使用这些先进工具，我们精心挑选了 5 款 AI+ 数据分析工具并详细介绍其功能和使用方法，详见表 4-2。

表 4-2　常用 Excel 表格自动化处理工具

工　具	工具简介
酷表 EXCEL	北京大学深圳研究生院信息工程学院助理教授袁粒及三名硕博生组成的团队开发的 AI 办公辅助工具，可以通过文字聊天实现 Excel 的交互控制
Formulabot	Formulabot 是一款能够根据输入的指令自动生成 Excel 公式的 AI 助手。它解放了用户记忆繁琐公式的双手，提升了数据分析的效率。从简单的求和、平均值，到复杂的嵌套函数，它都能快速处理
ExcelLabs	ExcelLabs 是微软推出的一款官方 Excel AI 插件，安装配置好 API Key 即可使用。它除了具备常规的 AI 公式生成功能外，还能针对个人站点生成独特的 API Key，保障数据安全。ExcelLabs 不仅免费安装，还提供了各种便捷的数据分析功能，如自动做表、生成和修改透视图、跨表计算等
WPS AI	WPS AI 它支持自然语言交互，用户只需用日常语言描述需求，WPS AI 就能自动执行条件标记、生成公式、筛选排序等操作。此外，WPS AI 还提供公式解释与学习、智能分类与抽取、情感分析等辅助功能，帮助用户更高效地整理和理解数据
Askexcel	Askexcel 主打解决 Excel 内置公式复合度高、学习门槛高的问题。它通过简单明了的指令即时生成所需结果，适合几乎所有人的数据分析需求。不仅可以自动做表和生成透视图，还能进行跨表计算、复杂任务处理等。输入需求后，Askexcel 能迅速而准确地生成结果，极大地提升了工作效率

学一学

请你继续学习 AIGC 数据处理的其他知识，参考提示词如下。

（1）AIGC 辅助 Excel 数据处理的提示词编写技巧有哪些？

（2）AGC 辅助生成 VBA 公式自动处理表格是什么？优势是什么？

（3）AIGC 辅助 Excel 数据分析的方法有哪些？

……

通过智能对话，通过 AIGC 能迅速地按需生成影视制作相关知识并做出总结，可以极大地提升学习效率和学习效果。豆包等大模型平台还可以智能推荐相关学习视频资源。

测一测

测一测

扫码进入智能体，测一测知识的掌握情况。

【例题】以下选项中，(　　)不属于数据处理的常见分类。

A. 数据清洗　　B. 数据整合　　C. 数据建模　　D. 数据备份

AI 助训

【AI 助训】

任务 4.1　AI 辅助生成 Excel 公式

Excel 在数据处理方面具有强大的功能，能够填充数据、识别和清理数据中的异常值、缺失值和重复值以及排序和筛选数据等。然而，Excel 的新手往往会感到无从下手。在这种情况下，AI 工具可以发挥重要作用。只要我们能清晰地表达自己的需求，它就能生成相应的操作方案，逐步引导我们完成操作。

1. 使用 AI 计算统计量

在 Excel 中，当用户需要在单元格中计算平均值时，可以通过 AI 工具获得计算公式。下面介绍具体的操作方法。

步骤 1　打开销售数据表

打开销售数据表（见图 4-1），需要在 E 列计算各种商品销量的平均值。

A	B	C	D	E
商品	1季度销量	2季度销量	3季度销量	平均值
商品A	430	780	1100	
商品B	530	524	425	
商品C	550	682	330	
商品D	600	1050	340	

图 4-1　销售数据表

步骤 2　使用 AI 工具生成计算公式

提示词示例

在 Excel 工作表中，需要编写一个计算公式，在 E2 单元格中计算 B2:D2 单元格区域的平均值。

在 Excel 中，计算一个区域的平均值可以使用 AVERAGE 函数。如果你想在 E2 单元格中计算 B2:D2 单元格区域的平均值，可以使用以下公式：

=AVERAGE (B2:D2)

这个公式会计算 B2、C2 和 D2 这三个单元格的数值平均值，并将结果放置在 E2 单元格中。

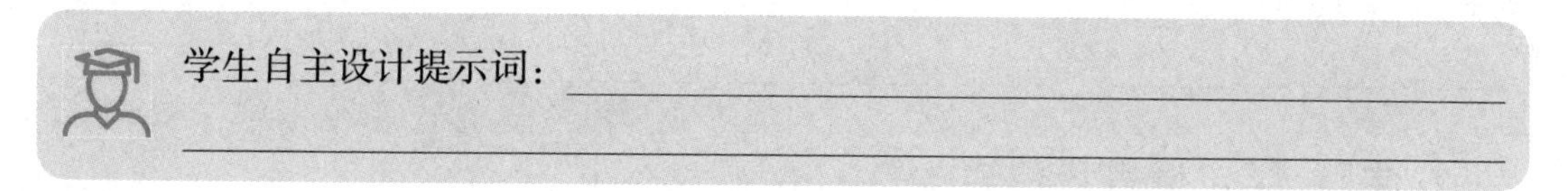

学生自主设计提示词：____

____

步骤 3　复制回复的公式并返回 Excel 工作表

首先选择 E2：E5 单元格区域，接着在编辑栏中粘贴复制的公式：=AVERAGE（B2：D2）（见图 4-2）。

步骤 4　批量统计平均值

按 Ctrl+Enter 快捷键，即可批量统计平均值（见图 4-3）。

SUM　　× ✓ f_x　=AVERAGE(B2:D2)

A	B	C	D	E
商品	1季度销量	2季度销量	3季度销量	平均值
商品A	430	780	1100	=AVERAGE(B2:D2)
商品B	530	524	425	
商品C	550	682	330	
商品D	600	1050	340	

图 4-2　插入公式的销售数据表

A	B	C	D	E
商品	1季度销量	2季度销量	3季度销量	平均值
商品A	430	780	1100	770
商品B	530	524	425	493
商品C	550	682	330	520.6666667
商品D	600	1050	340	663.3333333

图 4-3　插入平均值的销售数据表

练一练：销售数据统计

根据学习任务的情况，完成下述实训任务并开展评价，详见表 4-3。

表 4-3　练一练任务清单

<table>
<tr><td>任务名称</td><td>销售数据统计</td><td>学生姓名</td><td></td><td>班　级</td><td></td></tr>
<tr><td>实训工具</td><td colspan="5">Kimi AI</td></tr>
<tr><td>任务描述</td><td colspan="5">张某是某公司的销售经理，他拿到销售数据 Excel 表，需要对销售数据进行统计分析，但是他对 Excel 数据表处理不熟悉。请你帮助张某使用 AIGC 工具辅助处理数据表格，完成数据统计</td></tr>
<tr><td>任务目的</td><td colspan="5">（1）学会根据数据范围和统计指标设计提示词生成 Excel 公式。
（2）根据生成的 Excel 公式在数据表中完成数据处理</td></tr>
<tr><td colspan="6">AI 评价</td></tr>
<tr><td>序号</td><td colspan="2">任务实施</td><td colspan="3">评价观测点</td></tr>
<tr><td>1</td><td colspan="2">打开数据表格，根据任务需求设计提示词使用 AIGC 工具生成 Excel 公式</td><td colspan="3" rowspan="2">提示词中是否包含数据范围和统计指标等关键词</td></tr>
<tr><td>2</td><td colspan="2">在 Excel 中复制公式实现完成数据处理</td></tr>
<tr><td colspan="6">学生评价</td></tr>
<tr><td colspan="6">学生自评和小组互评</td></tr>
<tr><td colspan="6">教师评价</td></tr>
<tr><td colspan="6">教师评估与总结</td></tr>
</table>

2. 使用 AI 定位查找信息

在 Excel 中，INDEX 函数用于从指定范围中返回单元格的值或范围的一部分，而 MATCH 函数则用于在指定范围内查找指定值的位置，并返回该位置的索引或相对位置。将这两个函数组合使用可以进行数据位置定位、查找数据以及检验输入的数值等。下面以定位查找员工信息为例，介绍用 AI 工具编写 INDEX 函数和 MATCH 函数公式的操作方法。

步骤 1　打开员工信息表 A

打开员工信息表 A（见图 4-4），需要在 I 列自动补充基本工资。

A	B	C	D	E	F	G	H	I
姓名	部门	基本工资		部门	姓名	性别	年龄	基本工资
朵朵	计划部	4848		计划部	卢柏	男	21	
梦华	生产部	4269		计划部	朵朵	女	23	
卢柏	计划部	3702		人事部	白芝兰	女	29	
张晓梅	生产部	3954		人事部	程悦	女	35	
程悦	人事部	3925		生产部	张晓梅	女	35	
白芝兰	人事部	4903		生产部	梦华	女	27	

图 4-4　员工信息表 A

步骤 2　使用 AI 工具生成计算公式

提示词示例

在 Excel 工作表中，A：C 列为查找范围，需要根据 F 列单元格中提供的姓名在查找范围中找到所在行，根据 I 列表头 I1 在查找范围中找到所在列，最后将查找到的结果返回至 I 列单元格中，该如何用 INDEX 函数和 MATCH 函数编写一个完整的查找公式？

在 Excel 中，你可以使用 INDEX 和 MATCH 函数组合来实现你的需求。这里是一个具体的公式示例，假设你的数据范围是 A1：C100，F 列包含要查找的姓名，I1 包含要查找的列头。

公式如下：

=INDEX(A:C, MATCH(F2, A:C, 0), MATCH(I1, A:C, 0))

这里的 MATCH（F2，A：C，0）函数会返回 F2 单元格中姓名在 A：C 列中的相对位置（行号）。MATCH（I1，A：C，0）函数会返回 I1 单元格中列头在 A：C 列中的相对位置（列号）。INDEX 函数则根据这两个相对位置返回对应的值。

内容辨析

请注意以下几点：

（1）MATCH 函数的第三个参数 0 表示精确匹配。

（2）这个公式假设姓名和列头在查找范围内是唯一的。

（3）如果姓名或列头不在查找范围内，MATCH 函数会返回错误。

这个公式需要根据你的实际数据范围和位置进行调整。

内容优化

学生自主设计提示词：____

____

步骤 3　复制函数公式并返回 Excel 工作表

首先选择 I2 单元格，然后将公式粘贴在编辑栏中：=INDEX（A：C，MATCH（F2，A：A，0），MATCH（I1，1：1，0）），最后选择第 3 个编组公式中引用的单元格，按 F4 键切换为绝对引用，以免填充公式时改变行列，结果如图 4-5 所示。

SUM　=INDEX(A:C, MATCH(F2, A:A, 0), MATCH(I1, $1:$1, 0))

姓名	部门	基本工资		部门	姓名	性别	年龄	基本工资
朵朵	计划部	4848		计划部	卢柏	男	21	=INDEX(A:C,MATCH(F2,A:A,0),MATCH(I1,$1:$1,0))
梦华	生产部	4269		计划部	朵朵	女	23	
卢柏	计划部	3702		人事部	白芝兰	女	29	
张晓梅	生产部	3954		人事部	程悦	女	35	
程悦	人事部	3925		生产部	张晓梅	女	35	
白芝兰	人事部	4903		生产部	梦华	女	27	

图 4-5　员工信息表 A 插入公式

步骤 4　批量查找

按 Ctrl+Enter 快捷键，接着拖曳 I2 单元格右下角，填充公式至 I7 单元格，即可批量查找各员工的基本工资，结果如图 4-6 所示。

姓名	部门	基本工资		部门	姓名	性别	年龄	基本工资
朵朵	计划部	4848		计划部	卢柏	男	21	3702
梦华	生产部	4269		计划部	朵朵	女	23	4848
卢柏	计划部	3702		人事部	白芝兰	女	29	4903
张晓梅	生产部	3954		人事部	程悦	女	35	3925
程悦	人事部	3925		生产部	张晓梅	女	35	3954
白芝兰	人事部	4903		生产部	梦华	女	27	4269

图 4-6　员工信息表 A 填充定位结果

练一练：员工数据表信息查询

根据学习任务的情况，完成下述实训任务并开展评价，详见表 4-4。

表 4-4　练一练任务清单

任务名称	员工数据表信息查询	学生姓名		班　级	
实训工具	Kimi AI				
任务描述	张某是某公司的经理，他拿到员工信息表，他需要批量查询员工所在部门，但是他对 Excel 数据表处理不熟悉。请你帮助张某使用 AIGC 工具辅助信息查询，提升办公效率				
任务目的	（1）学会根据数据范围和统计指标设计提示词生成 Excel 查询公式。 （2）掌握函数 LOOKUP 的使用方法。 （3）根据生成的 Excel 公式在数据表中完成数据查询				

续表

<table>
<tr><td colspan="3">AI 评价</td></tr>
<tr><td>序号</td><td>任务实施</td><td>评价观测点</td></tr>
<tr><td>1</td><td>打开数据表格，根据任务需求设计提示词使用 AIGC 工具生成 Excel 查询公式</td><td rowspan="2">提示词中是否包含数据范围和统计指标等关键词</td></tr>
<tr><td>2</td><td>在 Excel 中复制公式实现完成数据查询处理</td></tr>
<tr><td colspan="3">学生评价</td></tr>
<tr><td colspan="3">学生自评和小组互评</td></tr>
<tr><td colspan="3">教师评价</td></tr>
<tr><td colspan="3">教师评价</td></tr>
</table>

3. 使用 AI 辅助数据批量修改

DATEDIF 函数是 Excel 中的一个日期函数，用于计算两个日期之间的差距。该函数可以用于计算年龄、工龄以及项目持续时间等。下面通过实例介绍用 AI 工具编写 DATEDIF 函数公式，以计算两个日期之间相隔时间的操作方法。

步骤 1　打开员工信息表 B

打开员工信息表（见图 4-7），C 列为入职日期，D 列为离职日期，需要在工作表中计算离职员工的工龄。

A	B	C	D	E
部门	姓名	入职日期	离职日期	工龄
管理部	张三	2014-3-5	2023-8-10	
业务部	李四	2020-9-5	2023-8-12	
业务部	王五	2020-9-5	2023-8-4	
人事部	赵六	2020-10-15	2023-7-28	
销售部	钱七	2021-3-5	2023-7-29	

图 4-7　员工信息表 B

步骤 2　使用 AI 工具生成计算公式

提示词示例

在 Excel 工作表中，C 列为入职日期，D 列为离职日期，如何使用 DATEDIF 函数公式，计算员工工龄？

在 Excel 中，DATEDIF 函数可以用来计算两个日期之间的差异。如果你想要计算员工的工龄，即从入职日期到离职日期的时间长度，你可以使用以下公式：

=DATEDIF(C2, D2,“Y”)

内容辨析

这里的 C2 是入职日期单元格，D2 是离职日期单元格。公式的解释如下。

DATEDIF（C2，D2，"Y"）：计算两个日期之间的完整年数。

DATEDIF（C2，D2，"YM"）：计算两个日期之间的完整月数，但不考虑年数。

DATEDIF（C2，D2，"MD"）：计算两个日期之间的天数，但不考虑年和月。

内容优化

学生自主设计提示词：____

____

步骤 3　复制函数公式并返回 Excel 工作表

将公式粘贴在 E2 单元格中：DATEDIF（C2，D2，"Y"）；填充公式至 E6 单元格，即可批量计算员工工龄。

保护个人隐私，维护数据安全与国家安全

2021 年 12 月，针对 App 非法获取、超范围收集、过度索权等侵害个人信息的问题，浙江省 App 违法违规收集使用个人信息专项治理工作组依据相关法律法规，组织对实用工具类、网络社区类、网上购物类等常见类型 App 的个人信息收集使用情况进行检测，并对违规 App 进行点对点通报，责令限期整改，有效保护了个人信息安全，维护了数据安全与国家安全。

你可以使用豆包大模型，使用提示词“请举 4 个维护数据安全与国家安全的案例，并说明案例中那些我们需要注意的关键点？”

练一练：学生成绩等级评定

根据学习任务的情况，完成下述实训任务并开展评价，详见表 4-5。

表 4-5　练一练任务清单

任务名称	学生成绩等级评定	学生姓名		班　　级	
实训工具	Kimi AI				
任务描述	张老师是某初中班主任，他拿到学生的成绩单，他需要根据如下规则给学生成绩评定等级，具体要求如下：各科分数平均分为 80 以上，且没有一科分数低于 70 分的为优秀；平均分 80 分以上，如果有一科以上分数低于 70 分的为优良；平均分 60 到 79 分之间，且没有一科低于 60 分的为合格，有一科低于 60 分的为挂科。因为评定规则较为复杂，请你帮助张老师使用 AIGC 工具生成公式完成成绩等级评定				
任务目的	（1）学会根据数据范围和统计指标设计提示词生成 Excel 查询公式。 （2）掌握熟悉编写 IF 函数和 AND 函数的使用方法。 （3）根据生成的 Excel 公式在数据表中完成数据处理				

续表

AI 评价		
序号	任务实施	评价观测点
1	打开数据表格，根据任务需求设计提示词使用 AIGC 工具生成 Excel 查询公式	提示词中是否包含数据范围和数据处理任务等关键词
2	在 Excel 中复制公式实现完成数据查询处理	
学生评价		
学生自评或小组互评		
教师评价		

任务 4.2　AIGC 助力处理数据

AI 助训

在当今这个快节奏、高效率的时代，高效办公已经成为衡量一个企业和个人竞争力的重要标准。企业和个人都在寻求各种方法来提升工作效率，以保持在激烈的市场竞争中的优势。AIGC 工具作为一个先进的人工智能技术平台，其强大的功能在提升办公效率方面发挥着越来越重要的作用。特别是在数据筛查这一领域，AIGC 工具的应用极大地提高了数据处理的速度和准确性。传统的数据筛查工作往往需要耗费大量的人力和时间，而且容易受到人为因素的干扰，导致错误和遗漏。而 AIGC 工具通过其先进的算法和机器学习技术，能够快速识别和处理大量数据，不仅提高了工作效率，还降低了出错率。

1. AIGC 助力数据检查与排序

在 Excel 中，当工作表中的数据内容较多、较密时，用户可以用 AIGC 工具协助筛选数据、检查数据、对数据进行排序等操作。在使用 AIGC 工具时，用户需要确保提供清晰明确的指令，以便它能够更好地理解用户的所需所求，提供准确的帮助。

在 Excel 表格中对数据进行排序是非常常见的需求，而 AIGC 工具可以帮助用户更加便捷地完成这一任务。下面介绍用 AIGC 工具提供的方法对表格数据进行排序的具体操作。

步骤 1　打开客户信息表

打开一个工作表（见图 4-8），需要根据日期对销量从高到低进行排序。

A	B	C	D
日期	客户	负责人	销量
9月1日	花素	周熙然	5000
9月1日	科达	程梅加	4800
9月2日	洛奇	陆海	4300
9月3日	宝瑞	李素	5210
9月2日	墨尚	伍长华	6420
9月4日	麓园	罗水清	4500
9月3日	珂驰	邱月	6400
9月1日	枫叶红	章倩	4500

图 4-8　客户信息表

步骤 2　使用 AI 工具生成计算公式

提示词示例

在 Excel 工作表中，A 列为日期、B 列为客户、C 列为负责人、D 列为销量，需要根据日期对销量从高至低进行排序。

在 Excel 中，您可以按照以下步骤根据日期对销量从高到低进行排序。

（1）选中数据区域，包括标题行。

（2）单击“数据”选项卡。

（3）在“排序和筛选”组中，单击“排序”按钮。

（4）在弹出的“排序”对话框中，设置以下参数：

- “主要关键字”选择“A 列（日期）”。
- “排序依据”选择“数值”。
- “次序”选择“自定义序列”。

（5）在“自定义序列”对话框中，输入一个以日期先后为顺序的序列，例如：`2023/1/1，2023/1/2，2023/1/3，...`（根据您的实际日期范围进行设置），然后单击“添加”和“确定”按钮。

（6）回到“排序”对话框，单击“添加条件”。

（7）在“次要关键字”中选择“D 列（销量）”。

（8）“排序依据”选择“数值”。

（9）“次序”选择“降序”。

（10）单击“确定”按钮。

内容辨析

Excel 将会先按照日期的自定义序列进行排序，然后在同一日期内，按照销量从高到低进行排序。请注意，以上步骤假设您的日期列中的日期格式是 Excel 能够识别的日期格式。如果日期格式不正确，您可能需要先将日期格式进行调整，以便 Excel 能够正确地进行排序操作。

内容优化

学生自主设计提示词：____

____

步骤 3　对数据进行排序

参考 AI 提供的方法，在 Excel 工作表中，全选表格数据 A2：D9，在“数据”功能区的“排序和筛选”面板中单击“排序”按钮，如图 4-9 所示。

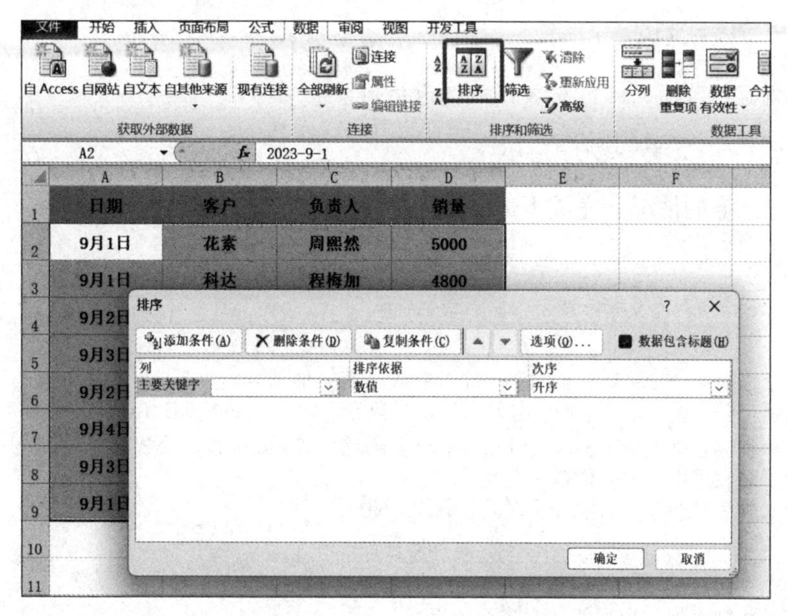

图 4-9　单击“排序”按钮

步骤 4　设置排序依据

在弹出的“排序”对话框中展开“排序依据”列表框，选择“日期”选项，默认“次序”为“升序”，结果如图 4-10 所示。

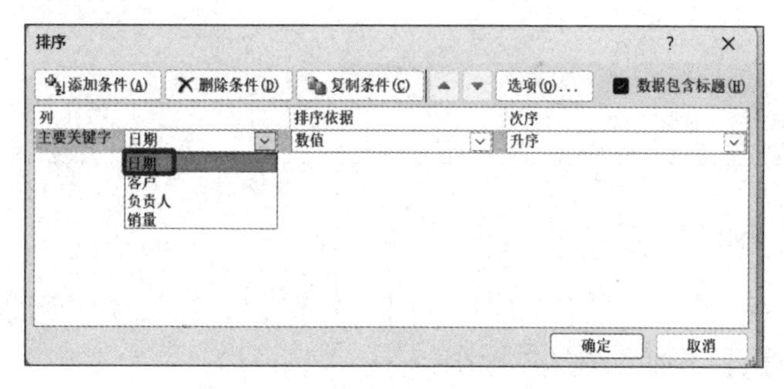

图 4-10　设置排序依据

步骤 5　添加第 2 个排序项

执行操作后，即可添加第 2 个排序项，展开“次要关键字”列表，选择“销量”选项，展开“次序”列表，选择“降序”选项，如图 4-11 所示。

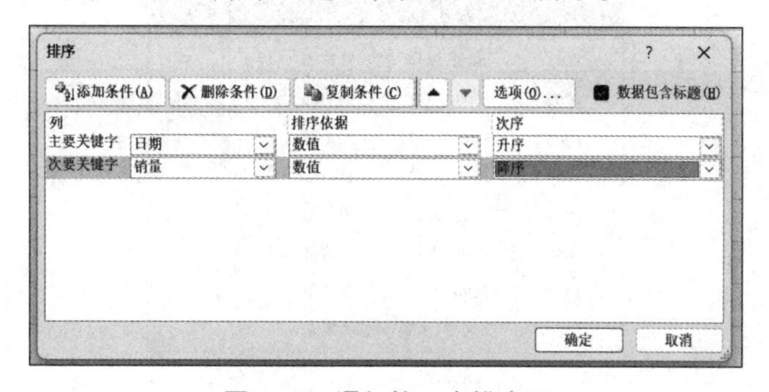

图 4-11　添加第 2 个排序项

步骤 6　进行排序

单击“确定”按钮，即可对表格数据进行排序。

练一练：Excel 表格数据检查

根据学习任务的情况，完成下述实训任务并开展评价，详见表 4-6。

表 4-6　练一练任务清单

<table>
<tr><td>任务名称</td><td>Excel 表格数据检查</td><td>学生姓名</td><td></td><td>班　级</td><td></td></tr>
<tr><td>实训工具</td><td colspan="5">Kimi AI</td></tr>
<tr><td>任务描述</td><td colspan="5">小李是公司一个会计，他拿到一个奖金发放表，他需要检查 Excel 表格中哪些员工数据存在漏填。因为设计多个字段，处理起来非常复杂。小李借助 AIGC 工具实现数据高效检查</td></tr>
<tr><td>任务目的</td><td colspan="5">（1）掌握根据数据范围和统计指标设计提示词生成 Excel 查询公式。
（2）查找表中时候有资料未填写。
（3）熟练掌握查找函数 IF 和 COUNTBLANK</td></tr>
<tr><td colspan="6">AI 评价</td></tr>
<tr><td>序号</td><td colspan="2">任务实施</td><td colspan="3">评价观测点</td></tr>
<tr><td>1</td><td colspan="2">打开数据表格，根据任务需求设计提示词使用 AIGC 工具生成 Excel 查询公式</td><td colspan="3" rowspan="2">提示词中是否包含数据范围和数据处理任务等关键词</td></tr>
<tr><td>2</td><td colspan="2">在 Excel 中复制公式实现完成数据查询处理</td></tr>
<tr><td colspan="6">学生评价</td></tr>
<tr><td colspan="6">学生自评或小组互评</td></tr>
<tr><td colspan="6">教师评价</td></tr>
<tr><td colspan="6">教师评估与总结</td></tr>
</table>

2. AIGC 助力数据提取

在 Excel 表格中，当员工姓名和职称在同一个单元格中时，用户可以向 ChatGPT 询问单独提取职称的方法。下面介绍具体操作。

步骤 1　打开员工信息表 C

打开员工信息表 C（见图 4-12），在 B 列单元格中有一个空格分隔姓名和职称，需要在 D 列将 B 列中的职称单独提取出来。

A	B	C	D
编号	员工	部门	职称
1001	周熙 经理	管理部	
1002	卢月 主管	美工部	
1003	周晓梅 总监	美工部	
1004	陈谷 副总	管理部	
1005	罗霄 部长	销售部	
1006	赵莉 主管	销售部	
1007	陈科 经理	财务部	
1008	朱茜美 主管	人事部	

图 4-12　员工信息表 C

步骤 2　使用 AI 工具生成计算公式

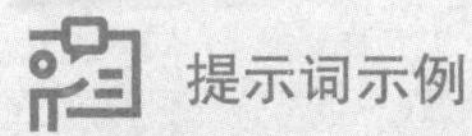

在 Excel 工作表中，B 列为员工姓名和职称，且姓名和职称之间有一个空格，例如 ' 周熙经理 '，其中 ' 周熙 ' 为姓名，' 经理 ' 为职称，需要在 D 列将 B 列中的职称提取出来，有什么方法可以解决？

在 Excel 中，可以使用公式来提取 B 列中的职称。具体步骤如下。

（1）选择 D 列的第一个单元格，假设是 D1。

（2）在 D1 单元格中输入以下公式：

=RIGHT(B2, LEN(B2) - FIND(" ", B2))

这个公式的作用是：

- \`FIND(" ", B2)\` 用来查找 B1 单元格中空格的位置。
- \`LEN(B2)\` 用来获取 B2 单元格中字符的总数。
- \`RIGHT(B1, LEN(B2) - FIND(" ", B2))\` 用来从 B2 单元格中提取从空格之后到字符串末尾的所有字符，即职称。

学生自主设计提示词：____

____

步骤 3　复制 ChatGPT 提供的提取公式

在 Excel 工作表中，选择 D2：D9 单元格区域；在编辑栏中粘贴复制的公式：=RIGHT（B2，LEN（B2）-FIND（" "，B2）），然后按 Ctrl+Enter 快捷键确认，结果如图 4-13 所示。

A	B	C	D
编号	员工	部门	职称
1001	周熙 经理	管理部	经理
1002	卢月 主管	美工部	主管
1003	周晓梅 总监	美工部	总监
1004	陈谷 副总	管理部	副总
1005	罗胥 部长	销售部	部长
1006	赵莉 主管	销售部	主管
1007	陈科 经理	财务部	经理
1008	朱茜美 主管	人事部	主管

图 4-13　提取结果

练一练：提取身份证信息

根据学习任务的情况，完成下述实训任务并开展评价，详见表 4-5。

表 4-5　练一练任务清单

<table>
<tr><td>任务名称</td><td>提取身份证信息</td><td>学生姓名</td><td></td><td>班　级</td><td></td></tr>
<tr><td>实训工具</td><td colspan="5">Kimi AI</td></tr>
<tr><td>任务描述</td><td colspan="5">小张拿到一张身份证信息表，使用 AIGC 工具提取身份证信息</td></tr>
<tr><td>任务目的</td><td colspan="5">（1）学会根据数据范围和任务设计提示词生成 Excel 查询公式。
（2）掌握使用 AIGC 工具提取身份证信息。
（3）掌握基于身份证信息，使用 AIGC 工具生成公式提取生日、计算年龄和判定性别</td></tr>
<tr><td colspan="6">AI 评价</td></tr>
<tr><td>序号</td><td colspan="2">任务实施</td><td colspan="3">评价观测点</td></tr>
<tr><td>1</td><td colspan="2">打开数据表格，根据任务需求设计提示词使用 AIGC 工具生成 Excel 查询公式</td><td colspan="3" rowspan="2">提示词中是否包含数据范围和数据处理任务等关键词</td></tr>
<tr><td>2</td><td colspan="2">在 Excel 中复制公式实现完成数据查询处理</td></tr>
<tr><td colspan="6">学生评价</td></tr>
<tr><td colspan="6">学生自评和小组互评</td></tr>
<tr><td colspan="6">教师评价</td></tr>
<tr><td colspan="6">教师评估与总结</td></tr>
</table>

AI 拓学

【AI 拓学】

1. 拓展知识

除了上述任务中的相关知识，我们还应使用 AIGC 进行拓展知识的学习，推荐知识主题和示范提示词见表 4-6。

表 4-6　项目 4 拓展学习推荐知识主题和示范提示词

序号	知识主题	示范提示词
1	AIGC 辅助生成 VBA 公式自动处理表格	我想 AIGC 辅助生成 VBA 公式自动处理表格，帮忙推荐学习资料和实训任务
2	使用 AIGC 工具辅助收集数据	我想使用 AIGC 工具辅助收集数据，帮忙推荐学习资料和实训任务
3	使用 AIGC 工具辅助数据预处理	我想使用 AIGC 工具辅助数据预处理，帮忙推荐学习资料和实训任务
4	使用 AIGC 工具辅助数据特征工程	我想使用 AIGC 工具辅助数据特征工程，帮忙推荐学习资料和实训任务
5	使用 AIGC 工具辅助数据可视化	我想使用 AIGC 工具辅助数据可视化，帮忙推荐学习资料和实训任务
…	…	…

2. 拓展实践

（1）通过本项目的学习，你应该已经学会了 AIGC 数据处理的基本方法，熟悉了使用 AIGC 数据处理公式、辅助数据处理。下面请你使用 AIGC 辅助完成以下任务，要求见表 4-7。

表 4-7 使用 AIGC 计算员工的工资

任务情景	任务目标	任务要求
我们提供一份员工工作信息表，需要使用 AIGC 计算员工的工资	添加数据格式和单位	要求给出的提示词符合规范，输出的结果准确无误
	使用 AIGC 工具计算加班费	
	使用 AIGC 工具计算实发工资	

（2）信息技术基础实践任务：使用 WPS 实现论文排版。

【生成式作业】

【评价与反思】

根据学习任务的完成情况，对照学习评价中的“观察点”列举的内容进行自评或互评，并根据评价情况，反思改进，填写表 4-8 和表 4-9。

表 4-8 学生自主评价

观察点	完全掌握	基本掌握	尚未掌握
能够根据需求明确数据范围，明确任务，设计正确的提示词			
掌握根据生成公式完成表格数据处理的技巧			
熟悉使用 AIGC 工具学习 Excel 公式用法			

表 4-9 学习反思

反思点	简要描述
学会了什么知识？	
掌握了什么技能？	
还存在什么问题，有什么建议？	

扫一扫右侧二维码，查看你的个人学习画像，做专属练习。

学习画像

| 项目 5 |

画笔的延伸：AIGC 与图像生成

项目 5
教学视频

【AI 导学】

AI 赋能图像创作：效率与创意的齐驱并进

AIGC 开启无限创意的视觉世界

同学们，想象一个充满无限可能的视觉盛宴，你可以看到穿越千年的唐代仕女手持智能手机，轻松自拍；可爱的柴犬化身英勇的太空探险家，驾驶宇宙飞船遨游星际；身披霓虹战甲的未来骑士，在赛博朋克的街头追逐光影；仙鹤在云海中翩翩起舞，脚下的莲花随着步伐轻轻绽放……这些看似天马行空的场景，正是 AIGC 图像生成的奇幻魅力。

试一试

学校艺术节征集环保题材的海报，请尝试使用 WHEE AI，在“文生图”功能中输入提示词，生成环保题材的海报。提示词示例如下：

（1）绿色地球，茂密森林与清澈湖泊，动物栖息其中，体现生态保护的美丽景象。

（2）人们在城市公园中骑行、植树，背景是蓝天白云，展现低碳生活和环保理念。

传统的图像创作流程复杂，依赖手工绘制和数字设计工具，需要大量的时间和专业技能。而 AIGC 技术的赋能使这一流程得以自动化和高效化，让每个人都能成为独立的设计团队。如今，借助 AI 图像生成工具（如 DALL-E、Midjourney、Stable Diffusion 等），用户仅需输入简单的提示词，即可快速生成高质量、多样化的图像作品，大幅提升创意灵感和设计效率。同时，配合 Photoshop 等编辑工具，设计者可对生成的图像进行精细化调整，如色彩优化、细节修饰等更好满足多样的商业化需求。AIGC 图像生成在品牌设计、文创产品、广告海报和电商展示图等领域的应用日益广泛，带来了成本降低、时间节省和设计多样性的巨大优势。AIGC 的便捷性和高效性为视觉创意行业带来了革命性变革，拓展了艺术创作的边界和市场潜力。

本项目探究 AIGC 技术在图像创作中的应用，通过运用先进的 AI 图像生成工具，如 Stable Diffusion、WHEE、Midjourney 等，辅助设计师进行文创冰箱贴、电商产品图和 IP 角色形象的创作。通过结合 Photoshop 等图像编辑工具进行后期优化，实现创意的快速转化和设计效率的提升，为图像设计领域的创新发展提供新的动力。

学习图谱

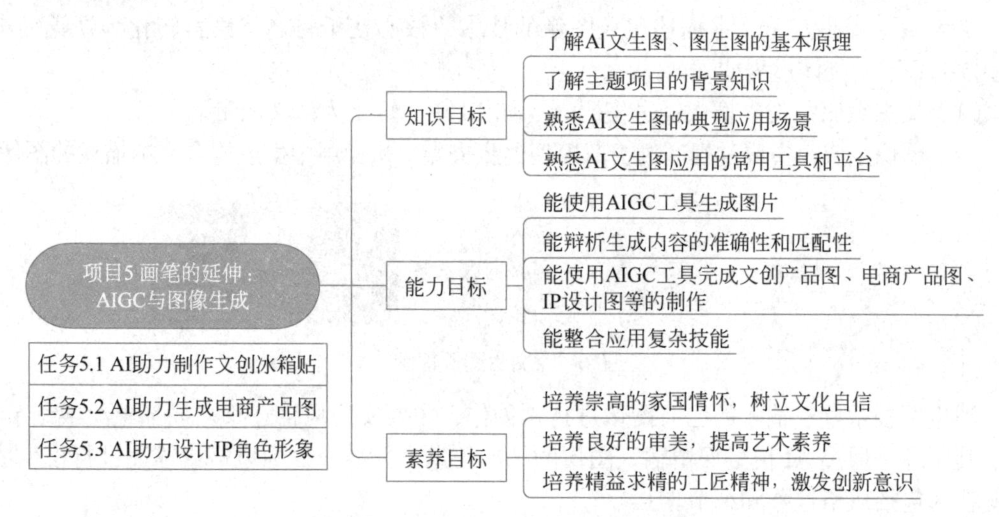

【AI 助学】

AI 助学

图像生成的过程包括创意策划、图像生成和后期调整等多个环节。在创意策划阶段，设计师确定主题和风格，并选择合适的 AI 图像生成工具。图像生成阶段通过输入提示词，使用 AI 工具生成初步图像。最后，在后期调整阶段，设计师使用图像编辑软件优化细节、调整色彩和排版，确保图像质量达到预期要求。通过这一流程，AIGC 技术显著提升了设计效率和创作灵活性。

5.1 AI 绘画的定义与特点

AI 绘画是指使用人工智能模型根据输入（如文本描述、草图）自动生成图像的技术。其特点包括无需手工绘制，即可快速产出多种风格、多维度的绘画作品；能在短时间内生成高质量、逼真的视觉效果；支持多轮迭代优化，满足创作者对主题、色彩、构图的多样化需求；同时为设计、插画、广告、游戏等领域提供高效辅助，降低创作门槛并拓宽艺术表达方式。

5.2 AI 绘画的技术原理

AI 绘画技术依赖于深度学习模型，通过将输入的文本描述或已有图像转化为高质量的视觉输出。其核心技术包括 Transformer 和扩散模型，这些模型通过大规模图像与文本数据的训练，使得 AI 具备理解复杂语言并生成高度匹配图像的能力。

Transformer 模型在文本编码和理解方面表现突出。它通过自注意力机制处理文本的语义信息，将自然语言转化为计算机可理解的语义向量。这些向量可以用来指导图像生成的过程，确保 AI 能够准确捕捉文本中的关键信息和创意要求。

扩散模型通过逐步去噪的过程生成图像。从一个初始的随机噪声图像开始，模型逐渐去除噪声，并在每一步生成更加清晰的图像，直到最终图像符合文本描述的要求。这一过程使得扩散模型能够生成细腻、逼真的图像，并在图像质量和细节上表现出色。

文生图原理是基于文本描述生成图像的技术，核心在于将自然语言转化为视觉输出，如图 5-1 所示，具体过程如下。

（1）文本编码：文本输入经过编码器（如 CLIP）转化为语义向量。

（2）图像生成：生成过程通过扩散模型逐步去噪，从噪声中生成符合文本描述的图像。

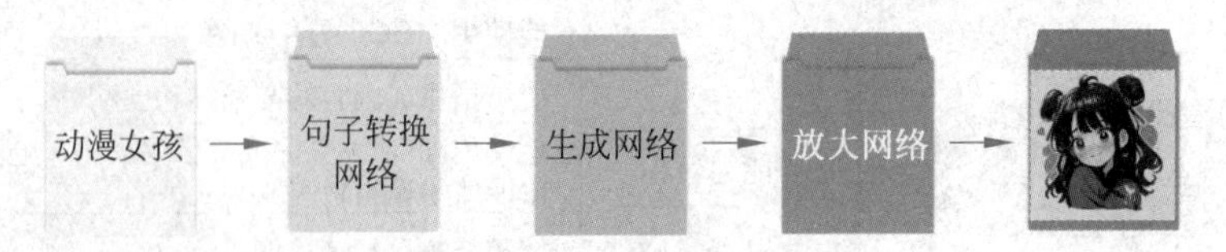

图 5-1　文生图原理图

图生图技术基于输入的已有图像进行再创作，主要实现风格迁移、局部重绘或细节优化。其原理是通过 AI 模型保留输入图像的结构信息，并结合目标风格或描述进行再生成。关键技术包括风格迁移和细节增强。

（1）风格迁移：将普通照片转化为特定艺术风格，如将风景图转化为油画风格。

（2）局部重绘：局部内容优化，如对草图进行上色或细节补充。

（3）细节优化：通过图像高清化和去噪处理，提高图像质量，增强细节。例如，输入一张手绘草图，AI 可以自动生成上色后的成品，或将普通风景照片转换为赛博朋克风格。

图生图技术广泛应用于设计草图完善和产品图优化等领域，如图 5-2 所示。

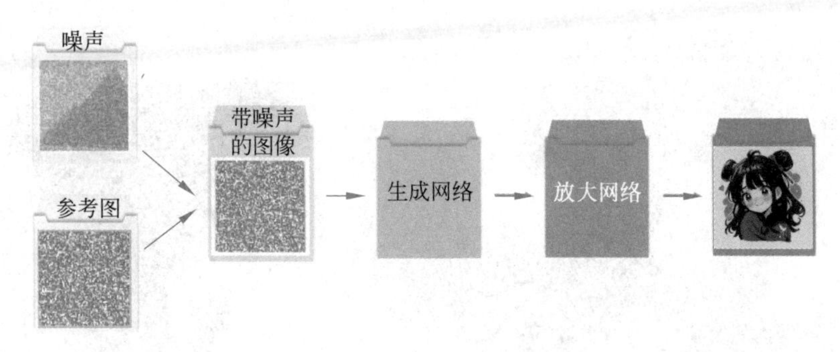

图 5-2　图生图原理图

5.3　AIGC 图像生成技术的应用场景

AIGC 图像生成技术广泛应用于创意设计、艺术插画、文化创意产品设计、建筑与室内设计、商业广告与电商、游戏与影视制作等领域，如图 5-3 所示，提升创意效率、降低成本，推动产业创新发展。

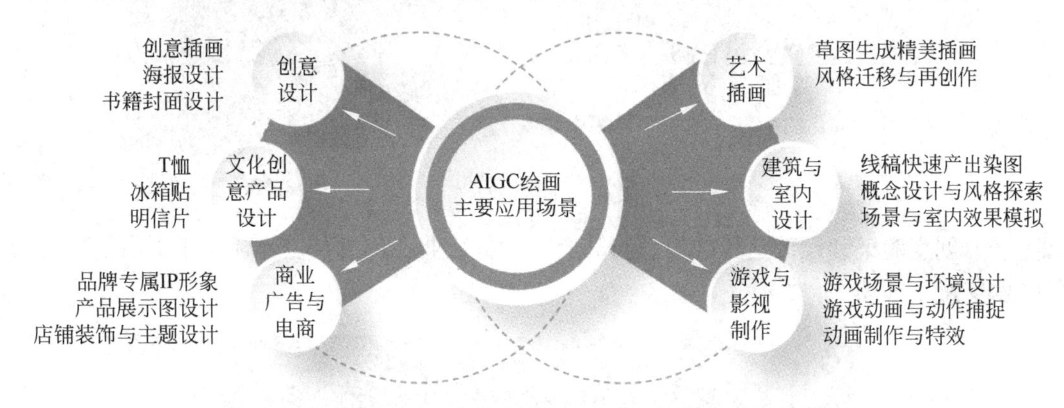

图 5-3　AIGC 图像生成技术主要应用场景

文生图（Text-to-Image）的应用场景广泛，适合从文本描述直接生成图像，解决了设计过程中的创意瓶颈和效率问题。首先，在创意设计领域，设计师可以通过简单的文字输入生成插画、海报、封面等图像作品。例如，输入“日落时分的海岸线，橙黄色天空下波光粼粼的海面”，AI 即可生成对应的艺术画面。其次，在文化创意产品设计中，文生图能够生成文创周边图案，如 T 恤、冰箱贴、明信片等，实现个性化定制需求。此外，在商业广告与电商展示领域，品牌方可以使用文生图快速生成符合主题的产品宣传图，例如“国潮风格的冰箱贴”，如图 5-4 所示。

图生图（Image-to-Image）的应用更侧重于已有图像的再创作与优化，为多领域的视觉创作与设计提供高效、便捷的支持。在艺术插画领域，它能将草图迅速生成精美成图，或实现风格迁移与再创作；在建筑、室内及产品设计中，可由简略线稿快速产出高质量渲染图，加快设计迭代；在时尚、服装和广告创意中，设计师可借助该技术轻松尝试多种纹理、花样与视觉风格；游戏、影视制作与品牌营销则可通过自动化图像转换节约成本、丰富素材，而文博领域则可使用此技术修复老旧影像、重建文物缺失部分。此外，医学与科研亦可将原始影像处理得更清晰、易读。总之，图生图技术在多种专业领域显著提升了图

图 5-4 文生图作品

像生产、创意验证和设计迭代的效率与品质，为各行业在创意与制作流程中提供了强有力的技术支持，如图 5-5 所示。

图 5-5 图生图作品

5.4　AIGC 图像生成的常用工具

灵活运用 AI 生成图像工具能够大幅提升创作效率和视觉质量。一些常用的 AIGC 图像生成的常用工具见表 5-1。通过巧妙运用这些工具，可以加速创作过程，优化设计效果，使艺术创作更加高效和富有创意。

表 5-1　AI 生成图像的常用工具

工具平台	功能特点
文心一格（百度）	百度推出的 AI 图像生成平台，支持中文文本输入，能生成具有中国风、插画、现代艺术等多种风格的图像。适用场景：文化创意、插画设计、海报制作等，特别适合生成中国传统风格作品，如水墨画、国潮艺术
通义万相（阿里巴巴）	阿里云推出的 AI 图像生成平台，支持文本到图像的生成，提供电商产品图、海报设计等实用场景。适用场景：电商平台产品图设计、广告海报生成、品牌视觉创作等
魔搭社区（阿里巴巴达摩院）	依托阿里达摩院的 AI 技术，提供图像生成与风格迁移功能，支持多种场景与风格。适用场景：创意艺术设计、文创产品开发、风格化插画制作等
WHEE	智能图像生成：支持文本到图像（文生图）及图像再创作（图生图），生成高质量、多风格的图像。内置多种艺术风格模板，包括中国风、二次元、油画、插画等，界面友好并支持中文输入，满足不同用户的设计需求，适合非专业用户和设计师
秒画（智谱 AI）	智谱 AI 支持中文文本生成高质量图像，简单易用，适合非专业用户。适用场景：创意海报设计、插画制作、社交媒体配图等
Midjourney	Midjourney 是一款基于扩散模型的文本到图像生成工具，通过 Discord 指令输入描述，即可快速生成高质量艺术图像。支持多种参数控制、变体与升级，创作灵活多样，适用于概念设计、插画与品牌视觉呈现
Stable Diffusion	Stable Diffusion 是一种开源文本到图像生成模型，通过扩散还原随机噪声为高质量图像。具有风格多样、细节可控、可离线运行及扩展（如 ControlNet）特性，满足创意设计、艺术探索和多媒体制作需求

学一学

图像生成是一个跨学科的领域，涉及深度学习、计算机视觉、艺术创作等多个领域的知识。通过 AIGC 技术，设计师可以快速实现创意的视觉表达，如风格迁移、局部重绘和细节优化等。为了帮助你更好地理解图像生成相关的知识，以下是一个学习公式。

提示词公式：知识点 + 详细解析 + 案例展示 + 实践应用

（1）深度学习模型通过学习大规模数据中的图像特征，怎么应用 GAN 技术生成高质量的图像。

（2）风格迁移将普通图像的内容与艺术风格相结合，AIGC 技术怎么通过深度学习实现这种风格融合。

（3）AIGC 技术生成图像的主要方式有哪些？

通过智能对话和 AIGC 技术，能够迅速根据需求生成相关图像内容并进行总结，从而极大提升学习效率和效果。像豆包等大模型还可以智能推荐相关的学习资源，帮助用户快速掌握图像创作技巧。

测一测

测一测

扫码进入智能体，测一测你对“AIGC 图像生成”知识的掌握情况。

【例题】以下关于“AIGC 与图像生成”的描述中，正确的是（　　）。

A. 图像生成技术只涉及图像的简单复制，不需要考虑创意和优化过程

B. AIGC 与图像生成的应用场景仅限于社交媒体平台

C. 图像生成的技术原理包括深度学习和生成对抗网络（GAN），可用于艺术创作、广告设计等多个领域

D. 使用 AI 工具进行图像创作无法进行细节优化和创意调整

AI 助训

【AI 助训】

任务 5.1　AI 助力制作文创冰箱贴

本任务的流程流程如图 5-6 所示。首先要明确创作风格与主题，以此确定设计方向。设计应注重突出地标建筑、文化符号和地域特色，可选择国风、手绘或 Q 版萌系等风格，以增强作品的视觉辨识度和吸引力。接下来，需要提炼内容要素与核心关键词，包括每个景点的标志性元素（如建筑、动植物、文化符号等），并据此生成提示词。这一阶段为后续创作提供了清晰的指导方向。

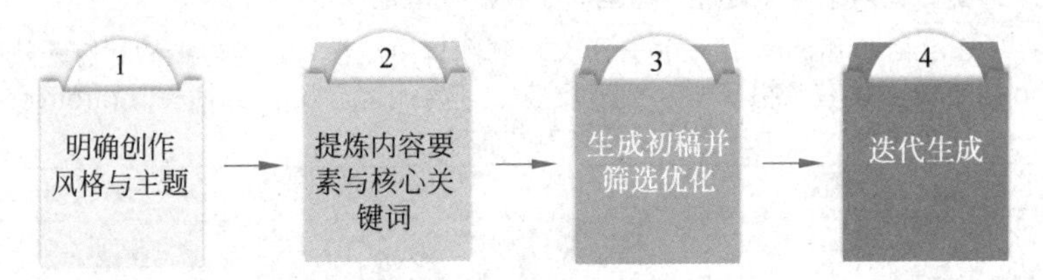

图 5-6　任务 5.1 流程

在完成关键词提炼后，使用 AIGC 图像生成工具（如 WHEE）生成初稿，并筛选出在视觉效果上独特且主题鲜明的作品。最后，借助图像编辑软件（如美图秀秀、Photoshop）对选定的初稿进行细化调整，优化画面布局与设计排版。

通过上述流程，可确保作品兼具艺术美感和文化传播价值，最终呈现出具有文化内涵的冰箱贴设计。

提示词关键词：研究对象 + 具体要素 + 研究目标

提示词示例

请分析文创设计中视觉设计的基本原则，并探讨文创设计中色彩、构图、字体等元素的运用策略及其相互协调关系。

这是一个关于文创设计中视觉设计的综合性问题，我将从以下几个方面进行分析。

1. 文创设计中视觉设计的基本原则

统一性原则：整体风格的统一；视觉元素的协调；品牌识别的一致性。

突出性原则：重点内容的强调；视觉层次的区分；关键信息的凸显。

平衡性原则：视觉重量的均衡；空间布局的合理；元素分布的和谐。

2. 视觉元素的运用策略

色彩运用：主色调的选择与搭配；色彩心理与情感表达；品牌色彩体系的建立。

构图策略：黄金分割法则；视觉动线的设计；留白空间的处理。

字体应用：字体风格的选择；字体大小的层级；版式布局的规划。

通过联网搜索功能，AIGC 能迅速地搜索当下文创设计中视觉设计知识并做出总结，使用 AI 的信息搜索与总结能力可以极大地提升工作效率。

1. 明确创作风格与主题

明确创作风格与主题，确定设计方向，围绕地标建筑、文化符号和地域特色展开创作，选用国风、手绘、Q 版萌系等风格，确保作品独特鲜明，契合文化内涵与市场需求。

步骤 1　分析创作风格与主题

分析冰箱贴创作风格与主题?

确定创作的风格和主题是整个设计过程的基础，将直接影响到最终作品的效果和传达的信息。

创作风格：可以选择现代简约、水彩插画或复古海报等。现代简约风格以清晰的线条和简洁的色彩为特点，适合突出主题元素；水彩插画风格能营造温馨、富有艺术感的氛围；复古海报风格则可借鉴 20 世纪中期的旅游海报设计，呈现怀旧感。

作品主题：可以围绕家乡的非物质文化遗产或标志性建筑展开。选择具有代表性的项目，如传统工艺、民间艺术、地方戏曲等。确保主题能够充分体现当地特色，同时具有普遍的文化价值和审美吸引力。

色彩运用：可以选择能够代表城市特色或非遗文化的配色方案，增强冰箱贴的辨识度和吸引力。同时，可以在细节处加入一些现代设计元素或创新表现手法，使传统与现代完美融合，既传承文化又富有时代感。

内容辨析

上述内容逻辑清晰、重点突出，从创作风格、作品主题和色彩运用三个方面展开，具有较高的设计可操作性和文化传播价值。提出的多元风格（现代简约、水彩插画、复古海报）和主题内容（家乡非遗、标志性建筑）具有市场前瞻性和艺术感染力。但提示词输入的具体要素不够明确，生成的图像可能出现不相关元素。建议补充不希望的元素和关键提示词示例，并提供 AI 生成的具体操作步骤，以确保设计的精准性和高效性。

【文化传承】："我爱我的祖国""我的家乡最闪亮"

作品中融合地方传统文化，选择本地标志性文化元素开展创作，如文化符号、历史名人肖像或名言警句、地方特色建筑和景观等。展现地方魅力，唤起人们对祖国大好河山和家乡的热爱之情，引发情感共鸣。

以地方民间艺术为主题，创作作品展示家乡的传统艺术形式，如剪纸、刺绣、陶瓷、皮影戏等，结合本地特有的工艺和技艺。你了解自己家乡的民间艺术吗？

步骤 2　构建文创冰箱贴设计元素

使用文心一言或其他 AI 助手，了解设计文创冰箱贴需要哪些关键设计元素，并整理出一个全面的元素清单。

提示词关键词：专业身份 + 具体任务 + 输出形式 + 内容范围 + 专业要求

提示词示例

作为一名经验丰富的平面设计师，请详细列出设计文创冰箱贴所需的所有关键设计元素，并将这些元素整理成一个全面而系统的清单。请确保涵盖视觉、色彩和艺术风格各个方面的要素。

设计文创冰箱贴需要综合考虑多种设计元素，以确保最终作品既美观又具有文化和艺术价值。以下是一个全面而系统的清单，涵盖了视觉、色彩和艺术风格等各个方面的要素。

1. 主题与概念

主题选择：明确冰箱贴的主题，如城市风景、文化遗产、节日庆典、名人名言等。目标受众：确定目标受众群体，如游客、收藏家、文化爱好者等。故事性：确保设计能够讲述一个故事或传达某种情感。

2. 视觉元素

【图像】

摄影：高质量的照片，确保清晰度和构图。插画：原创插画，风格可以是手绘、水彩、数字绘画等。图标和符号：与主题相关的图标或符号，如地标建筑、传统图案等。

【排版】

字体选择：选择与主题相符的字体，确保可读性。文字布局：合理安排文字的位置，避免过于拥挤或空旷。

【构图】

黄金分割：使用黄金分割比例进行构图，提升视觉美感。对称与平衡：确保设计元素的对称性和平衡感。焦点：明确设计的视觉焦点，吸引观众注意力。

3. 色彩元素

【色彩主题】

主色调：选择与主题相符的主色调，如自然风景可以选择绿色和蓝色。辅助色：选择与主色调协调的辅助色，增强层次感。

【色彩心理学】

情感传达：使用色彩传达特定情感，如红色代表热情，蓝色代表宁静。文化意义：考虑色彩在不同文化中的象征意义。

【色彩搭配】

对比色：使用对比色增强视觉冲击力。

内容辨析

这个 AIGC 生成的答案采用了清晰的层级结构和系统化的分类方法来阐述文创冰箱贴的设计要素。它主要从四个维度展开：主题与概念、视觉元素、色彩元素和艺术风格，每个维度下又细分为具体的子项目。这是否符合你的设计要求？请根据你的设计需求设计个性化提示词。

学生自主设计提示词：____

____

2. 提炼内容要素与核心关键词

提炼内容要素与核心关键词：围绕每个景点的标志性元素（如地标建筑、动植物、文化符号等），提取核心创意要素，并生成精准的提示词输入，为 AI 图像生成提供明确的设计方向和视觉焦点。

步骤 1　提炼设计内容要素

文创冰箱贴的制作往往需要紧密结合特定的主题或场景，辨析 AI 生成内容的准确性和匹配性，根据设计需求，筛选冰箱贴提示词内容要素。

提示词关键词：[设计主题]+[核心元素]+[风格定位]+[色彩方案]+[材质效果]+[创意场景]+[目标受众]

提示词示例

请提供一个全面的文创冰箱贴设计提示词关键词，包括关键元素和结构。同时，请给出多个提示词关键词的示例，展示如何运用该公式创作出独特而吸引人的冰箱贴设计概念。这些示例应涵盖不同主题、风格和目标受众，以充分展示公式的灵活性和适用性。

非常好，让我们开始构建文创冰箱贴的提示词关键词。这个公式将帮助我们更系统地创作出独特而吸引人的冰箱贴设计。以下是一个基本的提示词关键词框架。

文创冰箱贴提示词关键词：

[城市名称]+[特色元素]+[艺术风格]+[构图方式]+[色彩主题]+[情感氛围]+[创意元素]+[文字设计]

例如：

[北京]+[长城、故宫]+[水彩插画]+[全景构图]+[红金配色]+[庄重神秘]+[立体剪纸效果]+[书法字体]

这个公式可以根据具体需求进行调整和扩展。每个部分的详细说明如下。

城市名称：明确指定要设计的城市。

特色元素：列出该城市最具代表性的地标、文化符号或自然景观。

艺术风格：选择适合该城市特点的艺术表现形式。

构图方式：决定如何安排画面元素。

色彩主题：选择能反映城市特色和氛围的配色。

情感氛围：描述想要传达的情感或氛围。

创意元素：加入独特的设计元素使冰箱贴更有吸引力。

文字设计：考虑如何将文字融入设计中。

使用这个公式，我们可以为每个城市创建独特而连贯的冰箱贴设计提示词。

【色彩搭配】对比色：使用对比色增强视觉冲击力。渐变色：使用渐变色增加设计的深度和层次。

【传统风格】民族风格：如中国风、日本和风、欧洲古典风等。历史风格：如复古风、巴洛克风格等。

【现代风格】极简主义：简洁明了，强调留白和简约设计。抽象艺术：使用抽象元素和形状进行创作。

【混合风格】跨界融合：结合多种艺术风格，创造独特的视觉效果。

内容辨析

这个 AIGC 生成的答案展示了一个结构清晰、实用性强的文创冰箱贴提示词关键词。它采用了“8 要素”拆解法，将冰箱贴设计所需的关键元素分解为：城市名称、特色元素、艺术风格、构图方式、色彩主题、情感氛围、创意元素和文字设计。这种模块化的设计思路不仅让创作过程更有条理，也确保了设计元素的完整性。通过北京的具体示例，清楚地展示了如何将抽象的公式转化为具体的设计语言。每个要素都配有简明的解释说明，使用者可以轻松理解并灵活运用。这个公式的优势在于其通用性和可扩展性，能够适应不同城市的特色需求，同时保持设计的专业性和艺术性。

请根据你选取的主题，设计提炼文创冰箱贴内容要素的个性化提示词。

学生自主设计提示词：____
____

步骤 2　构建范例提示词关键词

合理选择内容要素，构建提示词关键词。主要可包含如下方面。

提示词关键词：[地点]+[特色建筑]+[艺术风格]+[构图方式]+[配色方案]+[作品风格]+[细节效果]+[艺术字体]

参考提示词：

[上海]+[外滩、东方明珠]+[剪纸艺术]+[城市天际线]+[蓝白配色]+[现代繁华]+[霓虹灯效果]+[艺术字体]

[西安]+[兵马俑、城墙]+[国画风格]+[对称构图]+[褐色调]+[历史厚重]+[仿古纸张纹理]+[篆刻字体]

[杭州]+[西湖、龙井茶]+[水墨画]+[横向全景]+[青绿色调]+[诗意优雅]+[飘带丝绸元素]+[行书字体]

[成都]+[熊猫、川剧变脸]+[卡通插画]+[拼贴构图]+[红绿对比]+[欢乐活泼]+[麻将元素装饰]+[手写体]

[广州]+[珠江、广式点心]+[版画风格]+[俯视角度]+[暖色调]+[热闹繁荣]+[纸船折纸元素]+[粤语谐音字]

[丽江]+[玉龙雪山、古城]+[油画质感]+[环形构图]+[蓝白灰配色]+[宁静悠远]+[风铃装饰元素]+[纳西东巴文字]

[青岛]+[栈桥、啤酒]+[复古海报风]+[分格构图]+[蓝黄配色]+[清新明快]+[贝壳装饰边框]+[仿印刷体]

[厦门]+[鼓浪屿、土楼]+[马赛克拼贴]+[螺旋构图]+[粉蓝配色]+[浪漫温馨]+[海浪纹理]+[闽南方言谐音字]

[哈尔滨]+[冰雪世界，东北早市]++[剪纸艺术]+[大气磅礴]+[自然阳光]+[冰晶剔透]+ [4K 高清]+ [冷色调]

创作个人家乡特色文创冰箱贴提示词关键词：____________________
____

3. 生成初稿并筛选优化

步骤 1　选择 AI 生成图像工具

根据提示词关键词，生成图像。

访问 WHEE 网站，注册之后在首页单击“文生图”，进入文生图页面，如图 5-7 所示。

图 5-7 AI 生成图像工具 WHEE 首页

步骤 2 输入提示关键词

以上海为例，我们选择高级创作，在提示词输入框内输入：[上海]+[外滩、东方明珠]+[剪纸艺术]+[城市天际线]+[蓝白配色]+[现代繁华]+[霓虹灯效果]+[艺术字体]，如图 5-8 所示。

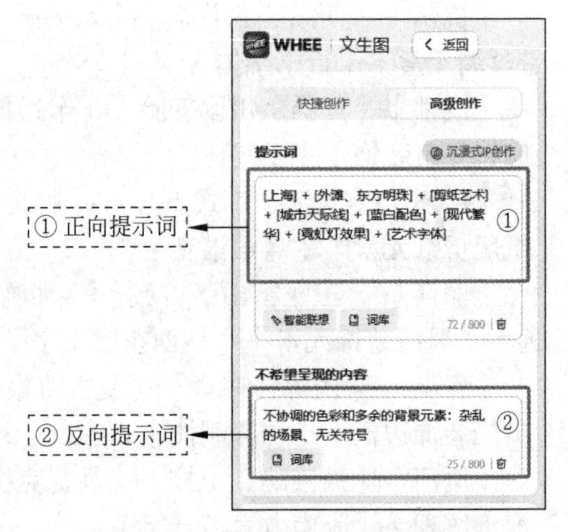

图 5-8 WHEE 提示词输入界面

内容辨析

在提示词中明确不希望出现的元素，可有效提高 AI 生成图像的精准度和一致性，减少无关内容的生成，降低后期修图成本。常见的不希望元素包括不相关的物体（如不协调的色彩和多余的背景元素：杂乱的场景、无关符号）。这有助于突出核心设计元素，强化主题风格的连贯性，确保生成的图像与品牌调性和文化内涵相一致。例如，设计“故宫文化”主题的冰箱贴时，避免出现现代高楼、地铁符号等不相关元素，以保持国风氛围的纯粹性，从而提升作品的艺术表现力和市场吸引力。

步骤 3 选择风格模型

在“模型商店”里搜索“剪纸”，就可以找到剪纸风格，同时我们可以把风格强度调整为 100%。强度值越大，剪纸的风格特征越明显。另外，模型库里还有很多类似的风格模型，也可以尝试其他风格模型。如图 5-9 所示。

步骤 4 生成图片

选择图片、放大分辨率、下载图片调整好设置之后，单击最下面的“立即生成”按钮，就得到了 4 张剪纸风插画图。可以看到每张图的细节略有差别，挑选一张最符合自己需求的即可。如图 5-10 所示。

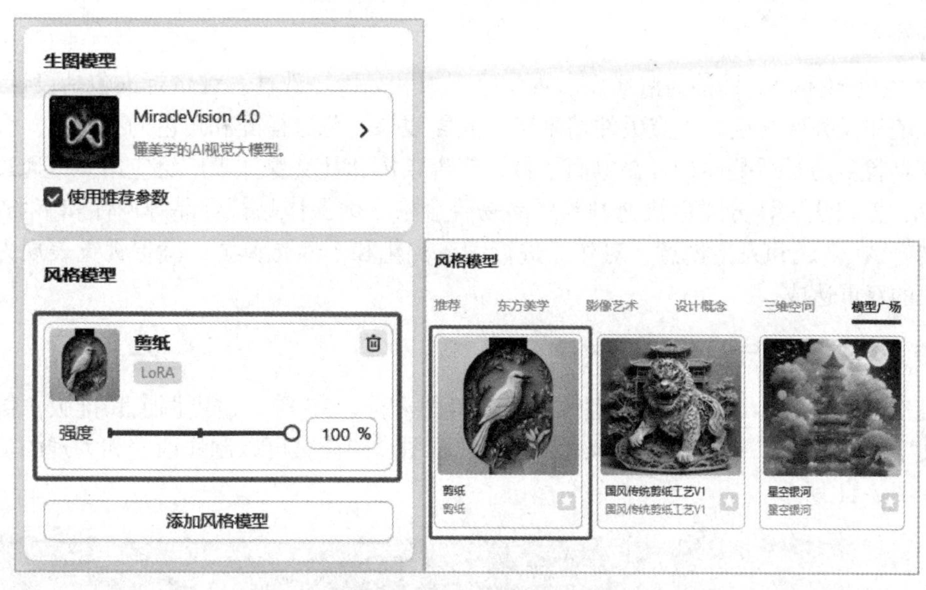

图 5-9　WHEE 选择风格模型界面

图 5-10　图片细化处理

内容辨析

AI 生成的插画应具备高清质感、视觉吸引力和品牌一致性。评价标准包括设计质量、技术规范和任务匹配度，重点关注清晰度、光影效果、色彩搭配和角色的独特性。合格的作品需具备多场景适配性，可在电商平台、广告宣传和社交媒体中广泛应用。可通过提示词清单、三问法和评分清单快速判断作品是否合格，确保作品符合品牌调性和市场需求。建议结合 AI 生成和人工创意，对作品进行细节优化和个性化调整，确保视觉表现力和商业价值的双重达成。

步骤 5　细化与调整后期效果

挑选合适图片，运用图像处理软件（如美图秀秀、PS 等）适当调色和排版，再添加标题文字，就得到了一张上海地标建筑的剪纸风图。同样，可以制作西安和大理的剪纸风图，如图 5-11 所示。

图 5-11　细化与调整后期效果

内容辨析

这个 AI 文创冰箱贴制作过程展示了如何使用 WHEE 等 AI 工具快速生成独特的城市插画。通过精心设计的提示词、选择合适的风格模型和后期处理，可以创作出既体现城市特色又富有艺术感的冰箱贴设计。这种方法既高效又富有创意，为旅行者和设计师提供了新的创作可能性。不过，在使用 AI 工具时，仍需注意版权问题和保持人工创意的独特性。

4. 迭代生成

方案 1：文案迭代

（1）文化深耕：深入挖掘家乡的历史渊源、文化传统和地理风貌收集具有代表性的文化符号、传说故事和视觉元素与当地文化专家和艺术家交流，获取独到见解。

（2）主题凝练：精选能彰显家乡特色的核心主题。可考虑传统节庆、历史古迹、民间艺术或自然景观等，确保主题既有文化深度，又有现代吸引力。

（3）创意升华：融合当代设计潮流，创新演绎传统元素运用色彩、构图和图形设计技巧，提升视觉冲击力注重细节处理，确保设计既现代又富有文化底蕴。

（4）AI 赋能创作：使用先进的 AI 设计工具生成初步概念和草图。通过精准的提示词引导 AI 创作，获取多样化设计方案结合人工创意，对 AI 生成的设计进行优化和个性化调整。

提示词示例

结合优化方案输入全新提示关键词选择高级创作，在提示词输入框内输入：[成都]+[熊猫、川剧变脸]+[卡通插画]+[拼贴构图]+[红绿对比]+[欢乐活泼]+[麻将元素装饰]+[手写体]。生成效果类似图 5-12 所示。

图 5-12　成都主题冰箱贴

方案 2：模型迭代

运用 Stable Diffusion 大模型加 lora 微调模型生成文创冰箱贴。打开 liblib AI 网站，单击“在线生图”，如图 5-13 所示，进一步控制图片生成的过程要素，减少 AIGC“幻觉”现象，选择基础算法大模型并输入提示词：no humans, cloud, sun, waves, ocean, sky, water, mountain, star (symbol), watercraft, moon, lighthouse, tower, scenery，最后选择文创徽章冰箱贴 lora 微调模型迭代生成，具体参数设置界面如图 5-14 所示。生成的文创冰箱贴最终效果如图 5-15 所示。

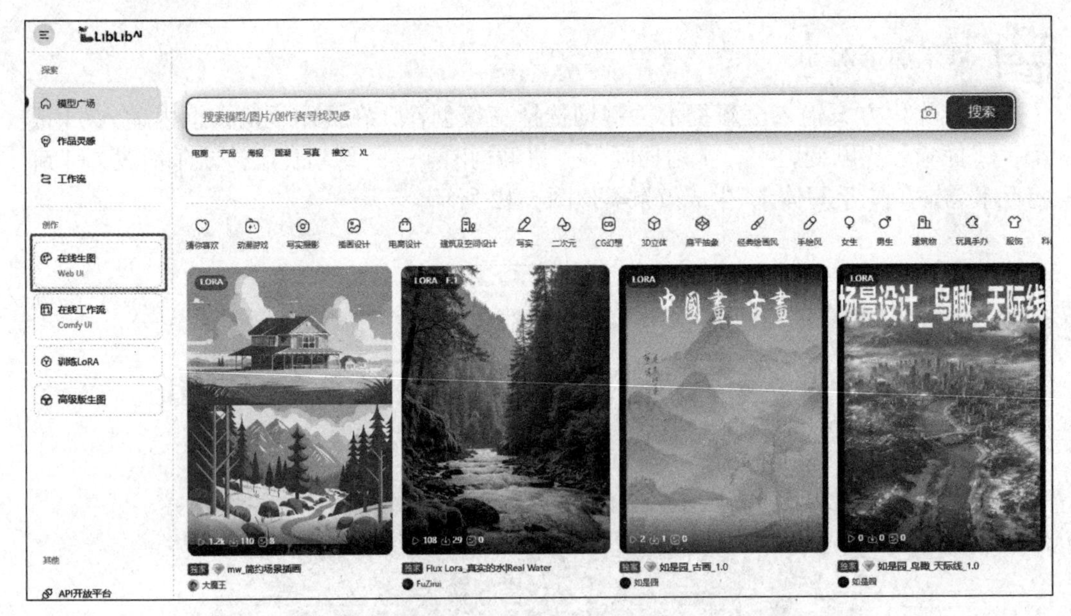

图 5-13　liblib　AI 首页

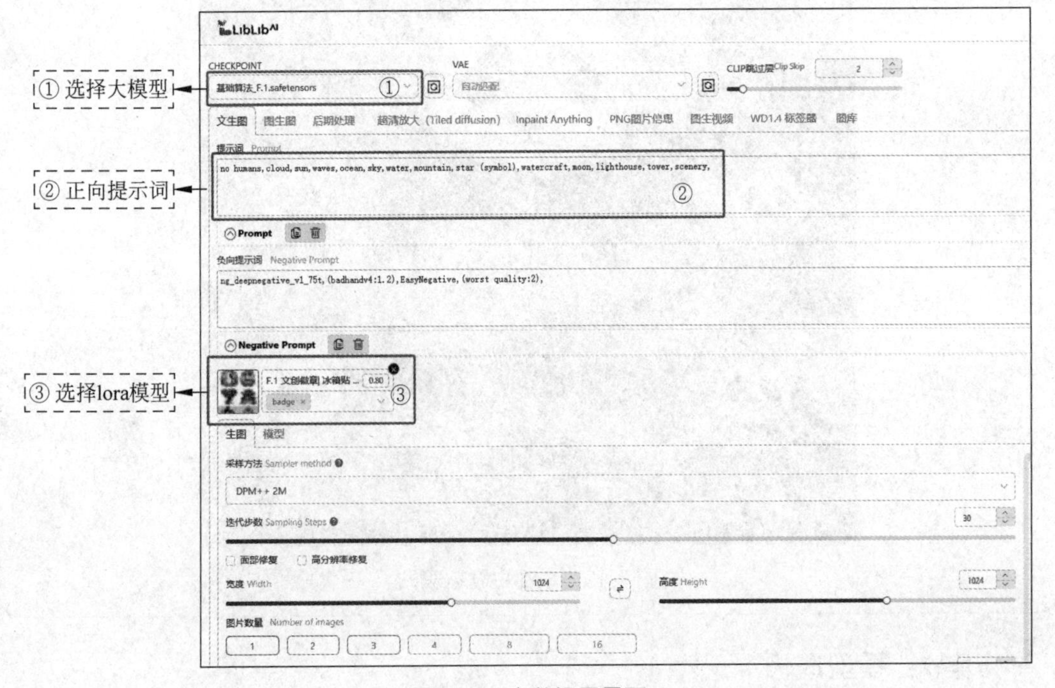

图 5-14　参数设置界面

图 5-15 创意主题冰箱贴

根据地方特色，综合运用各种创意手法个性化设计文创冰箱贴提示词。
提示词 1：________________
提示词 2：________________
提示词 3：________________
提示词 4：________________
提示词 5：________________

【精工巧匠正成长】：精益求精 大胆创新

创作文创冰箱贴时，我们要以创新的视角，发挥精益求精的工匠精神，大胆创新，反复打磨这张传递城市印象的“文化名片”。

以城市文化为主题，创作展示城市的特色文化与艺术魅力。如何结合城市文化元素与创新设计，创作出独具特色且能有效传播城市印象的文创冰箱贴？

练一练：以“我的家乡最闪亮”或“祖国大好河山”为主题，使用 AI 图像生成技巧，创作出独特而富有吸引力的家乡插画。

根据学习任务的情况，完成下述实训任务并开展评价，详见表 5-2。

表 5-2　练一练任务清单

<table>
<tr><td>任务名称</td><td colspan="2">AI 助力创作家乡主题插画</td><td>学生姓名</td><td></td><td>班　级</td><td></td></tr>
<tr><td>实训工具</td><td colspan="6">生成提示词工具：文心一言、通义千问等，用于设计插画的主题和创作思路提示词。
生成图像工具：WHEE AI、MidJourney，用于根据提示词生成家乡主题插画。
后期编辑工具：Photoshop、美图秀秀、Canva，用于对生成的插画进行细化调整、优化排版</td></tr>
<tr><td>任务描述</td><td colspan="6">以“我的家乡最闪亮”或“祖国大好河山”为主题，并设计提示词，使用 AI 图像生成工具（如 WHEE AI、DALL-E 等），创作一幅独特而富有吸引力的家乡主题插画。通过创作，学会从主题构思到图像生成的完整流程，掌握 AI 生成图像的操作技巧与艺术表达方法。最终生成的插画需体现家乡或祖国的文化特色和视觉美感</td></tr>
<tr><td>任务目的</td><td colspan="6">（1）掌握 AI 图像生成工具的基本使用方法，提升创意表达与设计效率。
（2）学习通过设计提示词精准指导 AI 生成符合主题要求的高质量插画。
（3）激发对家乡与祖国文化特色的艺术表达，培养设计美感与视觉表现力。
（4）理解从主题构思到图像生成的创作流程，增强创新实践能力</td></tr>
<tr><td colspan="7">AI 评价</td></tr>
<tr><td>序号</td><td colspan="2">任务实施</td><td colspan="4">评价观测点</td></tr>
<tr><td>1</td><td colspan="2">运用豆包生成家乡插画的关键要素</td><td colspan="4">提示词中是否包含清晰的主题关键词和完整的画面描述</td></tr>
<tr><td>2</td><td colspan="2">运用豆包生成家乡插画的提示词</td><td colspan="4">提示词中是否包含主题、风格和元素
等关键词</td></tr>
<tr><td>3</td><td colspan="2">运用 WHEE 生成家乡的插画</td><td colspan="4">提示词是否准确包含了主题、风格和具体元素等关键信息</td></tr>
<tr><td colspan="7">学生评价</td></tr>
<tr><td colspan="7">学生自评或小组互评</td></tr>
<tr><td colspan="7">教师评价</td></tr>
<tr><td colspan="7">教师评估与总结</td></tr>
</table>

任务 5.2　AI 助力生成电商产品图

AI 助训

电商产品图是吸引消费者注意力、提升商品转化率的重要工具。传统设计方式费时费力，而 AI 生成技术以高效与智能化的优势，成为电商领域的创新利器。通过一键生成高质量产品图、智能替换背景和多场景创意合成，AIGC 工具为商家和设计师提供了低成本、高效率的解决方案。

在本任务中，重点是掌握 AIGC 工具的产品图设计与优化技巧，包括光影调整、质感增强和批量生成能力。通过学习该技术，不仅可以大幅提升电商运营效率，还能探索更广泛的创意表达与商业变现路径，为创新创业提供有力支持。

提示词关键词：[研究对象] +[具体要素] + [具体方法或工具] +[研究对象]+[操作过程] +[研究目标]。

提示词示例：请分析电商产品图设计中的构图要素、色彩搭配、光影效果与场景创意的融合策略，并探讨如何使用 AIGC 工具优化产品图的设计流程，以提升品牌视觉表现力和市场传播效果。

分析与探讨

构图要素：

采用三分法、对称法和黄金比例等布局方法，突出产品的视觉焦点。通过前景、背景和中景的层次设计，增强画面的空间感和立体感。

色彩搭配：

使用品牌专属色、对比色和邻近色，突出产品的独特性和品牌辨识度。借助 AIGC 的智能配色工具，自动生成多套配色方案，满足平台多样化展示需求。

光影效果：

使用 AI 渲染自然的阴影、高光和反光，增强产品的立体感和质感表现。AIGC 工具可智能调整光影效果，匹配不同展示环境的光线需求，增强产品真实感。

场景创意：

通过虚拟场景建模和场景切换，展示产品的多场景适配性和使用情境。AIGC 工具支持一键生成多场景的产品展示图，满足电商平台的多元化场景需求。

AIGC 优化策略：

一键生成多版本产品图，自动调整光影、背景和场景，节省设计时间和成本。提高设计的灵活性和高效性，快速满足电商平台的多维度视觉营销需求。通过 AIGC 的赋能，设计师可高效生成多场景、立体感强、色彩鲜明的产品图，显著提升品牌视觉表现力和市场传播效果。

通过联网搜索功能，AIGC 能迅速搜索当下电商产品图设计的最新趋势和实用知识，并生成详细的设计要点总结。使用 AI 的信息搜索与总结能力，可以快速了解电商产品图的构图方法、色彩搭配原则、光影处理技巧和场景创意策略，为设计提供高效的灵感来源和创意参考。AIGC 工具还能自动生成批量化的产品图方案，通过一键生成多版本设计，帮助设计师快速完成产品展示图的设计与优化，大幅提升设计效率和品牌传播效果。

本任务将使用 AIGC 技术生成电商产品图，以高效展示产品特性和品牌形象为目标，实践 AI 辅助产品图设计与创作流程，如图 5-16 所示。首先，使用 AI 文生文功能生成产品图的场景提示词，然后用图像工具 Stable Diffusion 生成电商产品的蒙版，再输入提示词，生成初步的多版本产品效果图。进行精细化调整，包括质感优化和色彩修正，确保图像的一致性和视觉冲击力。最后，将产品图适配于多平台展示，如电商平台、社交媒体广告和品牌官网，并添加 LOGO、水印和产品描述文字，确保图像的多场景适配性和品牌传播效果，助力品牌曝光率和销售额的提升。

图 5-16　AI 辅助的产品图设计与创作流程

1. 生成电商产品图的提示词

打开文心一言、豆包、Kimi 等大模型平台，以文生文的方式创设电商产品图的场景提示词。

提问关键词：产品类型 + 数量约束 + 场景设置 + 细化要求

在本任务中，首先通过输入关键提示词（如“极简风洗面奶瓶身设计”“3 个视角展示”“浴室背景”和“光影真实自然”）在 AIGC 平台生成初步的提示词，并根据细化要求（如瓶身高光、质感清晰、品牌 LOGO 显著等）调整生成提示词。

提示词示例

设计一款瓶身简约的洗面奶产品，展示在浴室台面上，背景是清晨阳光洒在植物旁的自然场景。瓶身材质带有轻微高光，显现出细腻的质感，搭配水珠增强真实感，LOGO 和产品文字清晰显著。生成 5 张图，适配电商广告和社交媒体的宣传需求。

洗面奶产品图设计方案

一款瓶身简约的洗面奶产品，以极简风格与自然清新为核心，展示在自然环境中的日常使用场景中。背景设置为清晨的阳光洒在绿植旁，自然温暖的氛围增强视觉治愈感。瓶身采用细腻的高光质感材质，展现出高级的产品质感，并在瓶身表面搭配水珠效果，模拟真实的使用环境，增加产品的清新自然感。LOGO 和产品文字清晰显著，确保品牌辨识度。通过 AIGC 生成 5 张多场景展示图，每张图适配于电商平台、社交媒体广告和品牌官网，展示不同的场景氛围和光影效果，强化产品的市场竞争力和品牌传播力。

内容辨析

通过 AIGC 生成电商产品图，能够提高效率和精度，但也可能缺乏创意和情感深度，尤其是在展示品牌独特性和情感共鸣方面。AI 的自动化生成依赖于输入提示词，可能无法捕捉产品背后的文化和情感细节。因此，人工设计与 AI 生成的结合，尤其是在个性化和品牌化的过程中，仍然至关重要。

学生自主设计提示词：________________________________

____

2. 生成电商产品图

本步骤以“设计一款瓶身简约的洗面奶产品，以极简风格和自然清新为核心，展示在自然环境中的日常使用场景中。背景设置为清晨的阳光洒在绿植旁，自然温暖的氛围增强视觉治愈感。”提示词为例，开始创作电商产品图。这句话表现的是以极简风格与自然清新为核心，展示在自然环境中的日常使用场景中。背景设置为清晨的阳光洒在绿植旁，自然温暖的氛围增强视觉治愈感。

步骤 1　选择 AI 生成电商产品图

根据提示词生成图像。

打开 Liblib AI 创作平台，在首页单击“在线生图”，如图 5-17 所示。

图 5-17　Liblib　AI 创作平台首页

步骤 2　生成产品的蒙版

选中 Inpaint Anything 插件，如图 5-18 所示。Inpaint Anything 插件的主要功能是进行图像要素分割、抠图、建立蒙版和进行物体替换。在 AI 生成电商产品图中，主要使用 Inpaint Anything 插件建立蒙版。在分割区域，用户可以通过调整笔刷大小和涂抹需要分割的区域来创建蒙版。蒙版可以是高亮区域为白色，其他区域为黑色的形式，方便后续处理。

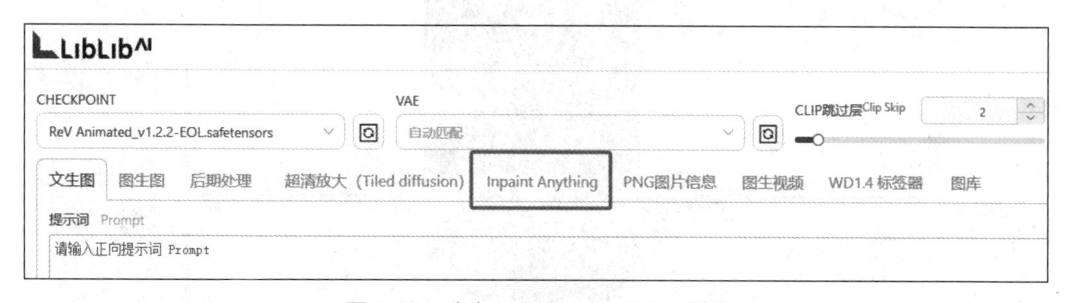

图 5-18　选中 Inpaint　Anything 插件

将产品图拖入图片区域。单击运行 segment Anything，旁边出现色块之后，可以用鼠标选择产品相关的一个色块，如图 5-19 所示。

然后依次单击下方的反转蒙版与创建蒙版。此时产品区域将变成黑色，如图 5-20 所示。

选择获取蒙版，整个产品的区域将变成黑色。此时单击发送到图生图，如图 5-21 所示。

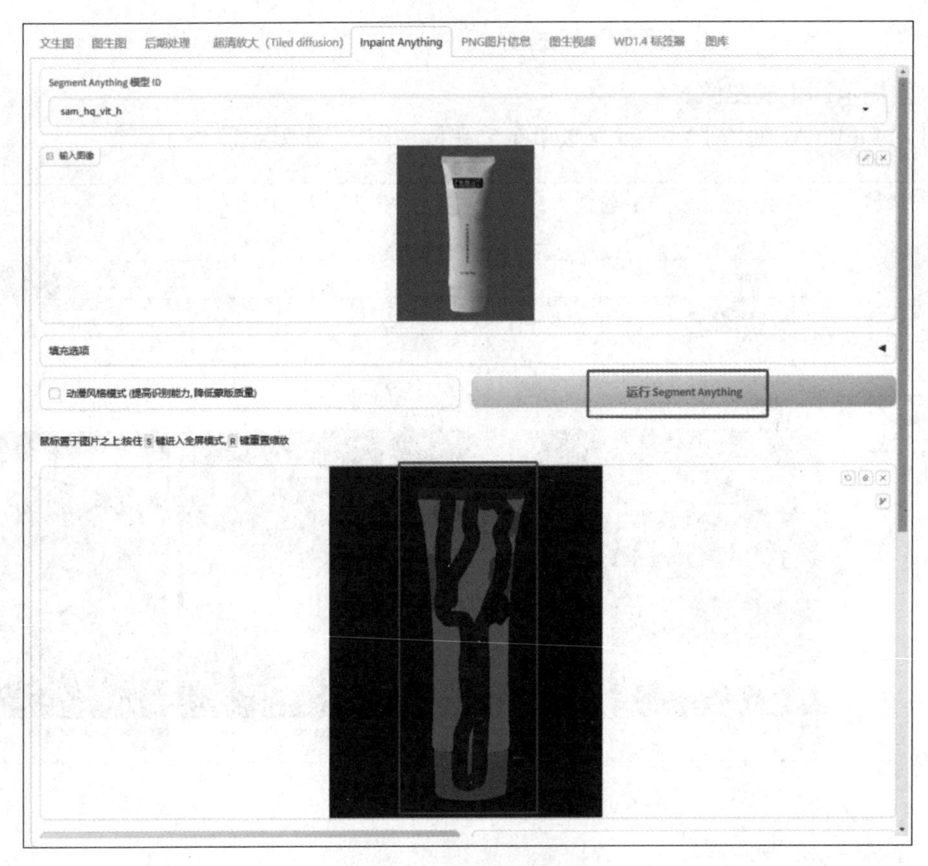

图 5-19　参数设置界面

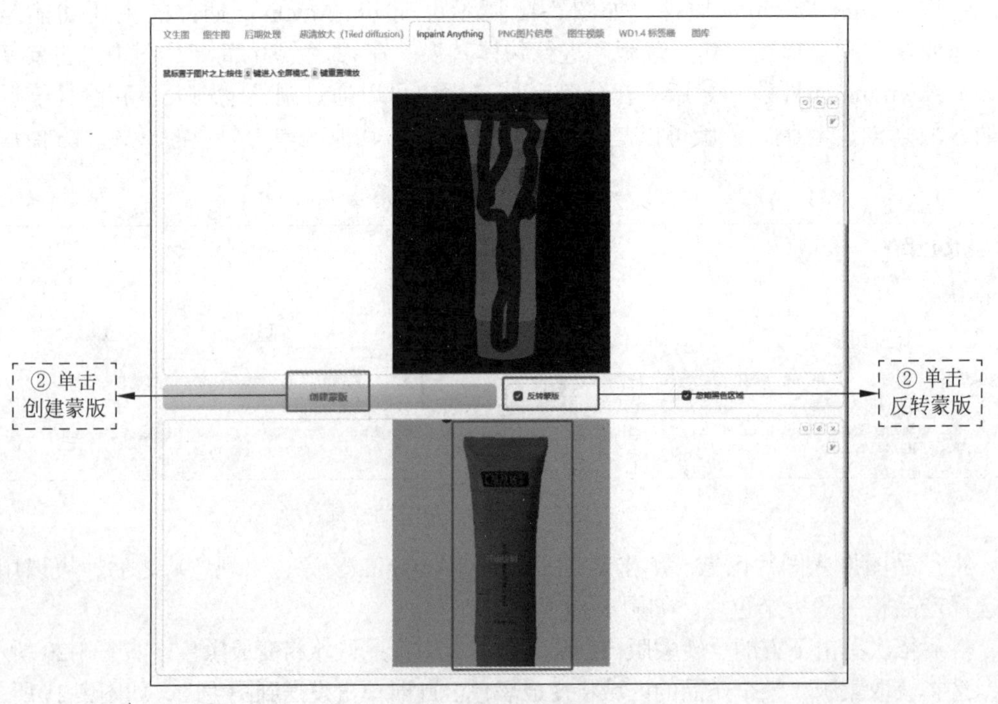

图 5-20　反转蒙版与创建蒙版

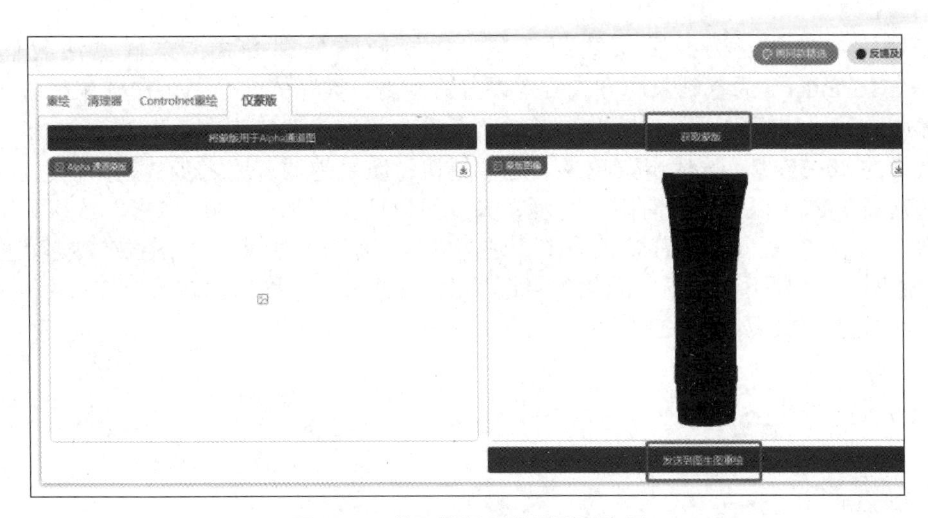

图 5-21　获取蒙版和发送到图生图

步骤 3　其他参数设置

在图生图页面，产品和对应的蒙版已经自动发送至“重绘蒙版”区域。接下来选择一个合适的真实系大模型。正向提示词输入前边生成的：facial cieanser, pure sky background, still life, one white bottle, splash, Surrounded by colorfulfowers and ornges, high quality, camer, <lora：美妆场录 v4：0.7>，负向提示词我们选择一个常用的 NSFW、(worst quality：1.3)、(low quality：1.3)、(normal quality：1.3)，如图 5-22 所示。

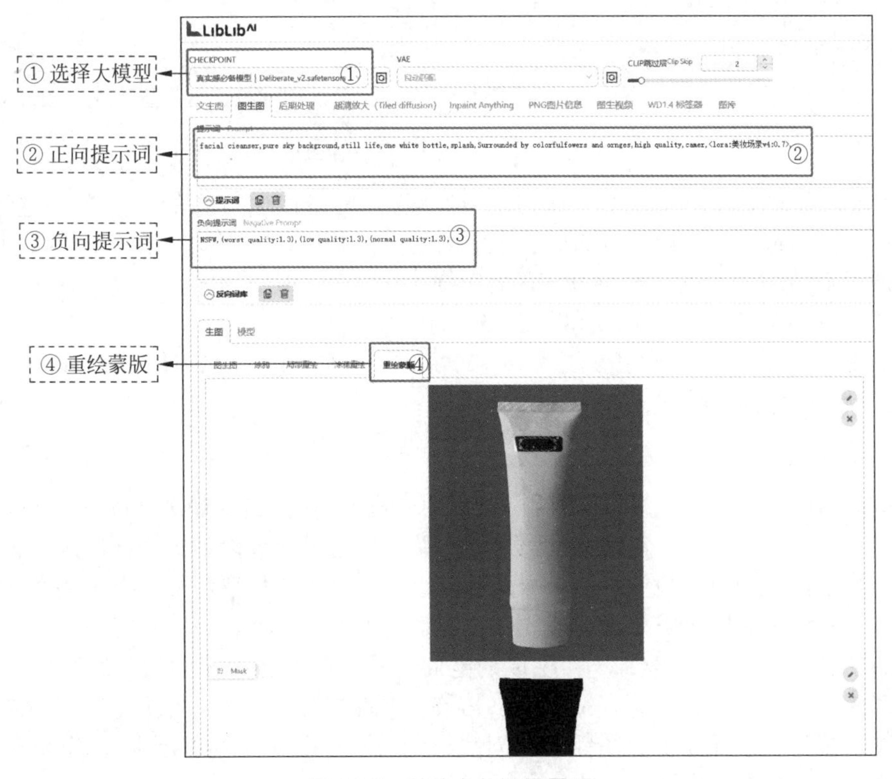

图 5-22　其他参数设置界面

在生成参数中，选择重绘蒙版区域。选择原图处理方式，采样方法我们选择 DPM++2M、Euler a 为基础采样方式，效果普适性高，推荐体验 DPM++2M 采样方式，更快更优质，其他采样方式以该模型作者详情页推荐为准。迭代步数可以调至 30 步，建议使用最优的 20~35 步。迭代步数越少，速度越快，质量越低；反之步数越高，速度越慢，但质量越高。40 步以上提升有限。宽度、高度可以适当增加至 1000 像素。然后重绘幅度设置为 1。低重绘幅度意味着修正原图，越高的重绘幅度对放大后的图像改变越大。0 不会改变原图，0.3 以下会基于原图稍微修正，超过 0.7 会对原图做出较大改变，1 会得到一个完全不同的图像，如图 5-23 所示。

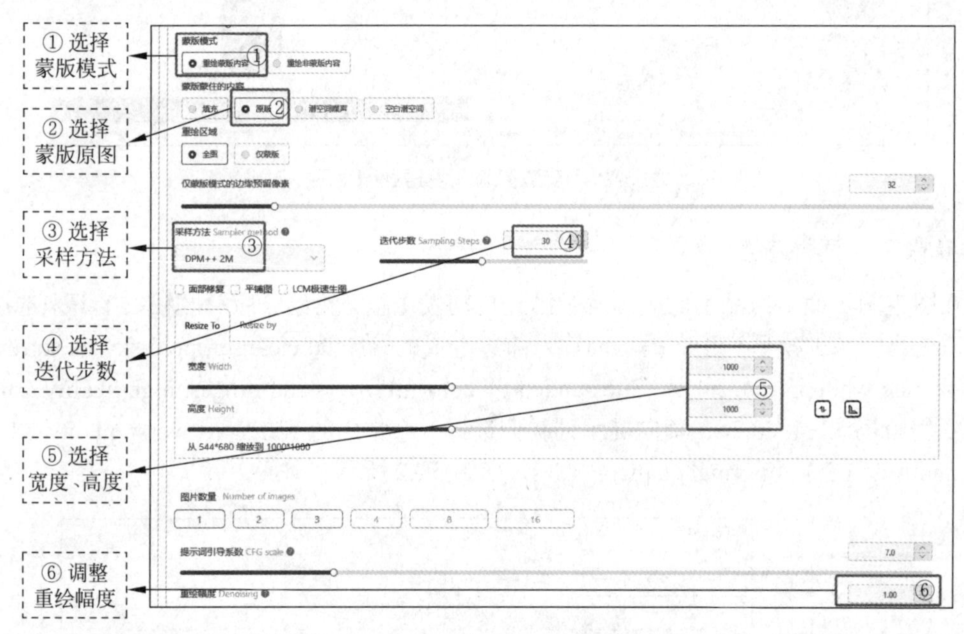

图 5-23　生成参数设置界面

在 Controlnet 中选中“启用”和“完美像素”，可以使用自己的产品图来进行控制，这里的控制方式选择硬边缘。因为要一个清晰的产品外形。下面的参数可以把低值设置为 50，更好识别精细的线条。把高值设置为 100，更精细地识别的线条。设置好后，在最上面单击“生成”按钮，如图 5-24 和图 5-25 所示。

最后挑选合适图片，运用美图秀秀、Photoshop 等图像处理软件，适当调色和排版，就得到了最终的电商产品图，如图 5-26 所示。

内容辨析

在此次 AI 生成电商产品图的过程中，借助先进的 AI 工具，如 Stable Diffusion，能够快速生成符合品牌定位且具备视觉吸引力的产品图。通过精准设计提示词，选择合适的风格模板，并进行后期细致调整，设计师能够创造出既具备品牌特色又具有市场竞争力的产品形象。此方法不仅显著提高了设计效率，还激发了更多的创意灵感，有力地支持了电商平台上的产品推广和广告宣传。AI 生成的电商产品图能够适应不同的应用场景，包括社交媒体宣传、广告素材和品牌官网展示，拓展了产品的营销路径。然而，使用 AI 工具时仍需关注版权问题，确保生成图像的原创性与合法性。设计师应结合 AI 创作与自身的创意，确保产品图的独特性与长期吸引力。

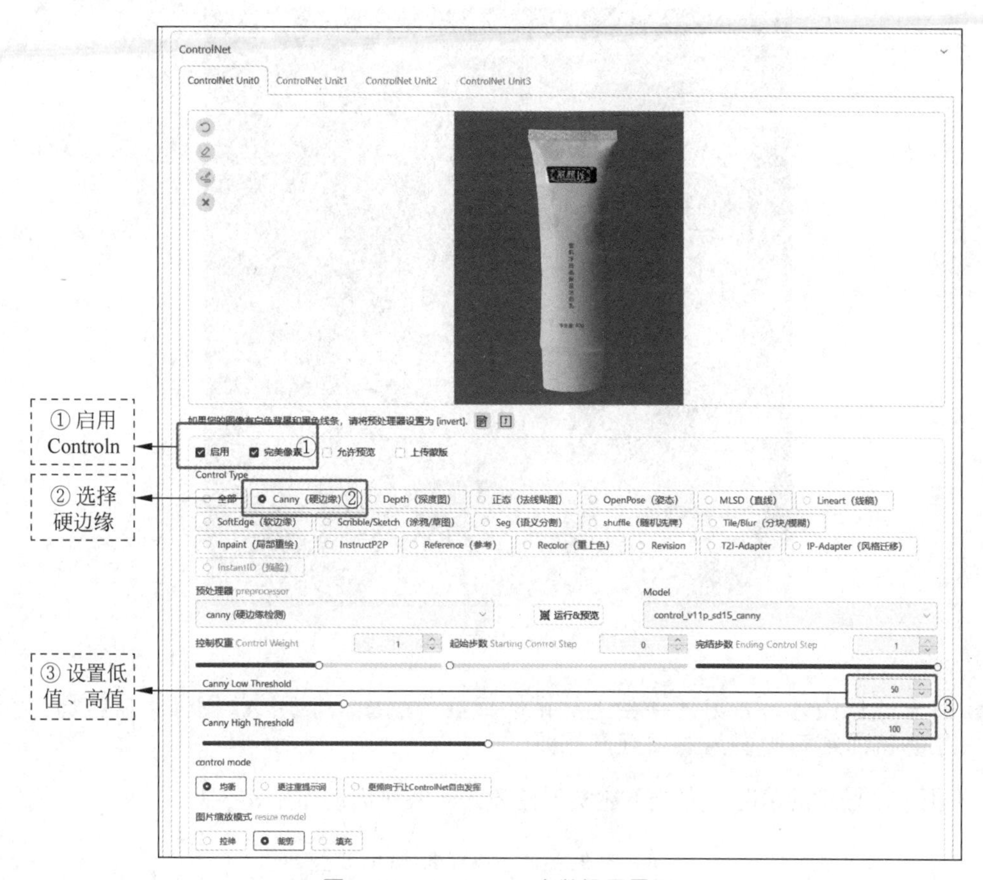

图 5-24　Controlnet 参数设置界面

图 5-25　生成界面

图 5-26　电商产品图

练一练：设计一款电商平台上热销的口红产品图，使用 **AI** 图像生成技巧，创作出独特而富有吸引力的口红产品图。

根据学习任务的情况，完成下述实训任务并开展评价，详见表 5-3。

表 **5-3**　练一练任务清单

<table>
<tr><td>任务名称</td><td colspan="2">AI 助力创作口红产品图</td><td>学生姓名</td><td></td><td>班　　级</td><td></td></tr>
<tr><td>实训工具</td><td colspan="6">生成图像工具：WHEE AI、Stable Diffusion、MidJourney，用于生成口红产品的初步图像。
提示词设计辅助工具：ChatGPT、文心一言、通义千问，用于优化提示词内容。
图像编辑工具：Photoshop、美图秀秀、Canva，用于后期优化光泽、背景和细节展示</td></tr>
<tr><td>任务描述</td><td colspan="6">运用 AI 技术创作一款口红产品图，结合消费者对色彩、质地和包装的偏好，明确高档、现代的设计方向。设计适当的提示词，并使用 AI 图像生成工具生成初步图像。通过优化光泽效果、色彩饱和度、细节展示、背景和光影调整，增强产品的视觉吸引力。最终完成一张适配电商平台、社交媒体广告和品牌官网展示需求的高质量产品图，提升品牌形象和市场传播效果</td></tr>
<tr><td>任务目的</td><td colspan="6">（1）掌握 AI 图像生成工具的使用方法，提升产品图设计效率与创意表现能力。
（2）学习根据消费者需求设计提示词，引导 AI 生成符合市场需求的高质量图像。
（3）通过优化产品图细节、光影和背景，增强商品的视觉吸引力和商业价值</td></tr>
<tr><td colspan="7">AI 评价</td></tr>
<tr><td>序号</td><td colspan="3">任务实施</td><td colspan="3">评价观测点</td></tr>
<tr><td>1</td><td colspan="3">结合消费者偏好，明确口红的颜色、质感、包装和背景风格，编写详细提示词，用于引导 AI 生成图像</td><td colspan="3">提示词是否清晰包含产品的颜色、质感、包装和背景风格等关键信息</td></tr>
<tr><td>2</td><td colspan="3">使用 AI 图像生成工具生成初步图像，调整光泽、色彩饱和度和背景，确保产品图具有视觉吸引力</td><td colspan="3">生成图像是否符合设计方向，并在光泽、色彩饱和度、背景等方面达到视觉吸引力要求</td></tr>
<tr><td>3</td><td colspan="3">通过图像编辑工具微调细节，适配电商平台、社交媒体广告和品牌官网的展示需求</td><td colspan="3">图像是否经过有效微调，并适配电商平台、社交媒体广告和品牌官网的展示需求</td></tr>
</table>

续表

学生评价
学生自评或小组互评
教师评价
教师评估与总结

任务 5.3　AI 助力设计 IP 角色形象

AI 助训

随着 AI 技术，特别是 AIGC 技术的进步，设计师能够快速生成具有鲜明文化主题和个性特征的 IP 角色形象，极大地降低了设计周期和成本。传统的 IP 角色设计依赖人工创作，既费时又昂贵，而 AIGC 通过智能优化和快速迭代，帮助设计师在短时间内生成多种创意方案，确保创新性和市场吸引力。

本任务运用 AIGC 技术设计 IP 角色形象，结合文化主题和个性特征，快速生成并优化角色形象。相比传统设计，AIGC 大幅缩短了创作周期，降低了成本，同时提供多元化和创意十足的设计方案，有效提升角色的市场吸引力和商业价值。通过智能化生成，设计师可以专注于创意和市场定位，推动文化传播和商业变现。

提示词关键词：研究对象 + 具体要素 + 具体方法或工具 + 研究目标

提示词示例：请分析 IP 角色形象设计中的外观特征、配色方案、动态表情与文化元素的融合策略，以及如何使用 AIGC 工具优化角色设计过程以增强文化传播效果。

分析与探讨

1. 外观特征

IP 角色形象的外观特征是吸引观众的第一要素，需结合目标文化的核心象征，如服饰风格、发型、配饰等，体现地域文化或主题特色。比如在乡村振兴主题中，可以融入稻穗、农具、传统手工艺符号。

2. 配色方案

配色方案直接影响角色的情感表达与文化认同。需要结合主题色彩的心理效应和文化象征意义。例如，红色可以象征热情与生命力，绿色可传递自然与希望，具体应用中需注重整体协调。

3. 动态表情

角色的动态表情提升亲和力与表现力，需根据目标受众和应用场景，设计具有情感互动效果的表情，例如微笑传递温暖，眨眼表达调皮，同时要保持角色风格一致性。

4. 文化元素的融合策略

文化元素是 IP 角色的灵魂，应在外观设计、配色与动作表现中深度融合。例如，将传统节庆元素转化为角色的服饰或配件，使用文化符号强化角色辨识度与传播力。

通过联网搜索功能，AIGC 能迅速地搜索当下 IP 角色形象设计知识并做出总结，使用 AI 的信息搜索与总结能力可以极大地提升工作效率。

【文化传承】："我爱我的祖国""我的家乡最闪亮"。

乡村振兴主题的 IP 角色设计以传承和展现乡村文化精髓为核心，结合自然生态、人文历史和现代发展特征，赋予角色丰富的文化内涵。通过融入农耕文化、传统工艺、节庆习俗等元素，角色形象不仅体现乡村的历史记忆，也体现出新时代乡村的活力与创新。角色拟人化设计增强了亲和力，让乡村文化以生动、有趣的形式传播，推动其在数字时代的传承与创新发展。

如何通过乡村振兴主题的 IP 角色设计，将乡村传统文化与新时代精神相结合，生动展现乡村的文化魅力和社会价值?

本任务将使用 AIGC 技术辅助设计 IP 角色形象，以"乡村振兴"为主题，结合地域文化和情感特质构建角色原型，流程如图 5-27 所示。首先，通过文化调研提炼设计方向与核心元素，包括角色的外观特征、服饰风格、配色方案和动态姿态。随后，使用 AI 图像生成工具 Stable Diffusion 生成初步的角色形象，并结合专业图像编辑软件对生成结果进行调整与优化，如细化角色的五官表情、动作细节和背景元素。最后，赋予角色完整的故事背景，并设计其在多场景应用中的表现形式，包括表情包、动画、文创周边等，确保角色的传播力和文化内涵兼备。

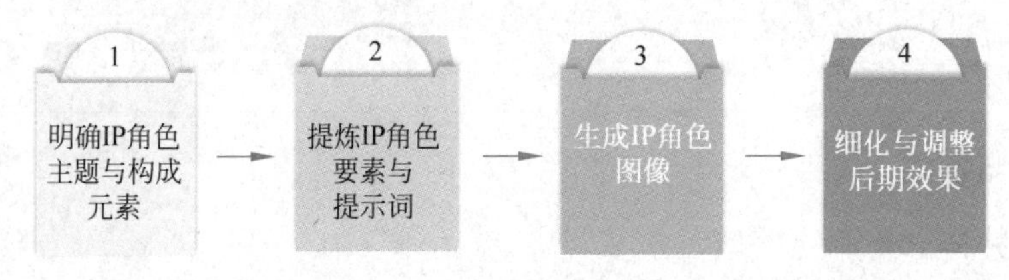

图 5-27　使用 AIGC 技术辅助设计 IP 角色形象流程

1. 明确 IP 角色的主题与构成元素

步骤 1　确定 IP 角色的主题与文化元素

以"新农人"为主角，展现新时代农村发展和乡村振兴的生机活力。通过角色设定传递积极向上、创新进取的精神面貌，同时融入传统农耕文化的精髓。

传统农耕文化，融入二十四节气、农谚、传统农具等元素，体现中国农耕文明的深厚底蕴。将传统智慧与现代农业科技相结合，展现农业发展的传承与创新。乡土情怀，融入具有地方特色的民俗文化、建筑风格、农产品等元素，突出乡村特色与地域文化。通过这些元素增强角色的文化认同感与归属感。现代农业元素，加入智慧农业、生态农业、休闲农业等现代农业发展形态，展现乡村振兴中的科技创新与产业升级。乡村生活气息，融入农村生活场景、民间工艺、农家院落等元素，营造浓郁的乡村生活氛围，展现新农村的和谐与美好。

步骤 2　构建“新农人”IP 角色设计元素

使用文心一言或其他 AI 助手，了解设计“新农人”IP 角色需要哪些关键设计元素，并整理出一个全面的元素清单。

提示词关键词：专业身份 + 具体任务 + 输出形式 + 内容范围 + 专业要求

提示词示例

作为一名经验丰富的 IP 角色设计师，请详细列出构建“新农人”IP 角色设计所需的所有关键设计元素，并将这些元素整理成一个全面而系统的清单。请确保涵盖外观特征、表情设计、配色方案、文化符号、应用场景、艺术风格等各个方面的要素。

构建“新农人”IP 角色设计的关键设计元素清单

1. 外观特征

角色形象：现代感十足的青年形象，充满健康活力，结合城乡融合的特色。身形设计：匀称健康，展现劳动者的积极形象。服饰：主体：现代农装（如连体工作服）融入乡村传统纹样（如稻穗图案、田园元素）。配件：科技化元素（智能手套、护目镜）与农耕工具（如小型锄头或智能设备）结合。发型：自然且简洁，突出劳动者的真实感（如短发或简单扎发）。鞋履：实用型设计，适应田间劳作场景。

2. 表情设计

基础表情：微笑（传递亲和力）、专注（表现对工作的热情）、满足（丰收场景）。动态表情：互动式情绪变化，如惊喜、思考、庆祝等。细节表现：温暖的眼神、略带腮红的健康肤色，强调真实感与贴近性。

3. 配色方案

主色调：绿色：象征自然、希望、活力，作为主基调。棕色：表现土地与朴实感。辅助色调：黄色（象征丰收与能量）。蓝色（科技现代感）。点缀色：橙色或红色，用于小面积装饰，增加视觉吸引力。

4. 文化符号

传统符号：稻穗、麦穗、梯田等农业元素。民俗图案（剪纸、刺绣样式）。现代符号：智能农业设备（无人机、传感器）。乡村振兴标语或图形化元素（如太阳、麦田的抽象化设计）。

5. 应用场景

传播途径：数字平台：短视频、社交媒体宣传海报、动画角色。线下活动：乡村振兴展览、宣传手册形象大使。文创产品：盲盒玩偶、钥匙扣、帆布袋、贴纸等日常使用类产品。教育用途角色，适用于宣传视频或儿童书籍。

6. 艺术风格

整体风格：卡通化拟人设计，具有亲和力与年轻化特征。细节表现：简洁的线条设计，强调主要特征。圆润的造型，体现角色的可爱风格。背景风格：干净背景与场景化设计结合，背景元素如田野、乡村小屋、果园。

7. 创意元素

角色互动：拟人化动物伙伴（如一只聪明的田园犬或喜鹊）。动态效果：表情和肢体动作动画化处理，增强趣味性与表现力。标志性细节：独特装饰（稻穗项链、工具挂件）增加角色辨识度。

总结

通过外观特征、表情设计、配色方案、文化符号、应用场景和艺术风格的系统化构建，“新农人”IP 角色将展现现代乡村的活力与希望，具有强大的文化传播力与商业应用价值。

内容辨析

这份“新农人”IP 角色设计元素清单体现了传统与现代的巧妙融合。通过将现代农业科技元素与传统农耕文化符号相结合，塑造出一个既亲和可爱又充满活力的新时代农民形象。设计中注重实用性与美感的平衡，运用绿色、棕色等自然色调搭配科技感的蓝色，角色设计既保留了农民朴实本色，又展现出新时代农民的精神面貌，能有效连接城乡文化，助力乡村振兴。在应用场景上充分考虑了线上线下多渠道传播，具有较强的商业转化潜力和社会影响力。这一 IP 设计体系完整、细节丰富，很好地诠释了新农人积极向上的形象。这是否符合你的设计要求？请根据你的设计需求设计个性化提示词。

学生自主设计提示词：____

2. 提炼 IP 角色要素与提示词

步骤 1　提炼 IP 角色要素

IP 角色形象设计需要紧密结合特定的主题或场景，辨析 AI 生成内容的准确性和匹配性。根据设计需求，包括主题定位、外观特征、艺术风格和情感表达等关键元素。通过提炼这些要素，可以更清晰地构建贴合主题的角色设计框架，满足创意与实际应用的需求。

提示词关键词：[主题]+[角色特征]+[文化符号]+[艺术风格]+[配色方案]+[情感表达]+[细节描述]+[应用场景]

提示词示例

请提供一个全面的 IP 角色形象设计提示词关键词，涵盖关键元素和结构。同时，请提供多个多样化的示例，展示如何运用该公式创作出独特且吸引人的“新农人”IP 角色设计。这些示例应涵盖不同的主题、风格和目标受众，以充分展示公式的灵活性和适用性。

提示词关键词

[主题]+[角色特征]+[文化符号]+[艺术风格]+[配色方案]+[情感表达]+[细节描述]+[应用场景]

公式结构解析如下。

主题：明确角色的核心背景或理念（如乡村振兴、现代农业、环保科技）。

角色特征：定义角色的外貌、性别、年龄及核心特性（如健康、年轻化、科技感）。

文化符号：融入与主题相关的文化元素或符号（如传统图案、乡村景观）。

艺术风格：选择角色呈现的艺术风格（如卡通风、剪纸风、极简 3D）。

配色方案：设定角色的主色调与辅助色，突出视觉主题（如绿色象征自然）。

情感表达：突出角色的情绪与氛围（如亲和力、希望、活力）。

细节描述：强调特定的装饰或元素（如服饰、工具、背景）。

应用场景：定义角色的实际应用领域（如文创产品、动画形象、教育宣传）。

内容辨析

生成内容总体完整，覆盖了 IP 角色设计的核心要素和结构。公式逻辑清晰，示例丰富多样，展示了灵活性。但部分细节可以进一步深化，例如对性格特征和品牌延展的具体说明。示例内容略显单薄，建议补充更多差异化角色设定，并深化每个角色的独特性和冲突设计，以增强人物魅力。

请根据你选取的主题，设计提炼“新农人”角色设计要素的个性化提示词。

学生自主设计提示词：____

____

步骤 2 构建范例提示词关键词

合理选择内容要素，构建提示词关键词。

提示词关键词示例：[主题]+[艺术风格]+[构图方式]+[文化元素]+[色彩主题]+[情感氛围]+[创意元素]+[细节描述]

例如：IP，3D，三视图，前视图，侧视图，后视图，新农民，戴草帽的农民，黄色调，稻穗，可爱的表情，脸红，黑头发，超高清，干净的背景。

参考提示词如下。

（1）现代科技与乡村结合主题。

提示词：乡村振兴 + 青年形象，健康活力，性别中性 + 稻穗、梯田、智能农具 + 卡通拟人风格 + 绿色主调，黄色与蓝色点缀 + 友好且自信的微笑表情 + 稻穗挂饰、智能设备配件 + 适用于宣传海报和文创产品设计。

（2）面向儿童的乡村角色。

提示词：田园伙伴 + 小男孩形象，活泼好动 + 拟人化动物伙伴、果园背景 + 手绘卡

通风格 + 浅绿色、黄色、橙色为主调 + 欢笑与探索的动态表情 + 草帽、稻田图案背带裤 + 用于儿童教育和乡村盲盒玩具设计。

（3）未来感农业守护者。

提示词：智能农业先锋 + 性别中性，科幻风格 + 农田、无人机、智能农具 + 极简 3D 设计风格 + 蓝色和银色主调，绿色点缀 + 专注且坚毅的动态表情 + 科技护目镜、全息设备手环 + 适合未来农业科普动画和教育平台形象。

（4）传统文化与现代融合。

提示词：乡村文化传承者 + 女性形象，优雅自信 + 剪纸纹样、稻穗、梯田元素 + 水彩插画风格 + 棕色和米黄色主调，绿色点缀 + 温暖且平静的表情 + 手提编织篮、民族刺绣围裙 + 用于公益宣传和乡村文创冰箱贴设计。

（5）环保主题新农人。

提示词：绿色守护者 + 青年形象，简洁自然 + 植物纹样、太阳能装置 + 线条插画风格 + 绿色主调，米色与橙色辅助 + 亲和且专注的表情 + 手提环保工具包、太阳能草帽 + 用于环保主题乡村振兴推广与文创产品。

创作“新农人”IP 角色设计提示词关键词：________________________________

____

3. 生成 IP 角色图像

步骤 1　选择 AI 生成 IP 角色图像工具

根据提示词关键词，生成 IP 角色图像。

打开 Liblib AI 创作平台，在首页单击“在线生图”，如图 5-28 所示。

图 5-28　Liblib　AI 创作平台选择“在线生图”

步骤 2　AI 输入提示词

在正向提示词输入框内输入：IP，3D，三视图，前视图，侧视图，后视图，新农民，戴草帽的农民，黄色调，稻穗，可爱的表情，脸红色，黑头发，超高清，干净的背景（并使用页面右侧工具翻译为英文）。

在负向提示词输入框内输入：NSFW、畸形、身体不好、变异、丑陋、毁容、变异手、融合手指、畸形手、手指过多、斗鸡眼、脚不好、腿多、手和手指变异、肢体多、低分辨率、单色、扁平（并使用页面右侧工具翻译为英文）。如图 5-29 所示。

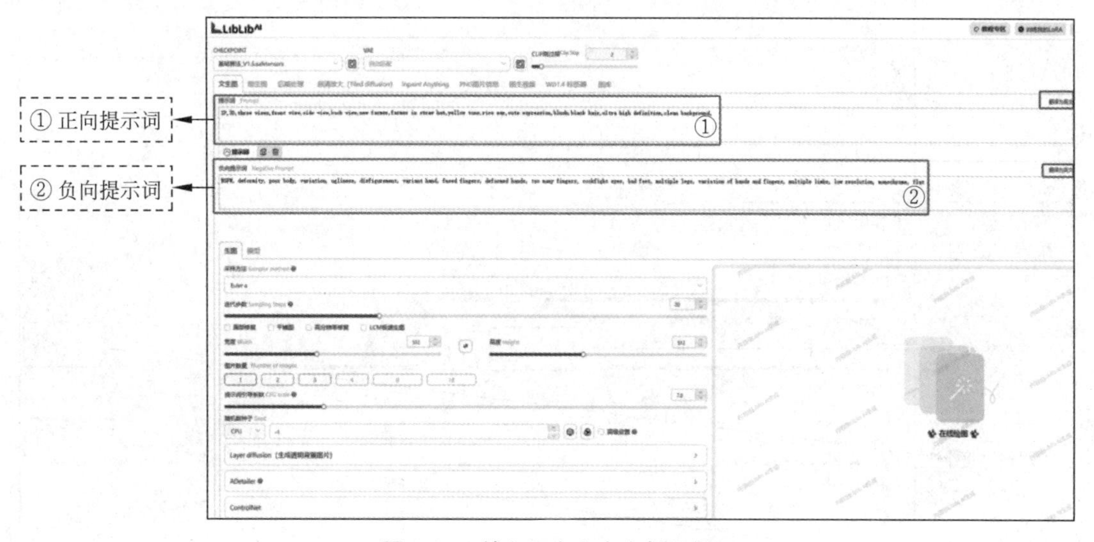

图 5-29　输入正向和负向提示词

步骤 3　选择风格模型和其他参数设置

在“模型广场”里搜索“二次元模型”，就可以找到麒麟 -revAnimated_v122，使用的就是这个风格模型。另外，大家也可以看到模型广场里还有很多类似的风格模型，也可以尝试其他风格模型。采用 Euler a 采样方式，效果普适性高。推荐体验 DPM++2M Karras 采样方式，更快更优质。其他采样方式以该模型作者详情页推荐为准。迭代步数 Sampling Steps 设为 25 步。迭代步数越少，速度越快，质量越低；反之步数越高，速度越慢，但质量越高。建议使用 20~30 步，40 步以上提升有限。提示词引导系数 CFG scale 设置为 7.0。过低或过高的 CFG 都会导致生图效果异常，推荐使用 5.0~7.5。宽度设置为 1024，高度设置为 512。如图 5-30 所示。

选择模型插件 Kong- 三视图 -view（强度 1.2）、3D 模型农场（强度 0.8）、Q 版角色 -niji 风格（强度 0.6）。在星标模型的模型广场中查找以上 3 个模型插件，如图 5-31 所示。

步骤 4　生成图片

调整好设置之后，单击旁边的按钮“开始生图”，就得到了 1~3 张 IP 角色 3D 设计图，可以看到每张图的细节略有差别，挑选一张最符合自己需求的即可。如图 5-32 所示。

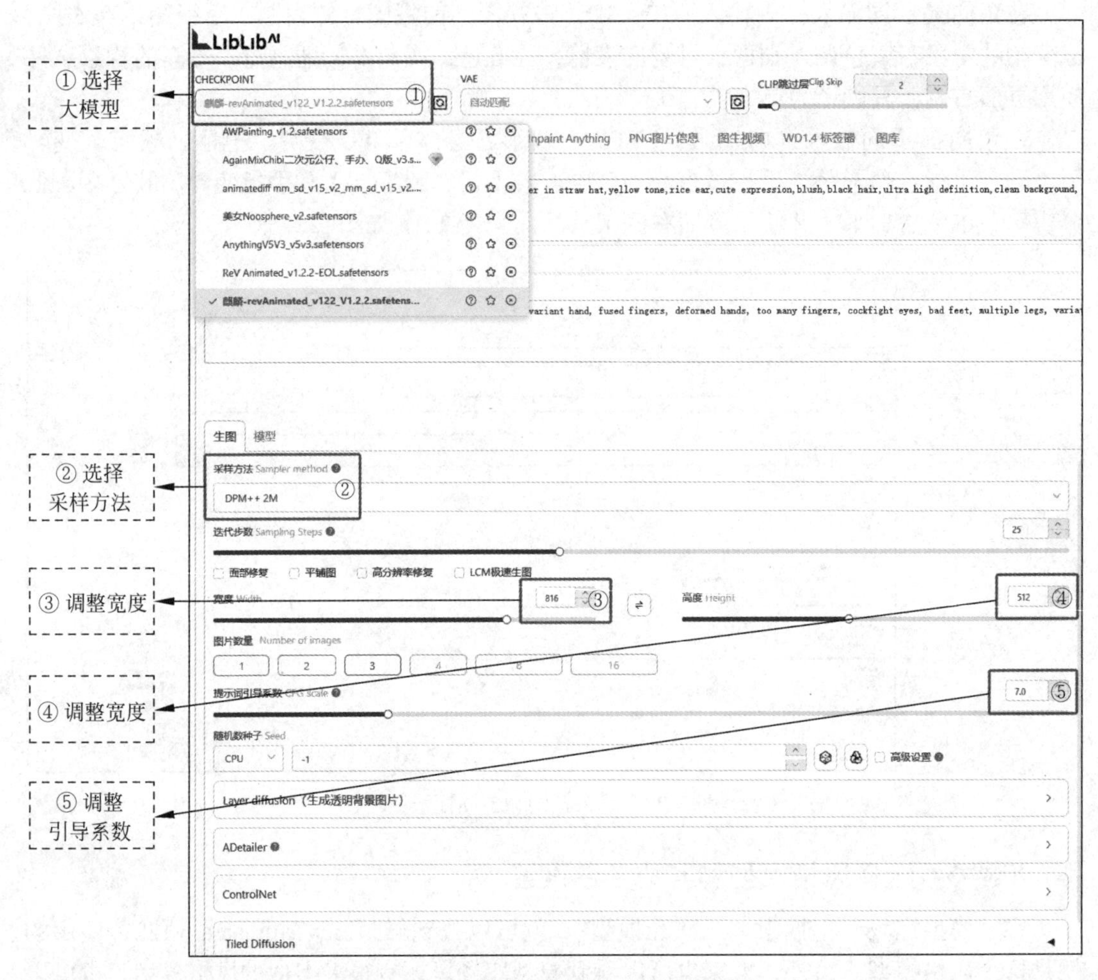

图 5-30　选择风格模型和参数设置界面

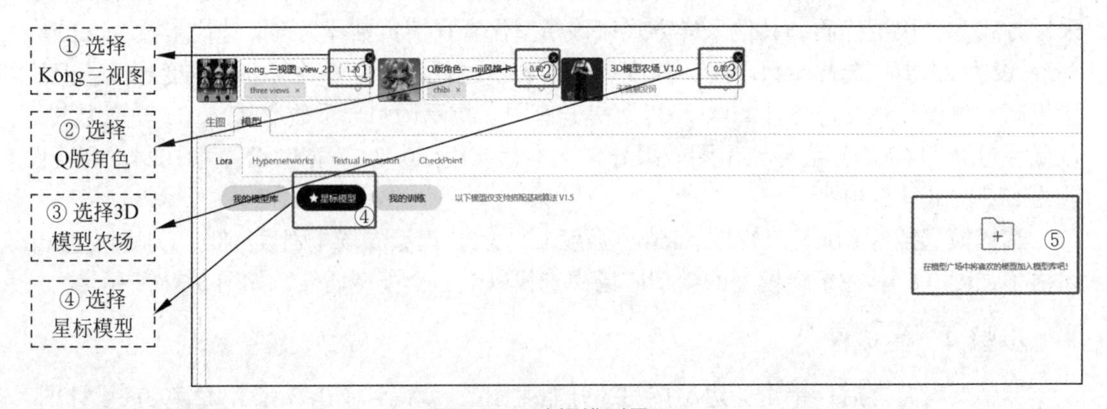

图 5-31　选择模型界面

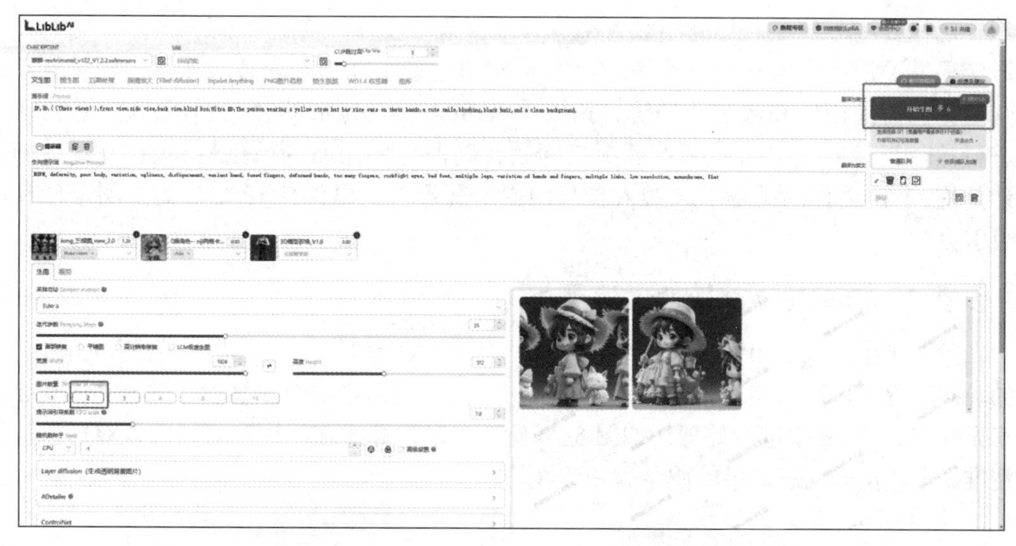

图 5-32　生成 IP 角色 3D 设计图

4. 细化与调整后期效果

步骤 1　筛选与细化

选择适合的图片，通过使用常用的图像处理软件，如美图秀秀、PS 等，对图片进行调色和排版修改，以确保图片的精美效果和设计样式。经过上述过程后，可完成一张完整的 IP 角色三维形象设计图，如图 5-33 所示。

图 5-33　细化与调整后期效果

内容辨析

在此次 AI 生成 IP 角色形象的过程中，展示了如何使用 Stable Diffusion 等先进的 AI 工具迅速创建独特且富有个性的角色形象。通过精心设计的提示词、选择符合角色特性的风格模型以及后期的细致调整，设计师能够生成既符合品牌定位又具备艺术魅力的 IP

形象。这种方法不仅显著提高了设计效率，还激发了更多的创意灵感，为品牌建设和市场推广提供了强有力的支持。此外，AI 生成的角色形象能够轻松适应多种应用场景，如动画制作、商品衍生和数字营销等，拓展了 IP 的多元化发展路径。然而，在使用 AI 工具进行角色设计时，仍需谨慎处理版权问题，确保生成作品的原创性和独特性。同时，设计师应在 AI 创作的基础上，融入自身的创意和理念，以保持 IP 形象的鲜明个性和持久吸引力。

步骤 2　ControlNet 控制网运用

在第一步中生成的 IP 角色形象通常呈现随机的人物动作。为了进一步精确控制 IP 角色的动态表现，可以启用 ControlNet 控制网。首先，选择合适的人物动态图，并将其导入至 ControlNet Unito 中进行处理，如图 5-34 所示。通过此操作，用户可以实现对角色动作的精准调节，提升动态效果的质量和一致性。

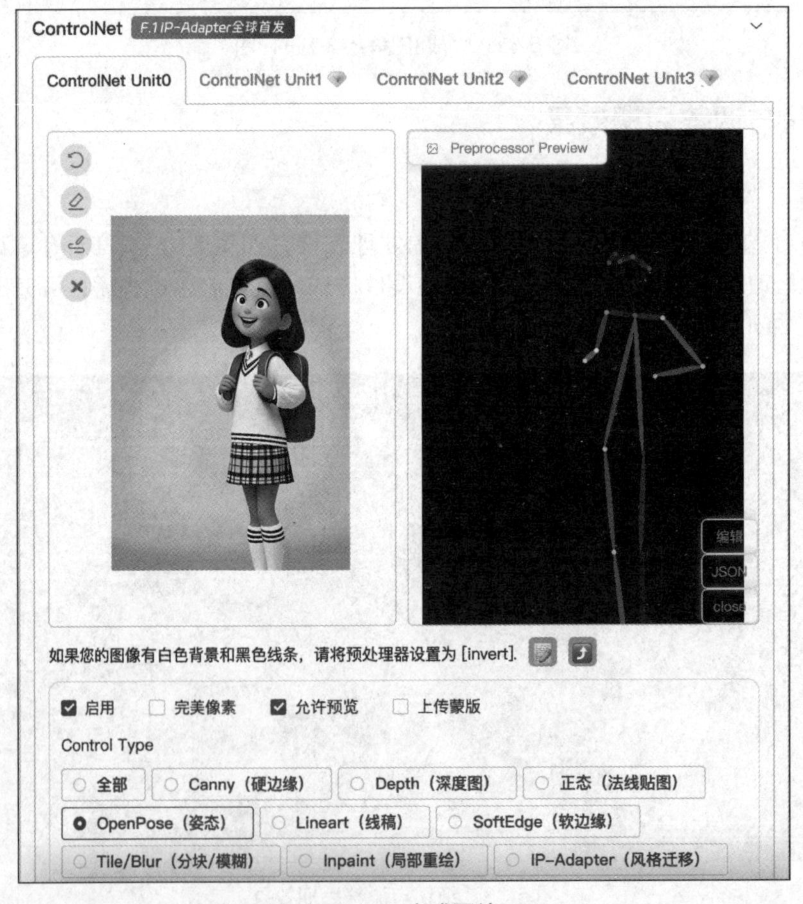

图 5-34　生成图片

单击启用并允许预览，接着在 Control Type 中选择并启用 OpenPose（姿态）。只有启用 OpenPose（姿态）功能，才能有效捕捉目标图像的动态信息。随后，选择预处理器中的 OpenPose（姿态）和 Model 中的 control_v11p_sd15_openpose 模型进行配置。完成设置后，单击“运行”按钮并查看预览，即可看到目标人物的动态线图，如图 5-35 所示。

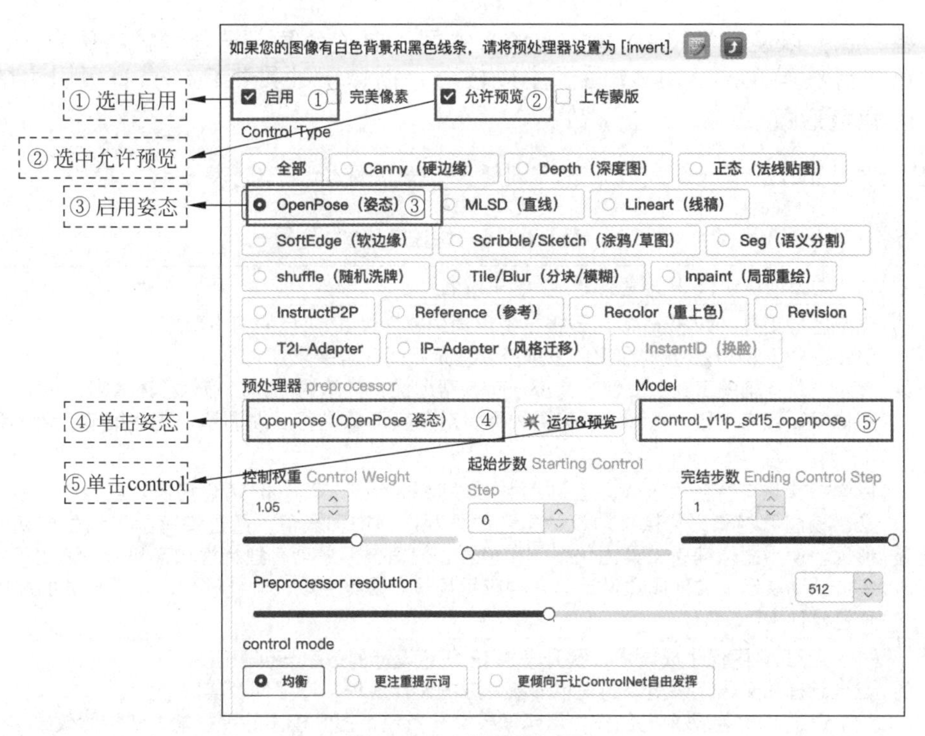

图 5-35　参数设置界面

完成前期设置后，单击页面顶部的“开始生成”按钮，系统将根据设定的动态参数生成 IP 角色形象的最终图像。生成的图像将展示设定好的角色动态效果，如图 5-36 所示。

图 5-36　设定动态的 IP 角色形象人物

练一练：以设计学校 IP 角色形象为主题，自主命题，结合学校的历史、文化特色和自然景观，运用 AI 图像生成技巧，创作出独具特色、富有吸引力的学校 IP 角色形象。

根据学习任务的情况，完成下述实训任务并开展评价，详见表 5-4。

表 5-4　练一练任务清单

<table>
<tr><td>任务名称</td><td>AI 助力创作学校 IP 角色形象</td><td>学生姓名</td><td></td><td>班　级</td><td></td></tr>
<tr><td>实训工具</td><td colspan="5">生成图像工具：WHEE AI 用于根据提示词生成学校 IP 角色的初步形象。
Stable Diffusion 提供多样化风格选择，满足不同创意需求。
提示词设计辅助工具：豆包、文心一言，帮助优化提示词内容，确保描述清晰、全面。
图像编辑工具：Photoshop、美图秀秀，对角色形象进行后期调整，优化细节、色彩和光影效果</td></tr>
<tr><td>任务描述</td><td colspan="5">以学校文化与特色为核心，运用 AI 图像生成技术创作学校 IP 角色形象。结合学校的历史背景、校园风貌和文化精神，设计角色的外观、服饰和表情，通过编写提示词生成初步角色形象。使用图像编辑工具优化细节和色彩，使角色形象具有独特性和亲和力，适用于校园宣传、活动展示及文创周边设计等多种应用场景。最终完成一个能够代表学校形象的高质量 IP 角色设计</td></tr>
<tr><td>任务目的</td><td colspan="5">（1）运用 AI 图像生成技术，提升学校 IP 角色设计的效率与创意表现力。
（2）掌握从文化元素提取到角色形象生成的设计流程，增强创意实践能力。
（3）通过 IP 角色形象的创作，展示学校文化特色，提升校园品牌影响力和传播效果</td></tr>
<tr><td colspan="6">AI 评价</td></tr>
<tr><td>序号</td><td colspan="2">任务实施</td><td colspan="3">评价观测点</td></tr>
<tr><td>1</td><td colspan="2">提取学校文化元素（如校徽、吉祥物、校训等）并设计详细提示词，指导 AI 生成角色形象</td><td colspan="3">评估是否准确提取学校文化元素并将其有效转化为 AI 生成的提示词，确保角色形象与学校文化契合</td></tr>
<tr><td>2</td><td colspan="2">使用 AI 工具生成初步角色形象，优化服饰、表情和配色，确保形象与学校文化契合</td><td colspan="3">观察生成的角色是否符合提示词要求，并根据需求对角色的服饰、表情和配色进行优化调整</td></tr>
<tr><td>3</td><td colspan="2">通过图像编辑微调角色形象，拓展其在校园宣传、活动展示和文创产品中的应用</td><td colspan="3">评估微调后的角色形象在不同应用场景中的适配性，确保其在校园宣传和文创产品中的实用性和传播力</td></tr>
<tr><td colspan="6">学生评价</td></tr>
<tr><td colspan="6">学生自评或小组互评</td></tr>
<tr><td colspan="6">教师评价</td></tr>
<tr><td colspan="6">教师评估与总结</td></tr>
</table>

AI 拓学

【AI 拓学】

1. 拓展知识

除了上述任务中的相关知识，我们还应使用 AIGC 进行拓展知识的学习，推荐知识主题及示范提示词见表 5-5。

表 5-5 项目 5 拓展学习推荐知识主题及示范提示词

序号	知识主题	示范提示词
1	产品效果图	局部重绘，图生图的局部重绘功能；Lora 模型使用
2	图像风格迁移	图像风格迁移是如何将一种艺术风格（如梵高的画风）应用到另一张图像（如现代照片）上，以创造独特的艺术效果
3	Midjourney 的特点与使用技巧	理解 Midjourney 的工作方式和使用流程

2. 拓展实践

（1）通过本项目的学习，你应该已经学会了 AIGC 图片生成的基本方法，熟悉了使用 AIGC 助力海报设计，以及插画的撰写。下面请你使用 AIGC 辅助完成以下任务，要求见表 5-6。

表 5-6 环保公益组活动海报和插画设计

任务情景	任务思路	任务要求
你是一名初级视觉设计师，刚刚完成了 AIGC 图片生成的学习模块，已经掌握了基本的 AI 文本到图像生成技巧，并能运用 AIGC 工具协助海报与插画创意设计。现在，你需要为一家环保公益组织的线上宣传活动设计一幅海报和一张插画，并用 AIGC 高级技术对插画艺术迭代精炼，实现独特风格、细节丰富、深度契合环保主题	使用 AIGC 工具，根据文本描述生成一张环保主题的海报草图，并对结果进行适当微调，使其符合宣传活动的需求	海报设计：以“守护地球，共创绿色未来”为主题，以自然元素为主，绿蓝色调。用 AIGC 生成海报并多轮微调
	使用 AIGC 生成一张配套的插画，用于社交媒体帖子与活动页面的视觉素材	插画创作：展现大树下人类与动物和谐共生场景，以艺术风格并借 AIGC 风格迁移、图生图提升插画的独特性
	使用 AIGC 高级绘画技术（如自定义训练模型、参数微调、多模态融合）对插画进行艺术迭代与精炼，创造更具独特风格、细节丰富且深度契合环保主题的高级作品	迭代生成：使用自定义训练与多模态等 AIGC 高级手法，对插画迭代精炼，凸显独特风格、细节与环保主题深度契合

（2）信息技术基础实践任务：使用 WPS 实现 PPT 的美化与制作。

【生成式作业】

【评价与反思】

根据学习任务的完成情况，对照学习评价中的“观察点”列举的内容进行自评或互评，并根据评价情况，反思改进，填写表 5-7 和表 5-8。

表 5-7　学生自主评价

观　察　点	完全掌握	基本掌握	尚未掌握
AIGC 绘画使用深度学习模型，从文本或图像输入中自动生成艺术作品原理			
常用工具包括 Stable Diffusion、WHEE、豆包，可快速产出多风格图像			
对已有图像进行风格迁移与局部重绘，提升艺术独特性			
多模态融合技术可整合文本与图像等信息，创建更丰富场景			
AIGC 绘画广泛应用于插画、海报、游戏原画和影视场景等创意领域			

表 5-8　学习反思

反　思　点	简要描述
学习了哪些知识?	
掌握了什么技能?	
还存在什么问题，有什么建议?	

学习画像

扫一扫左侧“学习画像”智能体，查看你的个人学习画像，做专属练习。

| 项目 6 |

声音的魔法：AIGC 与语音生成

【AI 导学】

项目 6
教学视频

音频丰富人生：快速创作智能声音

豆包 AI 视频配音

豆包 AI 有声阅读

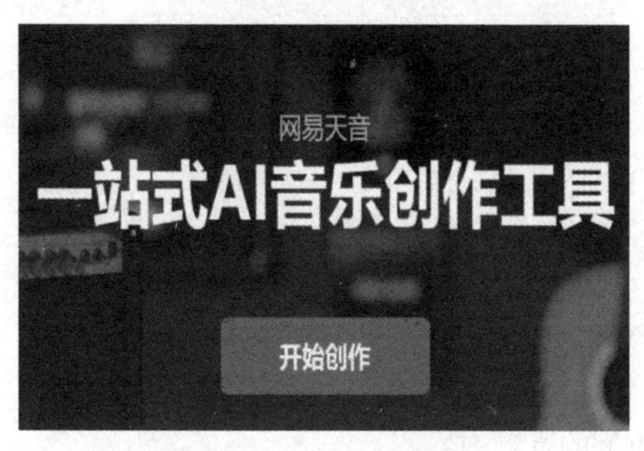

网易天音 AI 音乐创作

网易云 AI 音乐排行

在这个充满创意与灵感的世界里，音乐创作已不再受限于传统的方式。众多一站式 AI 音乐创作平台不仅拥有智能曲库，能够根据我们的喜好和需求，智能推荐和生成个性化的音乐作品，还支持对发音人名称、编号、领域、年龄、性别、语言、情感风格等进行搜索，为我们的创作提供无限灵感。而 AI 音频生成技术的崛起，能够化身为用户制作专属声线，迅速将文本转化为多样化的语音，为用户带来前所未有的个性化体验。现在，就让我们跟随 AI 音频生成的步伐，一起探索音乐世界的无限可能吧！

试一试

在文心一言平台，尝试用提示词直接生成音频，提示词如下。

请生成一段音频，复述这段文字：“声音的魔法：AIGC 与语音生成”。

本项目将探讨 AIGC 技术在视频配音和音乐创作中的应用，介绍几个关键 AIGC 工具：TTSMAKER，提供多种音色选择，简化配音流程；剪映，帮助我们合成配音视频；网易天音，一个能够根据歌词自动生成音乐的平台。通过这些工具，用户可以实现以下几个目标：为视频内容定制配音和生成个性化的音乐作品。这些技术的应用将为配音和音乐领域带来新的创作可能。

学习图谱

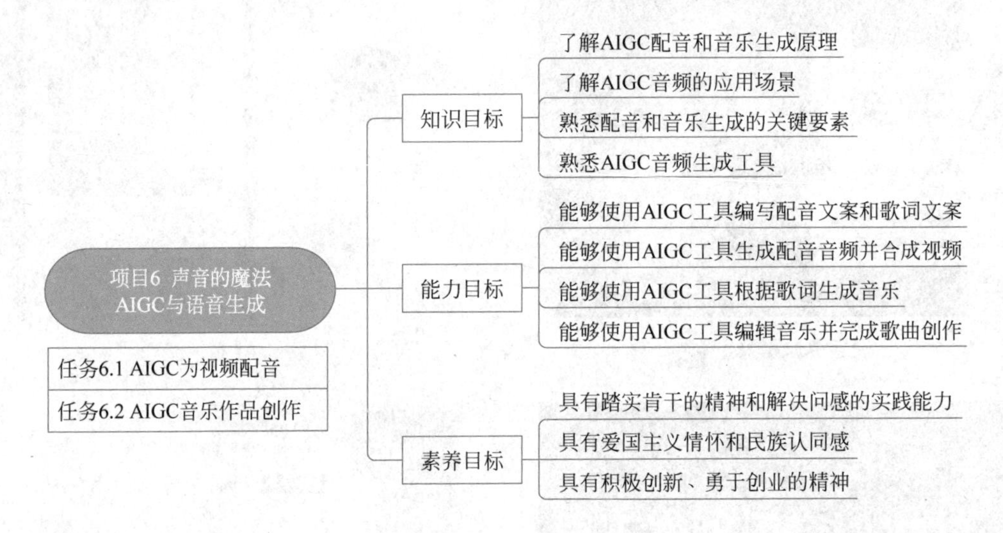

AI 助学

【AI 助学】

AIGC 生成音频主要依赖于深度学习、自然语言处理（NLP）和音频处理等技术。其中，深度学习是核心，通过神经网络模型（如 Transformer、GPT 系列等）进行大规模数据的学习和训练，使得模型能够理解和生成高质量的音频内容。

6.1　AI 生成音频的基本原理

AI 音频生成技术主要由以下三个步骤组成：文本到语音的转换、音频特征提取和使用音频特征转化完成最终音频的合成，如图 6-1 所示。

6.2　数字音频的构成

（1）采样率：采样率决定了每秒钟采集的声音样本数量，影响声音的清晰度和真实感。高采样率能更准确地还原原始声音。

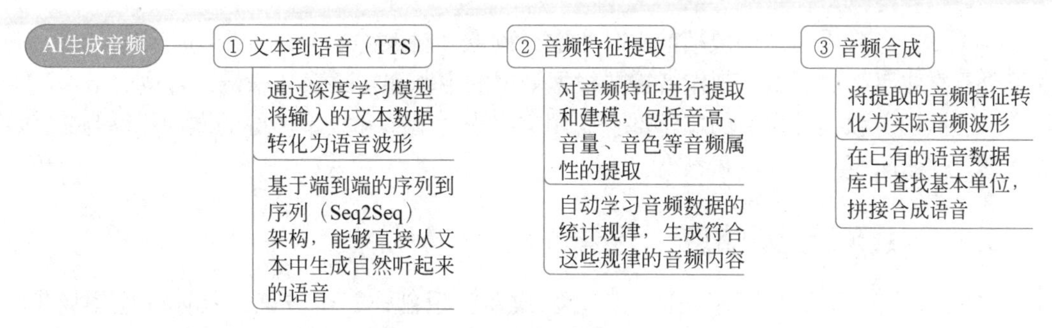

图 6-1　AI 生成音频的基本流程

（2）采样位宽：采样位宽表示每个声音样本的量化精度，决定了声音的动态范围和细节表现。高采样位宽能捕捉更多声音细节。

（3）声道数：声道数决定了声音的空间感和立体感。单声道是单一音源，双声道（立体声）能模拟左右声源，多声道则能提供更丰富的空间声音体验。

（4）比特率：比特率衡量了音频数据的传输速率，高比特率意味着音频质量更高，但所需的存储空间也更大。

（5）音频格式：不同的音频格式（如 MP3、WAV、FLAC 等）在压缩率、音质和兼容性方面有所不同，选择合适的音频格式对音质和存储效率至关重要。

6.3　配音的关键元素

（1）音色：配音中应根据配音内容的主题和人物角色挑选适宜的音色。例如，沉稳低沉的音色适合严厉的历史题材，而明亮生动的语调则适合轻松幽默的内容。

（2）音质：音质是提升配音效果的重要因素，包括发音的清晰度、声音的纯净度和饱满度等。

（3）音量：适当的音量能够让观众更好地理解内容，避免声音过小导致听不清或声音过大产生刺耳感。

（4）语速：根据画面的节奏和内容的复杂性进行调整，过快容易让观众跟不上，过慢则可能显得冗长乏味。

（5）情感：通过语调、重音、中止等方式将情感传递给观众。

（6）词汇：注意用词的准确性与生动性。选择符合主题且富有表现力的词汇，有助于提升整体的感染力。

6.4　音乐创作的关键要素

（1）旋律：旋律是音乐的灵魂，是音乐中最具表现力和吸引力的部分。它由一系列音符组成，按照一定的节奏和音高排列，形成特定的音乐线条。旋律的起伏和流动能够表达情感，引发共鸣，是音乐创作中的核心要素。

（2）节奏：节奏是音乐的脉搏，由强弱、长短、快慢等元素组成。节奏的有序排列能够使音乐具有稳定的节奏感和韵律感，是音乐创作中的重要组成部分。

（3）音色：音色是音乐中表现声音特点和风格的属性。通过选择合适的乐器和音色处理，可以为音乐增添独特的质感和情感表达。

（4）结构：音乐的结构包括前奏、主歌、副歌、桥段等部分，合理的结构安排能够使音乐更具整体感和层次感。创作者需要根据音乐的主题和情感表达来设计合适的结构。

（5）歌词：歌词是歌曲的文学部分，用文字表达情感和故事。好的歌词能够与旋律相得益彰，使歌曲更具表现力和感染力。

6.5 AIGC 音频的应用场景

AIGC 音频主要用在语音识别，语音合成及音乐创作三个方面，具体的应用场景如图 6-2 所示。

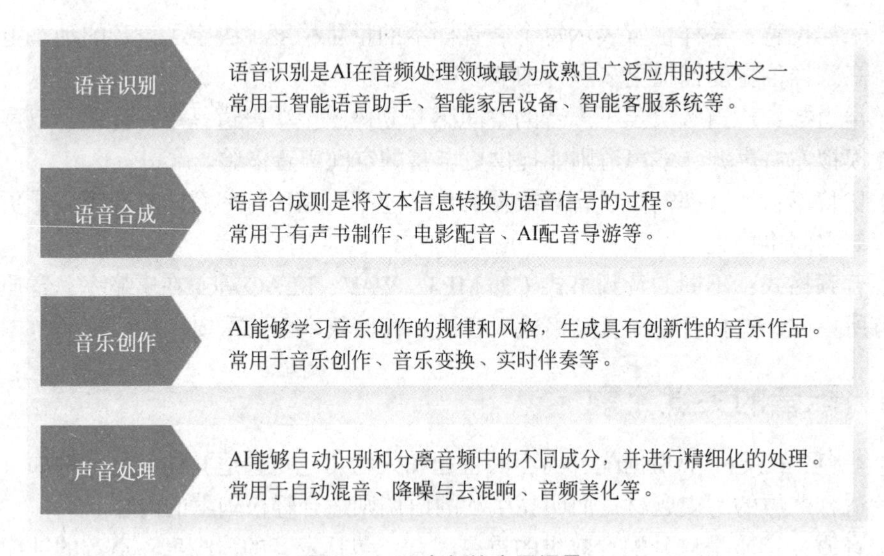

图 6-2　AI 音频的应用场景

6.6 AI 音频制作的常用工具

AI 音频制作的常用工具见表 6-1。

表 6-1　AI 音频制作常用工具

工具平台	功能特点
Soundful	一个 AI 音乐生成器，允许用户通过选择音乐风格、设置相关参数来生成音乐。能够根据用户输入的文本提示调整音乐。生成的歌曲均为 AI 原创
讯飞听见	一款功能全面的 AI 音频工具，支持语音转文字、文本转语音、实时翻译等多种功能。适用于会议记录、授课演讲、媒体访谈、个人写作等多种场景
Resemble AI	一款语音生成器，允许用户复制自己的声音并使用实时语音转语音和文字转语音功能创建合成音频。能够在几秒钟内提供逼真且类似人类的配音体验，支持 60 多种语言的本地化，提供神经音频编辑功能
网易天音	一款 AI 编曲系统，门槛低，用户只需按照指引操作，就能快速完成一首原创音乐的编曲。适用于音乐爱好者、音乐人、作曲家等，帮助他们轻松实现编曲梦想
豆包 AI	一个人工智能对话平台，能够基于一些预设生成音乐，方便新手生成音乐，但是缺少对歌曲的编辑调整功能

学一学

音乐创作是融合了艺术与科技的领域，它要求我们掌握数字音频、旋律设计以及歌曲编辑等多方面的技能。其中有很多值得深入学习的知识，如音频数字化、歌曲结构和押韵技巧等。若想要进一步学习相关知识，可以与大模型进行对话。

提示词公式：知识点＋详细解析＋案例展示＋实践应用

（1）什么是音频数字化？它的原理是什么？

（2）音乐创作常见的歌曲结构有哪些？请举例介绍。

（3）有哪些常用的押韵技巧？请用三个案例来说明。

通过与大模型交流，我们能迅速掌握完成任务所需的基本背景知识和流程，这极大地提高了我们的学习效率，下面来评测一下知识的掌握情况。

测一测

扫码进入智能体，测一测知识的掌握情况。

以下选项中，（　　）是一站式AIGC音乐创作平台。

A. 网易天音　　B. 豆包　　C. 讯飞智影　　D. 文心一言

测一测

【AI助训】

AI助训

任务6.1　AIGC为视频配音

林晓作为一名大一新生，对于科幻电影很感兴趣，但是受限于自己的知识水平，他还没想到自己能做什么。某次刷抖音时，发现有人为自己喜欢的科幻短片进行了AI解说配音，于是他自己也想试试。

本任务使用通用大模型生成配音文案，再用TTSMAKER生成配音音频，最后用剪映完成配音视频的合成。在开始之前，我们可以向大模型学习AIGC配音的一些注意事项，并在配音创作的过程中，谨记这些要点。

AIGC为科幻短片作解说配音需要注意什么？

为科幻短片作解说配音时，使用自动生成内容（AIGC）需要注意以下事项。

（1）理解内容：深入理解短片的科幻主题、故事情节、角色背景以及科学概念，确保解说内容准确无误。

（2）语气与风格：解说的语气应该权威、自信，同时符合科幻短片的风格，可能是未来主义、探索未知或科技感强烈的风格。

（3）语速与节奏：解说的语速应该适中，节奏要把握好，以便观众能够轻松跟随并理解信息。

（4）专业术语：准确无误地使用专业术语，如果需要解释复杂概念，应确保解说清晰易懂。

（5）声音的合适性：选择一个与科幻主题相匹配的声音，通常是清晰、有力且具有一定深度和权威感的声音。

（6）情感投入：根据短片的情感走向，适时调整解说的情感，以增强观众的沉浸感。

...

提示词示例

探讨 AI 为视频配音与传统视频配音的相同点和不同点。

AI 为视频配音与传统视频配音在配音领域各自占据一席之地，它们之间存在一些相同点和不同点。

相同点：目标一致：无论是 AI 配音还是传统配音，其最终目标都是为视频提供合适的声音，以增强视频的感染力和表现力。

……

不同点：声音质量：……

AI 配音：虽然 AI 技术在不断进步，但目前其合成的声音仍难以完全达到人类声音的真实感和自然度。特别是在情感表达和语调变化方面，AI 配音可能显得相对机械和单调。

……

1. 智能配文：AI 辅助定制配音文案

步骤 1　通过 AI 工具了解短视频中的 AI 配音

提问关键词：短视频平台 + 视频类型 + 需求

提示词示例

抖音平台上哪些科幻视频最适合使用 AI 配音技术增添魅力与趣味？

在抖音平台上，科幻视频因其独特的想象力和视觉冲击力而备受欢迎。使用 AI 配音技术为这些视频增添魅力与趣味，可以进一步提升观众的观看体验。以下是一些最适合使用 AI 配音技术增添魅力的科幻视频类型。

1. 科幻电影解说

内容特点：科幻电影解说视频通常包含对科幻电影的剧情概述、角色介绍、特效分析等元素。

AI 配音优势：通过 AI 配音技术，可以为解说词提供多样化的声音选择，如男声、女声、不同口音等，使解说更加生动有趣。同时，AI 配音还可以根据电影的节奏和氛围调整语速和音调，增强解说的感染力。

2. 科幻短片或微电影

内容特点：科幻短片或微电影通常具有紧凑的剧情和深刻的主题，通过简短的篇幅展现科幻世界的魅力。

AI 配音优势：AI 配音技术可以为这些短片或微电影中的角色提供配音，使角色形象更加鲜明。此外，AI 配音还可以为短片或微电影中的旁白或对话提供流畅自然的语音效果，提升整体观影体验。

...

学生自主设计提示词：____

____

内容辨析

通过与模型对话，我们可以快速找到可能适合作为我们 AI 配音素材的科幻视频片段，后续学生可以通过提出诸如“这段科幻视频中的哪些科技元素最为引人入胜，能否推荐类似主题但技术细节更丰富的片段？”或“有没有科幻视频片段能够直观地展示未来社会的可能面貌，同时易于理解和引发深入思考？”等问题，来进一步优化搜索方向，并在广泛探索的基础上寻找既符合学习兴趣又能促进深度讨论的合适科幻视频片段。

步骤 2　根据选择的视频片段设计文案

我们可以根据上一步与大模型交流后的想法和需求，自行到各视频平台查找科幻视频素材，以下以我们准备好的一段科幻视频素材为例。

提问关键词：视频素材 + 主题风格 + 要求

提示词示例

（上传一段科幻视频素材）根据这个科幻短片的片段，设计一段旁白解说配音文案，以解读浩瀚宇宙的神秘。

【背景音乐渐起，星辰闪烁的音效】

旁白（深沉而富有磁性）：“在那遥远的、超越我们认知边际的地方，宇宙，这位沉默而宏大的创造者，正缓缓揭开它无尽奥秘的面纱。这是一段关于探索、关于未知、关于存在本质的旅程，我们跟随一束穿越光年的光芒，深入那浩瀚无垠的深渊。”

…

【音乐渐渐缓和，画面回归宁静】

旁白：“在这无尽的探索之路上，让我们继续前行，带着敬畏之心，去揭开宇宙一层又一层神秘的面纱。因为，正是这份对未知的渴望，定义了我们的存在，照亮了人类前行的方向。”

内容辨析

这段 AIGC 生成配音文案以富有诗意和想象力的语言，生动展现了宇宙探索的壮丽与神秘，而且内容全面，可以适用于多种科幻电影片段的旁白配音。但是，文案在描述具体宇宙现象和外星文明时，缺乏有理有据的科学细节支撑，略显抽象和笼统。而且生成的文案偏长，可能无法与视频内容同步匹配。

内容优化

学生自主设计提示词：____

____

2. 声音重塑：AI 为视频添加配音

步骤 1　根据配音文案分析合适的声音风格

提问关键词：配音文案 + 声音风格

提示词示例

根据上一部分的配音文案，请问有哪些 AI 配音音色适合为其配音？

对于 AI 配音的音色选择，根据上面的配音文案，以下是一些适合的音色建议。

低沉男声：这种音色深沉、有力，能够很好地表现出宇宙的神秘和壮丽。它适合用于旁白或解说的角色，能够营造出一种庄重、严肃的氛围，使观众更加专注于文案的内容。

温暖男声：温暖男声带有一定的亲和力和温暖感，能够传达出文案中的情感波动和思考深度。这种音色适合在描述宇宙现象和外星文明时，增加一些人性化的元素，使观众更容易产生共鸣和思考。

…

内容辨析

AIGC 给我们提供了很多配音风格，选择配音风格时，首先要确保它与配音文案的内容和形象高度契合。不同的声音风格能够营造出不同的氛围和情感，因此需要根据文案的情境、角色设定以及所要传达的信息来精心挑选。比如，如果文案中的角色是一个活泼可爱的机器人，那么选择带有幽默感和童趣的声音风格会更加贴切；而如果是一个严肃庄重的场合，则可能需要选择更为沉稳、正式的声音风格。确定了配音音色风格后，即可在后续的配音工具中查找并选择合适的配音音色。

内容优化

学生自主设计提示词：____

____

步骤 2　用不同的配音角色在 AI 平台完成配音

下面，我们选择合适的 AIGC 平台进行配音制作。以免费平台 TTSMAKER 为例，主要的操作界面和流程如图 6-3 所示。

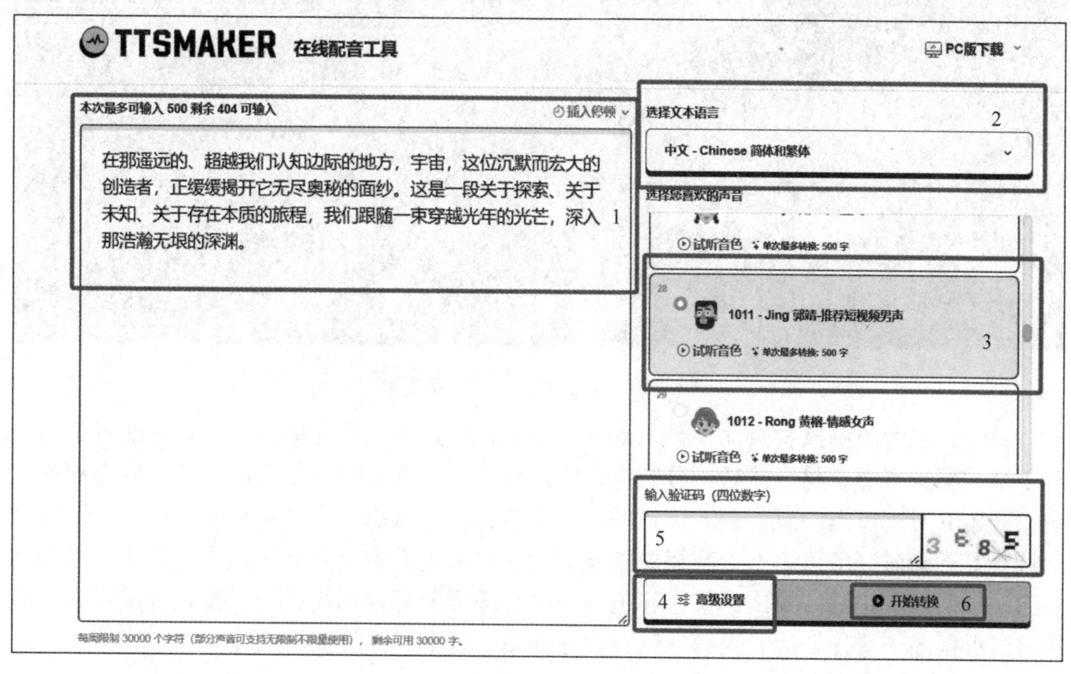

图 6-3　用 TTSMAKER 生成音频

（1）在平台左侧的对话框中，输入我们想要配音的文案。TTSMAKER 支持多种语言，包括中文、英语、日语、韩语、法语、德语、西班牙语、阿拉伯语等 50 多种语言，但平台内无法实现语言翻译，需要提前在翻译平台将文字翻译为相应语种才能进行配音。

（2）在右侧选择合适的语言和 AI 配音音色。目前 TTSMAKER 已经有超过 300 个语音包的声音支持，其缺点在于没有进行良好的分类，在搜索音色时具有一定的困难。

（3）在网页中输入验证码并单击“开始转换”即可生成音频。如果需要，还可以在高级设置中调节背景音乐、音频质量、语速、音量、音高、停顿时间等参数。

内容辨析

TTSMAKER 无法将视频导入直接一站式合成音视频，因此我们还需要用其他视频剪辑软件辅助合成，但是 TTSMAKER 的优点是对免费配音时长、字数以及配音音色的限制较小。

步骤 3　使用视频剪辑软件完成视频配音

在剪映的主界面中单击“开始创作”按钮，便会进入到图 6-4 所示的编辑视频的操作界面。在这个界面中，我们可以完成配音视频的合成。

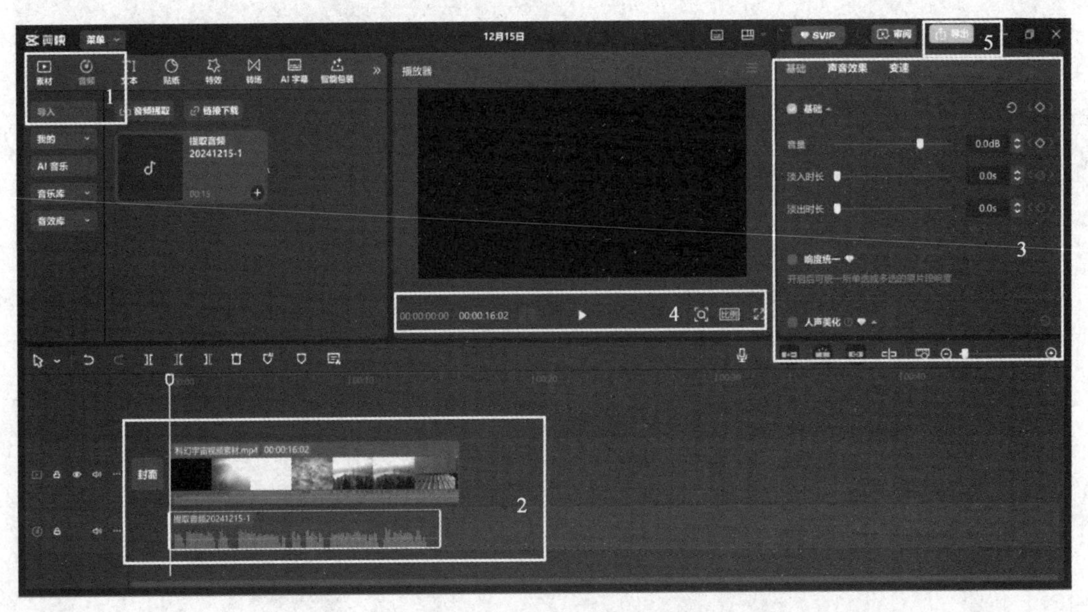

图 6-4　使用剪映合成配音视频

首先，在剪映的素材页面中导入前一小节的视频素材，在音频页面导入从配音平台下载下来的配音音频素材。然后，分别将视频素材和音频素材拖入下方的轨道，调整视频和音频开始的时间节点一致。在右边栏的音频调整界面中可以对音频进行音量调整、淡入淡出调整等。同时，可以单击中间播放器框中的播放来查看视频效果。最终，完成视频的调整后，单击右上角的“导出”按钮，进入视频合成界面并导出视频。在视频合成界面我们还可以根据需求选择合适的视频参数，如分辨率、码率、帧数、格式等。

内容辨析

剪映作为一款流行的视频编辑软件，其操作简单直观，非常适合初学者快速上手。它提供了基本的剪辑功能，包括视频剪切、音频同步和音量调整，能够满足大多数基础的配音需求。然而，对于需要精细调整音频细节和追求专业音质效果的用户来说，剪映可能略显不足，因为它缺少一些高级音频编辑功能，如频率均衡、动态范围压缩等。

AI 赋能下的红色文化：让历史可看、可听、可感知

八路军文化数字体验馆是新华网首座红色文化数字体验馆，由新华网山西分公司与武乡县委、县政府联合打造。

该馆以武乡建设全国红色旅游融合发展试点为契机，旨在建设全国首个红色文化大脑、“人工智能 + 红色文化”研学场馆、精神谱系数字体验馆。该馆的一大特点是馆内设置了数字人讲解员，如红星杨等。这些数字人通过预设的语音库和人工智能技术，能够实时与游客进行互动对话，讲解红色历史和八路军文化。

该馆采用最前沿的文化数字化技术手段，从人、文、地、物、事五大维度进行展示，分为序厅、跃马太行、众志成城、烽火热土、抗战堡垒、文化号角、尾厅等七个部分。通过数字化展项布置，为游客营造了沉浸式的红色文化体验空间。馆内设有抗战记忆展区、抗战学风展项、历史回眸展项、将星云集展项等，观众可以通过点击屏幕查阅红色人物资料，探索历史事件。

练一练：根据背景视频素材制作 AI 配音有声书。

根据学习任务的情况，完成下述实训任务并开展评价，详见表 6-2。

表 6-2　练一练任务清单

<table>
<tr><td>任务名称</td><td>制作 AI 配音有声书</td><td>学生姓名</td><td></td><td>班　级</td><td></td></tr>
<tr><td>实训工具</td><td colspan="5">生成配音文案工具：文心一言、智谱清言、通义千问等。
生成配音音频工具：TTSMAKER、剪映等。
合成配音短片工具：剪映、Premiere 等</td></tr>
<tr><td>任务描述</td><td colspan="5">根据提供的有声书背景视频素材选择合适的有声书主题，以这个主题为基础生成有声书文案和音频，通过视频编辑完成有声书的制作</td></tr>
<tr><td>任务目的</td><td colspan="5">（1）掌握有声书配音文案的编写。
（2）学习有声书音频的制作。
（3）掌握用音视频素材合成配音视频并进行适当的编辑修改。
（4）明确、清晰地向目标受众传递正确的思想和价值观</td></tr>
<tr><td colspan="6">AI 评价</td></tr>
<tr><td>序号</td><td>任务实施</td><td colspan="4">评价观测点</td></tr>
<tr><td>1</td><td>主题选择与风格设定</td><td colspan="4">所选主题鲜明，能引起大众兴趣，富有创意，传达正确的价值观</td></tr>
<tr><td>2</td><td>根据所选主题设计配音文案</td><td colspan="4">文案内容准确，传递思想符合所选主题，与背景视频内容相融洽</td></tr>
<tr><td>3</td><td>配音音频生成</td><td colspan="4">生成的配音音频与文案相符，配音音色符合主题要求，质量高</td></tr>
<tr><td>4</td><td>配音视频合成与编辑</td><td colspan="4">视频剪辑流畅，配音与视频内容相协调，配音音量合适</td></tr>
<tr><td colspan="6">学生评价</td></tr>
<tr><td colspan="6">学生自评或小组互评</td></tr>
<tr><td colspan="6">教师评价</td></tr>
<tr><td colspan="6">教师评估与总结</td></tr>
</table>

AI 助训

任务 6.2 AIGC 音乐作品创作

林晓在图书馆边听音乐边学习的时候，随机播放了一首从没听过的歌曲，令人惊讶的是，这首歌的歌手竟然叫 Suno AI。她点开这个“歌手”的“专辑”，竟然发现了一系列好听的歌曲，而这些歌曲，竟然都是用 AI 生成的。平时喜好听歌的她也想知道，怎么才能用 AIGC 自己创作歌曲呢？

本任务使用网易天音平台根据音乐主题关键词生成歌词，通过歌词生成歌曲，再完成音乐的编辑，实现一站式 AIGC 音乐创作。在开始之前，我们可以向大模型学习一下 AIGC 生成音乐的关键要素或步骤。

AIGC 生成音乐有哪些关键要素？

使用 AIGC 生成音乐的关键要素主要包括以下几点。

（1）明确创作需求：用户需要明确自己想要创作的音乐类型，如流行、古典、爵士等，以便选择合适的 AIGC 工具或平台。确定音乐想要传达的情感，如欢快、悲伤、激昂等，这有助于 AIGC 工具生成更符合用户需求的旋律和和声。

（2）选择合适的 AIGC 工具或平台：选择界面友好、操作简便的 AIGC 工具或平台，以降低学习成本和使用难度。确保所选工具或平台具备用户所需的创作功能，如旋律生成、和声编排、节奏设计等。

（3）调整和优化生成的音乐：生成音乐后，用户需要仔细试听，并根据自己的感受进行反馈和调整。AIGC 工具通常提供多种参数供用户调整，如旋律复杂度、和声丰富度、节奏快慢等。用户可以根据自己的需求进行微调。

（4）导出音乐作品：选择适合用户需求的导出格式，如 MP3、WAV 等。在使用 AIGC 生成的音乐作品时，用户需要遵守相关的版权法律法规，确保不侵犯他人的知识产权。

AIGC 生成音乐的工作原理主要基于深度学习和神经网络模型。这些模型通过大量音乐数据的学习，掌握了音乐创作的规律和风格。当输入特定的指令或参数时，模型会根据学习到的知识，自动生成符合要求的音乐内容。借助先进的机器学习技术，AIGC 能够深入分析各类音乐作品的风格特征，快速生成符合特定场景或情绪需求的音乐，无论是激昂动感的节奏，还是温柔细腻的旋律，都能信手拈来。

提示词示例

AIGC 生成音乐的优势有哪些？

与传统音乐创作相比，AIGC 生成音乐具有以下几个显著优势。

高效性：AIGC 生成音乐能够快速生成大量的音乐素材和作品，极大提高了音乐创作的效率。

个性化：AIGC 生成音乐可以根据用户的喜好和需求进行定制化的创作，满足用户的个性化需求。

低成本：与传统的音乐创作方式相比，AIGC 生成音乐不需要昂贵的乐器、录音设备和专业团队，降低了音乐创作的成本。

…

1. 创意策划：携手 AI 精准定位歌词意境

步骤 1　确定生成音乐的主题风格

提问关键词：音乐定位 + 创作需求

提示词示例

作为一名大学生，我想参照著名歌曲《我和我的祖国》的主题内容进行音乐创作，在编写歌词时，比较适合的关键词有哪些？

《我和我的祖国》是一首深受广大人民群众喜爱的爱国主义歌曲，其歌词深情地表达了个人与祖国之间的紧密联系。如果你想参照这首歌进行音乐创作和续写，以下是一些建议的关键词，这些关键词能够帮助你更好地捕捉和表达类似的情感和主题。

祖国：这是歌曲的核心主题，代表了一种深厚的家国情怀。你可以围绕“祖国”这个词汇，展开对祖国的热爱、赞美和依恋。

我：第一人称的使用，使得歌曲更加贴近听众的内心，让人感受到个人与祖国之间的紧密联系。在续写中，你可以继续以“我”的视角，表达个人的情感和体验。

内容辨析

确定关键词的窍门在于深入理解主题内容，提炼核心词汇与意象，同时兼顾受众的情感共鸣与需求，巧妙运用意象与比喻以增强表达的生动性和感染力，参考相关作品以获取灵感并避免俗套，最后反复推敲调整，确保所选关键词既精准概括主题，又富有表现力，能够触动人心，使作品更加深入人心、引人共鸣。

内容优化

学生自主设计提示词：____

____

步骤 2　根据确定的音乐主题和风格编写歌词

我们使用网易天音平台进行歌词的编写，通过输入上一步明确的关键词，网易天音可以生成合适的歌词，为后续的创作做准备，如图 6-5 所示。在输入关键词时，也可以根据相关推荐，寻找合适的关键词。同时可以在下方的词格设置中调整段落结构、韵脚等，而专业的作词家还可以制作并生成自己的词格上传。

提问关键词：音乐关键词 / 音乐详细说明

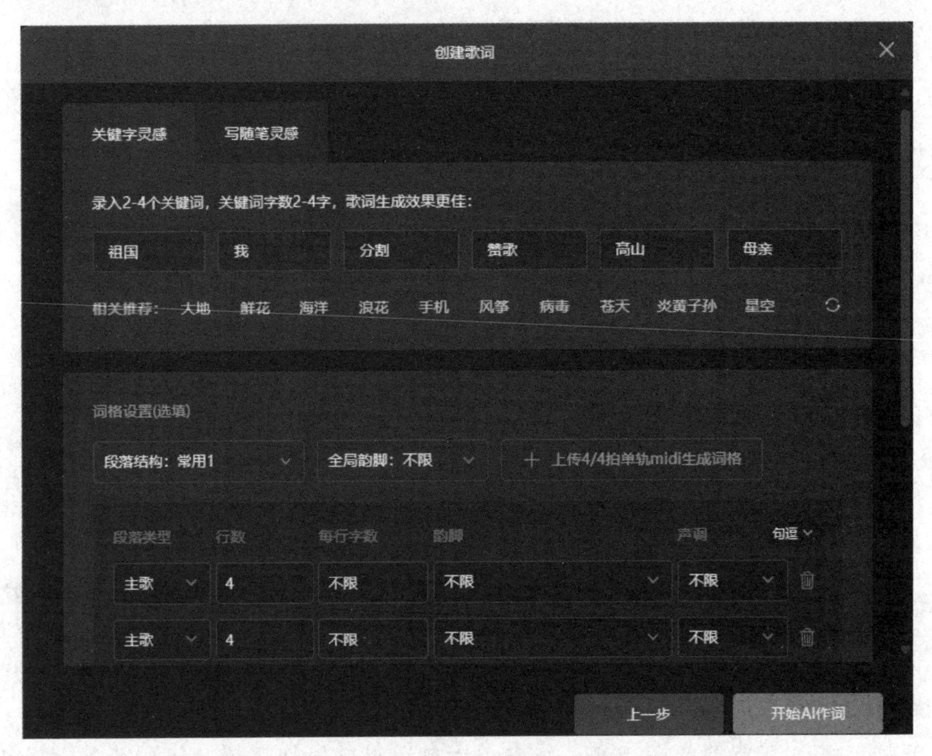

图 6-5　输入歌词关键词

生成歌词后，也可以进行审查，如图 6-6 所示。通过反复重写比较歌词优劣，进行修改和编辑创作，最后选择合适的歌词进行保存。

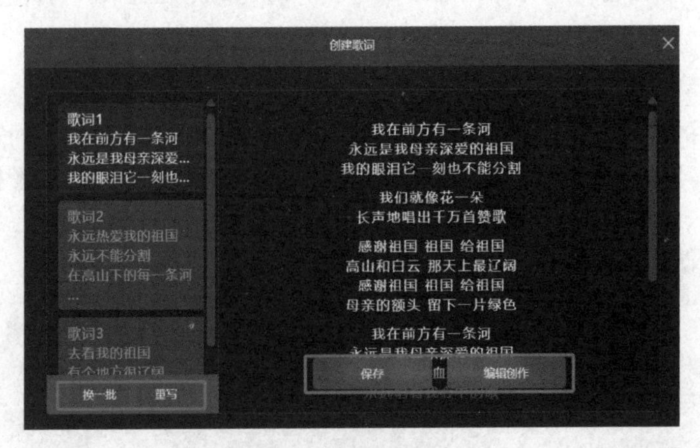

图 6-6　编辑修改歌词

内容辨析

可以看到，我们在创作歌曲时，选择了先创作歌词的方式，这跟常规的音乐创作可能步骤相反。如果先作曲，后填词，可能需要更好的乐理知识，以及对歌词韵律的把握。此外，也可以选择“写随笔灵感”选项，直接输入成段的提示词，网易天音平台会根据这段提示词生成歌词。

2. 匠心独运：AI 铸就音乐新篇章

步骤 1　根据已确定的歌曲风格和歌词，用 AI 生成音乐

在网易天音的 AI 生成音乐部分，选择“写随笔灵感”项目栏，输入生成好的歌词。此外，还可以在下方选择段落结构、音乐类型和歌曲模式，如图 6-7 和图 6-8 所示。

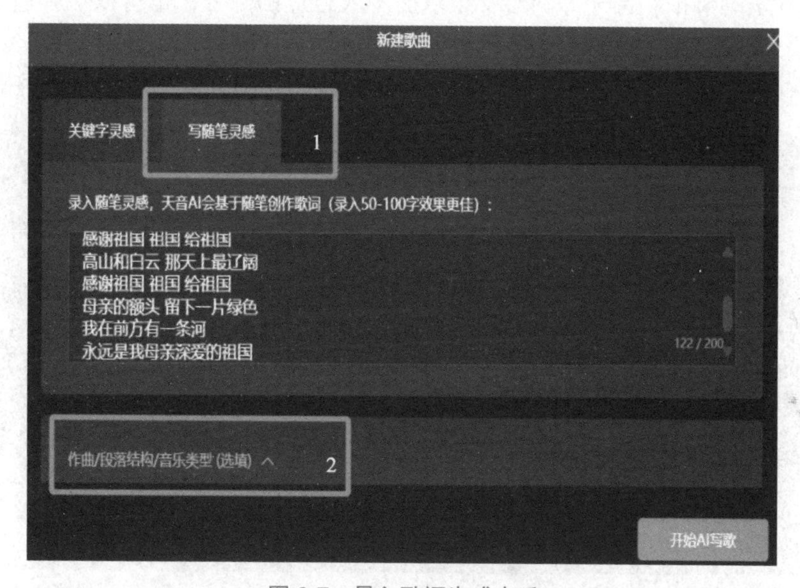

图 6-7　导入歌词生成音乐

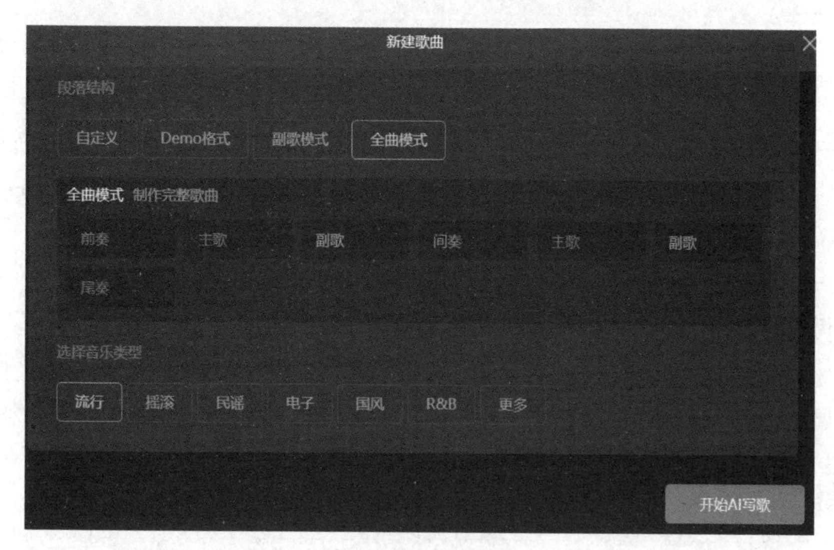

图 6-8　选择生成歌曲的模式和音乐类型

最后，单击“AI 写歌”按钮，即可进行 AI 音乐的初步创作。

内容辨析

这样生成的音乐，可能存在歌词与歌曲风格节奏不一致的情况。相比之下，在网易天音中也可以尝试直接从“关键字灵感”填写关键词生成音乐的方式，歌词和音乐可能会有更好的一致性。但是这种方式生成的音乐、歌词等内容就未经过初步编辑和打磨，可能歌词还需要经过大量的修改并再次生成歌曲。因此，不同的方法各有优劣。

步骤 2　对生成的音乐进行试听和修改编辑

生成音乐之后，我们也可以在平台中对歌曲进行编辑修改，网易天音的音乐编辑界面如图 6-9 所示。首先选择 AI 歌手，然后选择合适的伴奏风格。对音乐知识比较了解的用户可以调整音乐的节拍和调号等。对于跟歌曲不太合适的部分，也可以在右边歌词栏修改歌词。最终完成修改后，在右上角导出歌曲。在这个页面的右边，还有对歌词部分的修改功能。我们可以在这个模块试听每一句歌词并进行修改，根据歌曲的细节调整歌词。

图 6-9　歌词调整

最后，完成所有的编辑之后，单击右上角的“导出”按钮，即可完成 AI 音乐的生成。

内容辨析

网易天音虽然能帮助我们生成音乐，也提供了一些歌曲的编辑方式，但是如果想要生成更好更专业的音乐，也可以学习一些专业的音乐编辑工具，如 Adobe Audition 等，对我们生成的 AI 音乐进行细节调整。

还有哪些耳熟能详的爱国歌曲适合续写?

近代歌曲中，有多首作品深刻体现了爱国情怀，以下是一些广为人知的歌曲。

《歌唱祖国》：被誉为第二国歌，由王莘作词作曲，创作于 1950 年。这首歌以其庄重的旋律和豪迈的歌词，赞美了祖国的壮丽河山和人民的英勇奋斗，激发了强烈的民族自豪感和爱国热情。

《我的祖国》：电影《上甘岭》的主题歌，由乔羽作词，刘炽作曲，郭兰英原唱。歌曲深情地表达了志愿军战士对祖国、对家乡的无限热爱，以及英雄主义的气概，对海外游子更是有着特别的情感共鸣。

《我的中国心》：由黄沾作词，王福龄作曲，张明敏原唱。这首歌在 1984 年中央电视台春节联欢晚会上演唱后，打动了无数炎黄子孙的心，引起了中华同胞的强烈共鸣。

…

练一练：创作一首大学生创业主题的音乐。

根据学习任务的情况，完成下述实训任务并开展评价，详见表 6-3。

表 6-3　练一练任务清单

任务名称	创作大学生创业主题音乐	学生姓名		班　　级	
实训工具	生成歌词工具：网易天音、文心一言、智谱清言、通义千问等。 生成歌曲工具：网易天音、豆包等。 编辑歌曲工具：网易天音、Adobe Audition 等				
任务描述	以大学生创业为主题，编写合适的歌词，生成大学生创业主题音乐，体现积极创新、勇于创业的精神				
任务目的	（1）掌握在创业主题下歌词的编写。 （2）学习根据歌词和设定的主题创作歌曲。 （3）掌握用 AI 音乐平台或音乐软件对音乐进行编辑修改。 （4）展现大学生创新创业的精神和积极向上的思想				
AI 评价					
序号	任务实施	评价观测点			
1	歌曲风格设定	所选风格合理，便于歌曲创作，符合大众喜好，传达正确的价值观			
2	根据所选主题创作歌词	歌词内容清晰，传递思想符合所选主题，歌词符合歌曲风格			
3	AIGC 音乐生成	生成的音乐与主题相符，旋律与歌词整体融洽，音乐质量高			
4	AIGC 音乐编辑	调整歌曲旋律细节，编辑歌词和旋律不一致的部分，完成 AIGC 歌曲创作			
学生评价					
学生自评或小组互评					
教师评价					
教师评估与总结					

AI 拓学

【AI 拓学】

1. 拓展知识

除了上述任务中的相关知识，我们还应使用 AIGC 进行拓展知识的学习，推荐知识主题及示范提示词见表 6-4。

表 6-4　项目 6 拓展学习推荐知识主题及示范提示词

序号	知识主题	示范提示词
1	音频格式的区别	输出音频的时候，选择各个不同的格式有哪些区别以及优缺点?
2	音乐元素	网易天音平台中可以设定拍号，拍速和调号。对于不同风格类型的歌曲，我们该如何选择这些元素呢?
3	音乐转化	如果我们已经创作好了一首 AIGC 音乐，该如何将其转化为不同风格的音乐呢?

2. 拓展实践

（1）制作牙膏品牌宣传音乐和宣传语配音稿。

通过本项目的学习，你应该已经学会了 AIGC 音频生成的基本方法，熟悉了使用 AIGC 助力配音和 AIGC 音乐的生成。下面请你使用 AIGC 辅助完成以下任务，要求见表 6-5。

表 6-5　制作牙膏品牌宣传音乐和宣传语配音稿

任务主题	任务思路	任务要求
假设你是一名牙膏品牌宣传策划，想要设计自己的自媒体宣传音乐，并为自己制作一份宣传语 AI 配音稿	编写牙膏品牌的宣传配音文案	宣传文案要突出品牌特色，宣传语音色要吸引用户。生成音乐要有创意，旋律不宜过长，要足够“抓耳”，让听众印象深刻
	生成牙膏品牌的配音音频	
	生成牙膏品牌的宣传音乐歌词	
	生成牙膏品牌的宣传歌曲	

（2）信息技术基础实践任务：使用 WPS 实现员工信息表数据的处理。

【生成式作业】

【评价与反思】

根据学习任务的完成情况，对照学习评价中的“观察点”列举的内容进行自评或互评，并根据评价情况，反思改进，填写表 6-6 和表 6-7。

表 6-6　学习评价

观　察　点	完全掌握	基本掌握	尚未掌握
配音文案生成			
配音音频生成			
配音视频合成			
歌词创作			
音乐创作			
AIGC 音乐编辑			

表 6-7　学习反思

反　思　点	简要描述
学会了什么知识?	
掌握了什么技能?	
还存在什么问题，有什么建议?	

学习画像

扫一扫右侧“学习图像”二维码，查看你的个人学习画像。

| 项目 7 |

动态的艺术：AIGC 与视频生成

项目 7
教学视频

【AI 导学】

现实与想象的交融：AIGC 奇妙视觉盛宴

森林漫步

数字人新闻播报

动物 T 台秀

古今对话

AIGC 带领观众进入一个充满无限可能的视觉盛宴，人与威风凛凛的老虎和谐并肩而行；猫咪身着华丽时装，优雅地走上 T 台；数字主播在高效工作，而真实的“我”则悠闲地享受片刻宁静；当代学生打开视频，向孔子先生请教学问……你还见到过什么样的 AI 视频呢？这些视频是如何制作的呢？你想实现怎样的“天马行空”呢？

试一试

2024 年 12 月 4 日，我国申报的“春节——中国人庆祝传统新年的社会实践”被成功列入《人类非物质文化遗产代表作名录》。请尝试生成 1 个“春节”主题的视频。

打开即梦AI视频生成平台，在“视频生成”功能中，选择“文本生视频”，输入提示词，生成视频。提示词示例如下。

（1）除夕之夜阖家围坐包饺子，窗户外绚丽烟花照亮夜空。

（2）大年初一人们走街串巷拜年，街道上挂着红灯笼，舞龙舞狮队伍威风凛凛。

在视频媒介如日中天的时代，内容创作与传播正经历着前所未有的变革。AIGC犹如一位神奇的幕后魔法师，悄然踏入视频制作的绚丽舞台，掀起了一场创意与效率的革命。快速生成富有逻辑与吸引力的视频剧本，让创作思路如泉涌般顺畅打开；一键生成令人惊叹的视频特效，让平凡素材瞬间升华为视觉奇观；智能剪辑系统依据节奏与情感精准编排片段，仿佛拥有了人类导演的敏锐直觉；语音识别技术自动生成精准字幕，助力信息无障碍传递；AI驱动的创意灵感引擎，为创作者提供源源不断的奇思妙想……AIGC技术为视频制作带来了前所未有的便捷和创新。

本项目探究AIGC技术在视频制作中的应用，通过介绍运用豆包等语言大模型策划影视文案，即梦AI、腾讯智影等AI平台自动生成视频，剪映等视频剪辑软件合成影片，实现生成Vlog、数字人播报视频和宣传片，为视频创作领域的智能化发展注入新的活力。

学习图谱

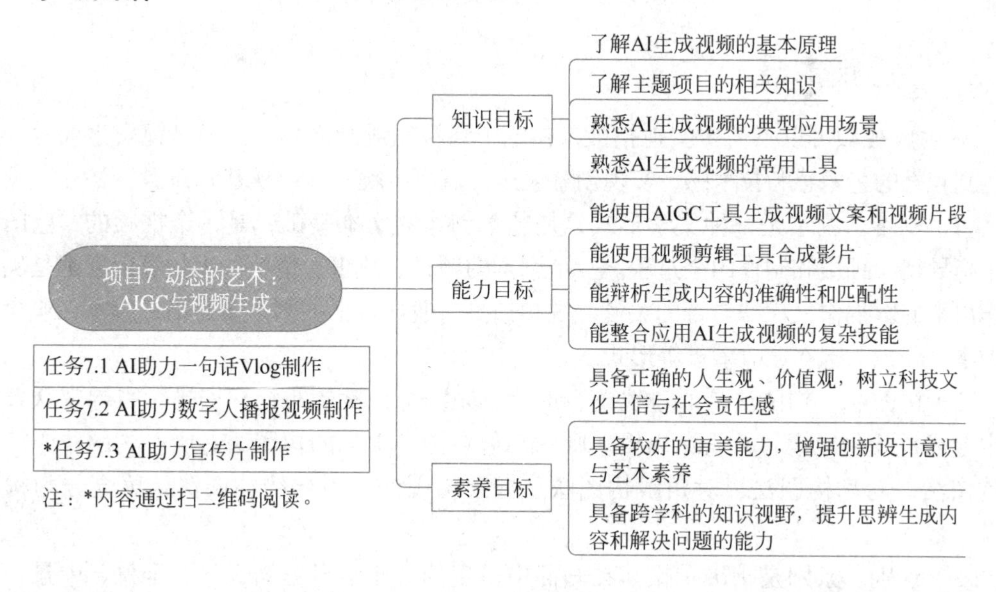

【AI助学】

AI助学

视频制作流程涵盖了从前期的创意策划、剧本编写、预算规划和团队组建，到拍摄准备、现场拍摄、后期制作（包括剪辑、调色、特效、音频处理和字幕添加等），再到审片修改、视频输出、发布推广，是一个复杂的动态系统。要完成一个完整的、优质的视频作品，需要了解一定的影视基础知识。

7.1 AI 生成视频的基本原理

AI 生成视频通常依赖于机器学习和深度学习技术，尤其是生成对抗网络（GANs）和变分自编码器（VAEs）。从大量视频数据中学习视频内容的特征和风格，然后通过训练好的模型生成新的视频帧，并确保这些帧在时间上和空间上保持连贯性和真实感，最终组合成完整的、具有高质量和多样性的视频内容。图 7-1 简单描述了 AI 生成视频的基本原理。

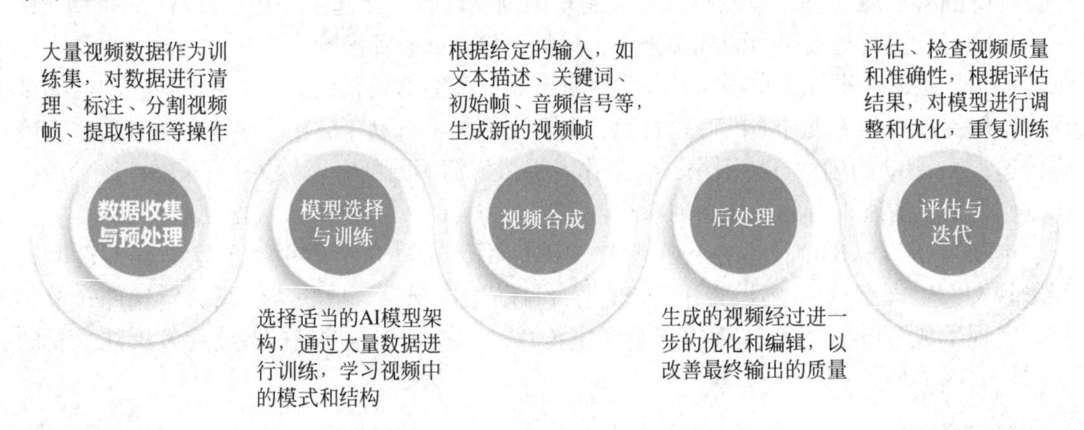

图 7-1 AI 生成视频的基本原理

7.2 影视术语

AI 生成视频可以不需要实地拍摄，在电子终端完成画面建构。但是镜头生成时，要想达到较好的艺术感和技术感，实现创意表达，需要了解一些影视基础知识。

（1）剧本。剧本是一种文学形式，是艺术创作的文本基础，是一个视频的“蓝图”，用于指导视频拍摄和制作的全过程。一个剧本的题材、故事、情节、人物等因素都是决定创作出来的影视作品优秀与否的关键。视频拍摄前通常要根据剧本撰写拍摄脚本，包含提纲脚本、分镜头脚本、故事板等形式。

（2）构图法。构图法是通过线条、形状、光影等元素的布局和安排，引导观众着眼于主题或重要的元素，并表达出摄影师的创作意图。常见的构图法有中心构图法、三分法构图法、对称构图法、对角线构图法、框架构图法、引导线构图法、黄金分割构图法等。

（3）景别。景别是指被拍摄体在画面中呈现的大小，可分为远景、全景、中景、近景、特写等。

（4）拍摄角度。影视拍摄角度主要包括水平视角和垂直视角两种类型。水平视角可分为正面、侧面、斜侧面和背面；垂直视角可分为平角、仰角和俯角。

（5）运镜方式。摄像机的运镜方式是指通过移动摄像机或调整焦距来拍摄动态画面的技巧。常见的运镜方式有推、拉、摇、移、跟、甩、环绕、升降镜头等。

（6）摄影用光。摄影应用的照明光线分为自然光和人造光。根据光线的作用可分为主光、辅助光、轮廓光、装饰光和环境光。根据光线的方位，可分为正面光、侧光、逆光等。

7.3　视频属性

影视行业对作品有一系列统一的标准，包含内容审查标准、技术质量标准、制作流程与规范标准、发行与传播标准等。我们可以先了解一些相关参数。

（1）分辨率。分辨率是指视频画面在一定区域内包含的像素点数量，通常以“宽 × 高”的形式表示，它是衡量视频画面清晰度的关键指标之一。常见的分辨率标准有：1080P（分辨率为 1920 × 1080，全高清）、2K、4K、8K 等。

（2）帧率。帧率（frames per second，FPS）是指每秒显示的画面帧数，或称为赫兹（Hz）。它是衡量视频画面流畅度的关键指标之一。常见的帧率有 24FPS（电影行业的标准帧率）、30FPS（网络视频和电视节目的常见帧率）、60FPS（在快速移动的场景中表现出色）等。

（3）视频制式。视频制式是指视频信号的传输标准和格式，它规定了视频信号的扫描方式、帧率、分辨率等关键参数。常见的视频制式有：PAL，25FPS，主要用于中国、欧洲等国家和地区；NTSC，30FPS，主要用于美、日等国家；SECAM，25FPS，主要用于俄罗斯、法国、埃及等国家。

7.4　AI 生成视频的应用场景

AI 生成视频的应用场景十分广泛，如图 7-2 所示，涵盖了娱乐与媒体、新闻传媒领域、教育与培训、社交媒体平台、智能机器人、电子商务等多个领域，为各行业带来了创新和发展机遇。

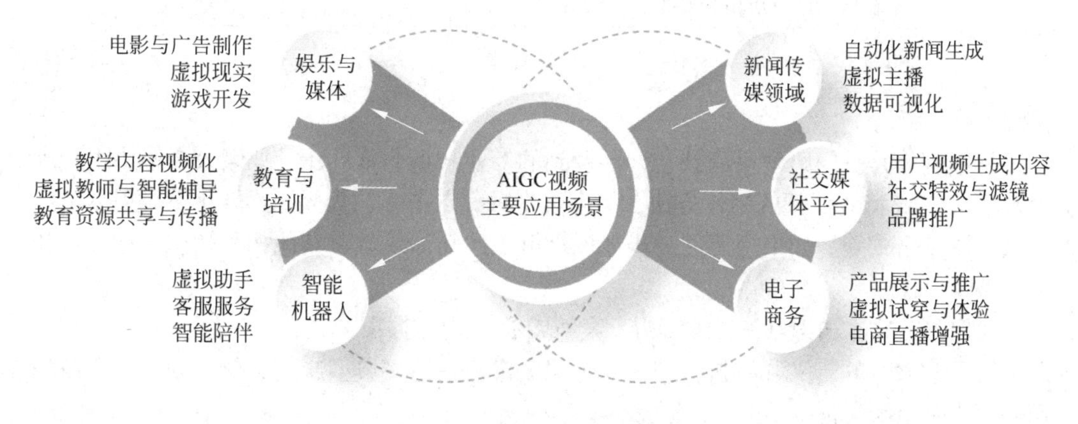

图 7-2　AI 生成视频的应用场景

7.5　AI 生成视频的常用工具

巧妙运用 AI 生成视频工具能显著提升内容创作的效率与质量。AI 生成视频的常用工具见表 7-1，灵活运用这些工具，可以使视频制作更加高效和创新。

表 7-1 AI 生成视频常用工具

工具名称	功能特点
即梦 AI	字节跳动推出的一站式 AI 创作平台，支持 AI 视频生成和图像创作功能。视频动效效果连贯性强、流畅自然，可以操控运镜，调节速度变化，有首尾帧、故事创作、对口型等功能。免费：每天提供 60-100 积分
可灵 AI	快手推出的 AI 视频生成工具。在图像质量、美学表现、运动合理性以及语义理解方面有显著提升，还引入了“运动笔刷”功能，进一步提升了视频编辑的能力。免费：每日登录可领取 66 灵感值
腾讯混元	腾讯推出的 AI 视频生成工具，视频开源模型。支持中英文双语输入，视觉效果呈现高真实感，光影、色彩和细节处理表现出色，支持镜头切换功能。免费：每日有 6 次免费生成次数，可通过完成任务获得更多次数
PixVerse	爱诗科技推出的 AI 视频生成工具。增加 Performance 模式、运动笔刷、运镜控制等功能，视频创作更加专业和生动。提供了 7 种语言界面，使其全球用户均可使用。免费：新用户赠送 100 积分，每日赠送 50 积分
Runway	Runway AI 推出的视频编辑和生成工具。包括视频抠图、自动跟踪物体、智能字幕生成、音频处理等功能，能生成接近真实世界质量的视频内容。免费：125 个一次性积分
Dream Machine	Luma AI 推出的 AI 视频生成工具。理解人物、动物和物体与物理世界的互动，提供了多样化的摄像机运动选项，帮助用户实现快速、高效的视频创作。免费：每月 30 次免费生成额度
剪映	字节跳动推出的视频编辑软件。带有全面的剪辑功能，支持视频变速、多样滤镜效果，且有丰富的曲库资源，功能包括视频剪辑、音乐合成、字幕制作、特效添加、字幕解说转换、水印祛除等
Premiere	Adobe 公司推出的专业视频编辑软件。剪辑高效精准，可进行多轨道编辑与嵌套，具备丰富转场、特效，调色功能强大，能精准音频处理，还可与其他 Adobe 软件无缝协作，广泛应用于影视、广告等领域

学一学

视频制作是一门跨学科的技艺，涉及到的专业知识非常广泛，如蒙太奇镜头组合理论及手法，AI 特效视频的制作方法，提高曝光量、点击率、赞播比、转化率等视频推广方法、视频格式等。如果想要进一步加深理解上述知识或学习其他相关知识，你可以和大模型聊一聊。

提示词公式：知识点 + 详细解析 + 案例展示 + 实践应用

（1）蒙太奇的定义和解析，列举 3 个蒙太奇镜头组接典型应用案例，列举 3 个该知识的实践应用场景。

（2）常见的摄影构图法有哪些？推荐 3 个关于构图法的“爆款”短视频。

（3）“爆款”春夏秋冬变换 AI 视频怎么生成？推荐 3 个相关“爆款”短视频。

通过 AIGC 能迅速地按需生成视频制作相关知识并做出总结，可以极大地提升学习效率和学习效果。豆包等大模型平台还可以智能推荐相关学习视频资源。

测一测

扫码进入智能体，测一测知识的掌握情况。

测一测

【例题】分辨率是指视频画面在一定区域内包含的像素点数量，是衡量视频画面清晰度的关键指标之一。以下分辨率中，（　　）被称为全高清（Full HD），常用于高质量的电视节目和网络视频。

A. 720P（1280×720）　　B. 1080P（1920×1080）

C. 2K（2048×1080）　　D. 4K（3840×2160）

【AI 助训】

AI 助训

任务 7.1　AI 助力一句话 Vlog 制作

Vlog 是 video blog 的缩写，意思是视频博客。它是一种以创作者为主体，通过视频记录个人日常生活、经历、观点、兴趣爱好等内容的短视频形式，更注重真实感和亲近感，仿佛观众是朋友，在跟随他们一起经历各种事情。Vlog 的类型丰富多彩，涵盖日常生活记录、旅行日志、兴趣爱好展示、教育与教程、产品评测、故事叙述、现场活动记录等，以及情侣、家居、学习、治愈系、职场、母婴等特定主题。

一句话 Vlog 是一种极简的视频日志形式。本任务将使用豆包、文心一言等 AIGC 大模型助力视频文案撰写，使用即梦、可灵等 AI 视频生成工具创作视频画面，再使用剪映等视频编辑软件对 AI 生成视频添加配音、字幕、音乐、封面等元素，最后再进行调整和优化形成影片，如图 7-3 所示。灵活运用各类 AIGC 技术可以实现了日产数十条爆款 Vlog 短视频，这不仅提升了视频创作的效率和质量，极大地降低了制作成本，也提供了视频号运营新路径。

图 7-3　AI 生成 Vlog 流程

打造爆款　创新创业

抖音平台某位治愈系 Vlog 博主，粉丝数超百万，作品以一句话 Vlog 为主。他发布的某个一句话 Vlog（见图 7-4），时长 25 秒，获赞 256.1 万。该片主题深刻且普遍，治愈系风格符合当下社会情绪，它成功地捕捉到了观众的情感需求，传递了积极向上的生活态度。视频中内容表达简洁有力、画面与文字相辅相成，伴随着自然景色、晨曦或夜晚的过渡，进一步强化了“天总会亮”的寓意。视频触发了集体疗愈，产生了正向反馈循环，最终成为爆款。

掌握简单的一句话 Vlog 制作技巧，也是可能创新创业、运营变现的。

图 7-4 “天总会亮”Vlog 视频

1. 生成 Vlog 视频文案

打开文心一言、豆包、通义千问、Kimi 等大模型平台，创设 Vlog 视频文案。

提问关键词：角色定位 + 数量约束 + 内容主体 + 细化要求

提示词示例：你是短视频制作达人，请生成 10 句爆款一句话 Vlog 视频文案。要求积极向上、治愈人心。

以下是生成 10 句爆款一句话 Vlog 视频文案。

（1）做一个正向的、温暖的、有规则的、能自愈的人。

（2）生活有光，微笑向暖，每一步都在遇见更好的自己。

（3）阳光正好，微风不燥，日子温暖而闪亮。

（4）坚持做自己，任何时候都不轻言放弃。

……

（10）热爱可抵岁月漫长，温柔可挡艰难时光。

内容辨析

AI 可以快速生成短视频文案，辨析生成的内容是否符合你的需要？可以尝试通过进一步设置提示词中的“细化要求”完善文案，也可以结合生成内容自主调整和修改。如将第 1 句和第 4 句整合为“做一个正向的、温暖的、有规则的、能自愈的人，任何时候都不轻言放弃”。你还可以用什么方法生成一句话 Vlog 短视频文案？

内容优化

学生自主设计提示词：____

____

“君子之修身也，内正其身，外正其容。”——欧阳修

君子提高自身修养的方法是，对内，使自己的思想端正；对外，使自己的仪容整洁。一个人最高级的修养，实则是从内在自我到外在表现的全方位自我管理。做到三观端正、仪表得体、情绪稳定、心怀感恩，在学习和生活的细微之处不断磨砺自我，在人生的广阔舞台上稳健前行。

你觉得我们还应该需要具备什么样的良好品质？

2. 生成 Vlog 视频

步骤 1　文本生视频

本任务以“做一个正向的、温暖的、有规则的、能自愈的人，任何时候都不轻言放弃”文案为例，开始创作短视频。

（1）主题设定。这句话表现的是积极向上的生活态度，可以设定攀登高峰、海边日出、沙漠胡杨等有寓意的主题情境。文字朗读时长大约 10 秒，可以用 3 个左右的镜头来表现。

（2）提示词撰写。提示词公式：场景 + 景别 + 画面内容 + 方向 + 补充 / 限定

镜头 1 提示词参考如下。

提示词示例

郁郁葱葱的山峰，全景，三个年轻人爬向山顶，背影，人物不要变形。

如果你没有提示词生成思路，也可以尝试让 AI 帮你生成一些提示词。

你是资深的短视频制作师，制作“做一个正向的、温暖的、有规则的、能自愈的人，任何时候都不轻言放弃”这句话的 Vlog，请根据以下提示词公式，按公式要求的元素生成 5 个符合文案情境的提示词。

提示词公式：场景 + 景别 + 画面内容 + 方向 + 补充 / 限定

以下是 5 个提示词。

（1）清晨公园 + 全景 + 主角在晨跑锻炼，脸上洋溢微笑 + 正面 + 阳光洒在身上

（2）午后书房 + 中景 + 主角安静阅读励志书籍，做笔记 + 侧面 + 旁边放着一杯热茶

（3）傍晚街道 + 近景 + 主角搀扶老人过马路，耐心交流 + 斜侧 + 街边灯火亮起

（4）社区花园 + 中景 + 主角与邻居一起种植花草，分享种植经验，欢声笑语 + 侧面 + 阳光透过树叶缝隙

（5）雨中操场 + 中景 + 人物冒雨跑步，甩去雨水 + 背面 + 雨滴在地面溅起水花

（3）其他参数设置。打开即梦 AI 创作平台（剪映旗下产品）首页，选择 AI 视频，进入视频创作界面，如图 7-5 所示。

图 7-5　即梦 AI 首页

细化设置 AI 生成视频的其他参数。

① 视频模型：各视频模型有不同特色，耗费的积分也不同。“视频 1.2”模型各方面都有较平衡的表现，支持自主设置运镜、运动速度等，如图 7-6 所示。“视频 S2.0”模型有更快的生成速度，兼顾高品质效果。“视频 S2.0 Pro”模型有更合理的动效，更生动自然的运镜。“视频 P2.0 Pro”模型精准响应提示词，支持生成多镜头。各平台的视频模型是不断升级迭代的。

图 7-6　文本生视频参数设置界面

② 运镜控制：运镜控制可以自主设置移动、旋转、摇镜、变焦、幅度等参数，如图 7-7 所示。不熟悉运镜规则的情况下可选择“随机”，不指定运镜，由模型根据输入图片 / 描述自动匹配。

图 7-7　运镜控制参数设置界面

③ 运动速度：运动速度默认有慢速、适中、快速，本任务可选慢速。

④ 模式选择：模式可选择标准模式、流畅模式，流畅模式适合动作幅度较大的视频生成。

⑤ 生成时长：生成时长为 3~12s，视频比例为 16∶9，生成次数为 1 次。

单击“生成”按钮，可以生成和下载 AIGC 视频，如图 7-8 所示。

图 7-8　镜头 1 画面

（4）多镜头生成。用类似的方法生成镜头 2，如图 7-9 所示。

提示词公式：场景 + 景别 + 画面内容 + 方向 + 补充 / 限定

提示词示例：郁郁葱葱的山峰，近景，登山，两个人相互搀扶着一步一步往上走，侧面，人物不要变形。

思考并尝试如何设计个性化提示词。

学生自主设计提示词：______________________________

____

图 7-9 镜头 2 画面

内容辨析

这个 AIGC 生成的内容与提示词完全匹配吗？提示词描述为“三个年轻人爬向山顶”，可是视频中则生成了四个人。这就是 AIGC 产生的“幻觉”。AIGC 幻觉是指大语言模型（LLMs）在生成内容时出现与用户输入不符、与先前生成的内容矛盾或与已知世界知识不符的现象。

那么，我们该如何优化来避免幻觉？

内容优化

方法 1：进一步优化提示词。

学生自主设计提示词：______________________________

____

方法 2：运用图片生视频的方法来减少“幻觉”。

步骤 2 图片生视频

生成镜头 3“任何时候都不轻言放弃”文案的视频画面。

根据登山的逻辑，镜头 3 可展示登山者登上山顶的喜悦。为了更好地避免幻觉现象，可以使用图片生视频功能，让生成的内容更准确。

（1）提示词撰写。提示词公式：场景 + 景别 + 画面内容 + 方向 + 补充 / 限定

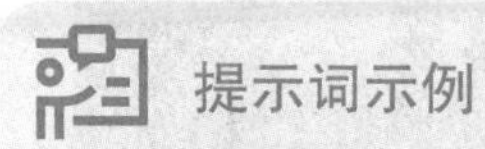

山顶，全景，登山者张开双臂欢呼，感受风迎面扑来，背影，人物不要变形。

学生自主设计提示词：＿＿＿＿＿＿＿＿＿＿＿＿＿＿＿＿＿＿＿＿＿＿

＿＿＿＿＿＿＿＿＿＿＿＿＿＿＿＿＿＿＿＿＿＿＿＿＿＿＿＿＿＿＿＿

（2）导入图片。选择“视频生成”选项卡下的“图片生视频”，上传图片。

（3）设置参数。根据目标自主设置参数，生成视频，如图 7-10 所示。

图 7-10　镜头 3 画面

3. 使用剪映剪辑 Vlog

步骤 1　添加文字

（1）新建文本。在文本选项卡中选择“新建文本”，如图 7-11 所示。

（2）文本添加至轨道。单击“默认文本”右下角的“+”键，将默认文本添加至轨道。

（3）设置文本属性。在窗口右侧“文本”选项卡的“基础”属性中，输入文本“做一个正向的、温暖的、有规则的、能自愈的人，任何时候都不轻言放弃”。可以调整文本属性，如大小、颜色、字间距等。本任务在步骤 5 将运用字幕生成功能来制作字幕，此处文本仅用作生成音频。

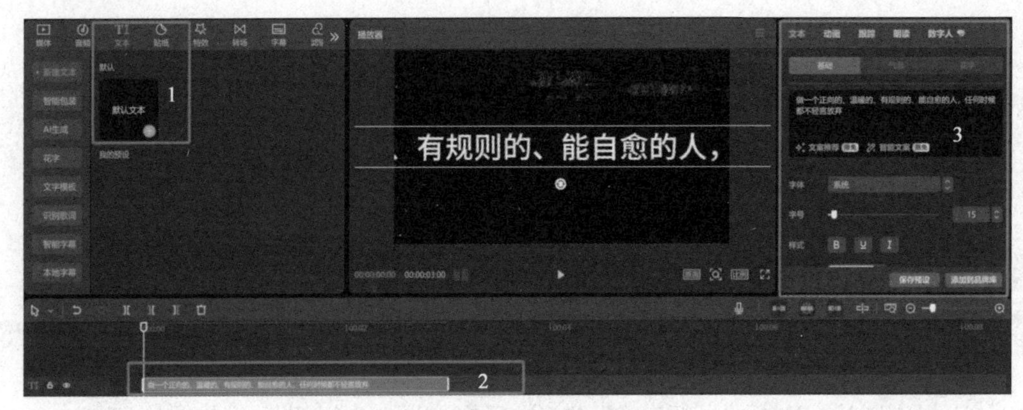

图 7-11　添加文本

步骤 2　生成 AI 配音音频

在“朗读”选项卡中，选择“热门—心灵鸡汤”声音，单击“开始朗读”插入音频至时间轴，如图 7-12 所示。在“朗读跟随文本更新”功能开启时，遇到文本内容更新，配音音频会实时随之更新。

步骤 3　导入视频素材

（1）导入素材。单击“媒体”选项卡，单击“导入”按钮，在弹出的对话框中选择 AI 生成的登山视频导入，如图 7-13 所示。

图 7-12　AI 配音

图 7-13　导入视频素材

（2）添加素材至轨道。将登山视频依次拖入到视频轨道上。

（3）设置视频属性。根据音频节奏点和时长，调整视频长短，效果如图 7-14 所示。

图 7-14　时间轴

当视频长度不匹配，或者想有不同的视觉呈现效果时，可以尝试使用视频变速功能，通过调整视频倍速或者时长来控制变速，如图 7-15 所示。尽量将视频画面变化的点调整到音频节奏点上，这样可以达到更好的视听效果。

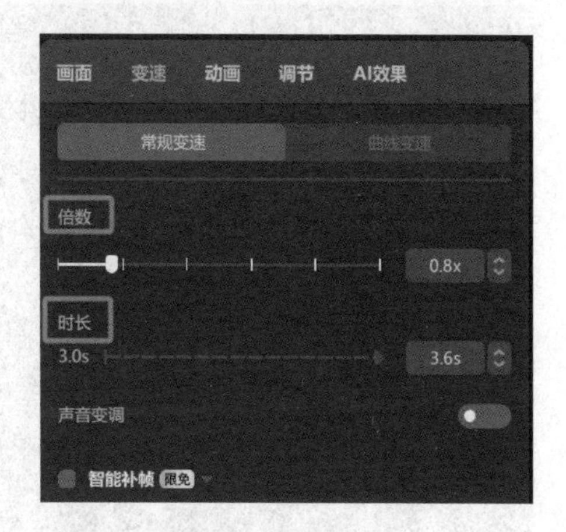

图 7-15　视频变速

步骤 4　优化视频效果

（1）添加视频转场。单击“转场”选项卡，选择合适的转场效果，如“叠化”效果，拖动至两段视频之间，即可应用转场效果。

（2）片尾淡出。选中需要添加动画的视频片段，单击“动画”选项卡，选择“出场”中的“渐隐”效果，在“动画时长”中调整好动画持续的时间，如图 7-16 所示。

图 7-16　优化视频效果

发挥创意，尝试应用其他功能优化视频效果。

步骤 5　快速生成字幕

剪映可以高效地一键生成字幕。因此，为了避免逐句调整文本，我们可以先将之前添加的文案文本删除，再一键生成统一的字幕。生成字幕的具体做法如下。

（1）生成字幕。选择“字幕”选项卡，在“识别字幕”功能区，选择“开始识别”按钮，即可根据语音自动生成字幕，目前该功能限制免费使用次数，如图 7-17 所示。

（2）校正字幕。在时间轴将文本长短与声音匹配，检查并修改字幕中的错误。

（3）优化字幕。一般情况下，文本断句调整，调整为每句字幕一行显示，句末一般不添加标点符号。文本添加阴影，一般选择白色文字，黑色阴影，确保字幕有较好的可视性。文字句淡出效果，在“动画”选项卡的“出场”中选择“渐隐”，实现自然的淡出过渡效果，如图 7-18 所示。

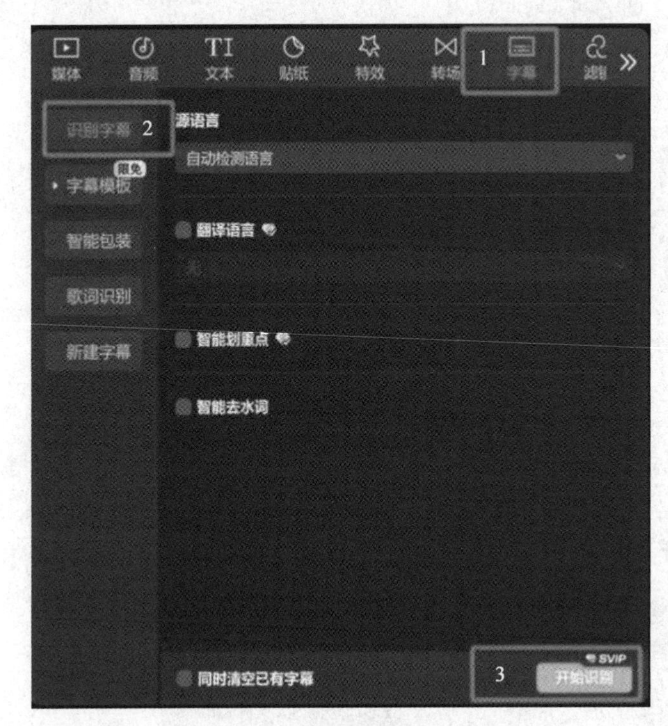

图 7-17 识别字幕

图 7-18 快速生成字幕

字幕可以让人更好地理解画面内容，也可以起到装饰画面的作用。剪映的字幕功能高质高效地识别语音生成了字幕，极大地节约了传统同步字幕操作的时间。字幕放置的位置应该考虑画面的内容，以不影响画面的可读性为基准。竖版视频要充分考虑到视频在平台发布时底部自动生成的标题和简介信息，一般要在视频底部预留 3~5 行文字距离为宜，避免视频字幕和发布标题等信息重合，影响观感。

步骤 6 添加背景音乐

（1）添加音乐。选择“音频”选项卡，在“音乐素材”功能区添加合适的音乐。此任务建议采用轻音乐，不干扰人声。

（2）裁剪音乐。在时间轴选中需要编辑的音乐片段，运用“分割”工具合理裁剪音乐，根据视频节奏，将音乐调整至合适长度。

（3）设置属性。选中音乐，在界面右上方的“基础”选项卡中设置音乐属性，如图 7-19 所示。

图 7-19　添加背景音乐

根据需要合理调整音量、淡入淡出效果。也可以根据项目 6 所学，用 AI 生成适合本任务的音乐。

步骤 7　设置封面

单击时间轴的“设置封面”工具，选择视频中的某一帧或者自主添加设计好的图片封面，在弹出的对话框中，添加封面文字并设置属性，如图 7-20 所示。

图 7-20　设置视频封面

步骤 8　导出并发布视频

（1）导出视频。单击“导出”按钮，进入导出视频界面，修改视频标题为“做一个温暖的人”，修改导出路径，设置为分辨率为 1920 × 1080，帧率为 25 帧 /s，其他参数可用默认值，最后单击“立即体验并导出”按钮导出视频，如图 7-21 所示。

（2）发布视频。一句话 Vlog 成片生成后，可以尝试着发布到抖音等视频社交平台。导出视频后，在弹出的“导出”页面中，选择发布到抖音或西瓜视频平台，设置好标题，单击“发布”按钮，即可快速完成发布，如图 7-22 所示。当然，我们也可以登录到常用的视频社交平台，在相应平台发布视频。

图 7-21　导出视频

图 7-22　发布视频

分析平台反馈的数据，如播放量、点赞数、评论数、转发数和观众留存率等指标，深入洞察观众的喜好与行为模式，将经验转化为调整策略，在主题、画面处理、情节编排等方面精准改进，让创作手法持续升级，打造更具魅力的 Vlog 作品。

中国非遗年度人物——李子柒

李子柒以独具匠心的短视频创作开启创业之路。她从田园生活取材，将传统农耕、美食烹制、手工艺制作等中华传统文化元素巧妙融入其中，以细腻唯美的画面、舒缓自然的节奏，打造出一个个充满诗意与温情的视频作品。2024 年 11 月，她在国内抖音等平台粉丝数量破亿，2021 年 2 月，以 1410 万的 YouTube 订阅量刷新由其创下的"YouTube 中文频道最多订阅量"的吉尼斯世界纪录。不仅实现了个人品牌与商业价值的极大提升，还成功地将中国传统文化推向世界，在跨文化传播与商业运营结合方面树立了典范，开辟出一条特色鲜明且极具影响力的创业新径。

李子柒获评 2020 中国文化传播年度人物、2021 中国非遗年度人物称号。2024 年 11 月，受邀出任百度百科 AI 非遗馆荣誉馆长。

身怀百技、田园牧歌只是李子柒的表象，真实、坚韧、懂感恩、有格局才是李子柒的内里。这，正是李子柒无可替代的原因。

中国拥有悠久而丰富的传统文化，你觉得我们应该怎样在全球范围内讲好中国故事，树立中华民族文化自信？

练一练：制作古诗短视频

根据学习任务的情况，完成下述实训任务并开展评价，详见表 7-2。

表 7-2　练一练任务清单

<table>
<tr><td>任务名称</td><td>制作古诗短视频</td><td>学生姓名</td><td></td><td>班　级</td><td></td></tr>
<tr><td>实训工具</td><td colspan="5">生成视频文案工具：豆包、文心一言、通义千问等。
生成视频素材工具：即梦 AI、可灵 AI、PixVerse 等。
合成视频工具：剪映等</td></tr>
<tr><td>任务描述</td><td colspan="5">你正在准备一个关于中国古代文学的项目展示，请你使用 AIGC 技术制作一个呈现古诗意境、富有创意的短视频</td></tr>
<tr><td>任务目的</td><td colspan="5">（1）学习并实践 AI 生成视频素材、配音或配乐等。
（2）深化对中华传统文化的理解与传承，实现古典与现代科技的完美结合</td></tr>
<tr><td colspan="6">AI 评价</td></tr>
<tr><td>序号</td><td colspan="2">任务实施</td><td colspan="3">评价观测点</td></tr>
<tr><td>1</td><td colspan="2">选择合适的古诗，运用豆包设计视频脚本</td><td colspan="3">提示词中是否包含视频主题、画面描述等关键词</td></tr>
<tr><td>2</td><td colspan="2">运用即梦 AI 生成视频素材</td><td colspan="3">提示词中包含画面风格、时代特征、情感氛围等关键词</td></tr>
<tr><td>3</td><td colspan="2">运用剪映添加合适的配音或配乐</td><td colspan="3">提示词中是否有对于音乐风格的要求</td></tr>
<tr><td>4</td><td colspan="2">运用剪映合成视频</td><td colspan="3">AI 生成的字幕无错别字</td></tr>
<tr><td colspan="6">学生评价</td></tr>
<tr><td colspan="6">学生自评或小组互评</td></tr>
<tr><td colspan="6">教师评价</td></tr>
<tr><td colspan="6">教师评估与总结</td></tr>
</table>

AI 助训

任务 7.2 AI 助力数字人播报视频制作

AI 数字人播报视频的兴起革新了内容创作与信息传递的方式，满足了人们对高效生成和个性化定制视频内容的需求，同时为创作者开辟了新的创意空间。从直播带货、媒体新闻报道到智能短视频创作，再到教育辅助与本地生活服务等，数字人技术不仅提升了各行业的效率和吸引力，还通过个性化的互动体验，改变了我们获取信息、学习知识和消费娱乐的习惯，推动着社会向更加智能化、个性化的方向发展。数字人视频常见应用场景如图 7-23 所示。

电商直播

新闻播报

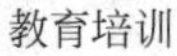

教育培训

虚拟实验

图 7-23　数字人播报应用场景

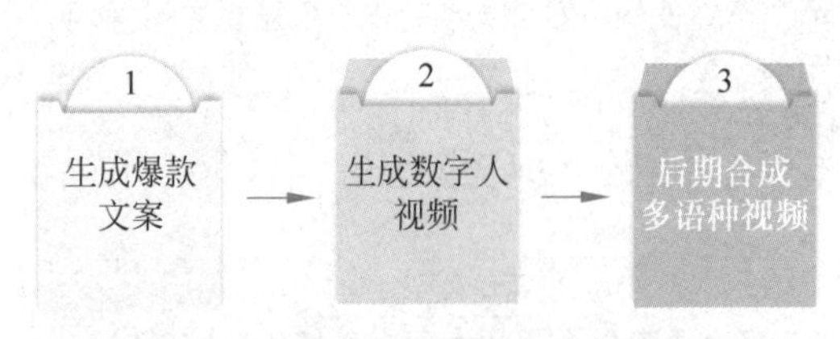

图 7-24　AI 助力数字人播报视频制作流程

本任务将使用 AI 助力生成播报文案、生成数字人播报视频，然后使用后期剪辑软件对 AI 生成的视频进行合成，如图 7-24 所示。一人即可快速完成文案策划、拍摄、后期和运营推广等流程。而且，AI 数字人播报可以达到专业级别播报水准，可以 24 小时无休循环播放，极大地提升了视频创作效率与质量，大幅降低制作成本，让创作者在视频制作浪潮中脱颖而出。

常见的数字人视频制作平台与工具如下。

（1）腾讯智影：云端智能视频创作工具，数字人制作是其亮点之一，不仅可以免费制作，而且无需安装软件，直接在线生成，其多种 AI 功能还包括文本朗读、虚拟人物播报、自动字幕识别、去除水印、视频解说等，同时海量的素材可供挑选。

（2）讯飞智作：由科大讯飞推出，其核心功能包括文本到语音的转换、虚拟数字人主播的生成和视频编辑等，支持多种语言和方言，能够满足不同用户的需求。

（3）曦灵数字人：百度推出的数字人平台，集数字人生产、内容创作、业务配置服务为一体。用户可以在平台上快速生成 AI 驱动的 2D 或 3D 数字人像，并用于制作播报视频，目前集成了数字人直播、数字人视频和数字人对话等功能。

（4）剪映：一款视频编辑软件，也提供了数字人播报视频的制作功能。拥有丰富的视频剪辑和特效功能，适用于制作简单的数字人播报视频。

1. 生成“爆款”文案

生成“华为手机”主题的直播带货“爆款”文案。

提示词公式：角色 + 直播主题 + 直播时长 + 直播话术要求 + 产品特点 + 要求

提示词示例：作为一名经验丰富的直播带货博主，请以“华为 Mate70 手机”为主题，参考上传的附件文件，再结合网络官媒报道信息，基于优秀的爆款直播带货话术模板，撰写一个 10 分钟左右的华为 Mate70 手机直播带货文案。要求突出产品创新特色，播报信息准确，注意不要出现违禁词。

【数据投喂】同时上传“华为 Mate 70 手机介绍”文件。

【直播开场】亲爱的朋友们，大家下午好！欢迎来到我们的直播间，我是你们的好朋友［主播昵称］。今天我要给大家带来一款备受期待的手机——华为 Mate70！它于 2024 年 11 月 26 日正式发布！这款手机不仅是华为年度压轴之作，更是华为技术创新实力的集中展现。相信很多朋友都在关注这款手机，废话不多说，让我们马上进入今天的主角——华为 Mate70 系列！

【产品介绍】首先，让我们来看看华为 Mate70 的设计之美……

说到屏幕，华为 Mate70 系列采用了 6.69 英寸 1.5K LTPO 屏幕……

性能方面，华为 Mate70 系列搭载了全新的麒麟处理器，……

拍照一直是华为手机的强项，华为 Mate70 系列也不例外……

华为 Mate70 系列还内置了 5000mAh 至 6000mAh 的新型硅负极电池，……

安全方面，华为 Mate70 系列采用了侧边指纹识别和 3D 人脸识别技术……

【特色功能】值得一提的是，华为 Mate70 系列还引入了全新的魔法手势功能……

【系统体验】最后，华为 Mate70 系列预装了最新的 Harmony OS NEXT 操作系统，这是一个真正意义上的“纯血鸿蒙”系统……

【促销活动】好了，说了这么多，大家是不是已经迫不及待想要拥有一台华为 Mate70 了呢……

【直播结束】亲爱的朋友们，今天的直播就要接近尾声了。感谢大家的观看和支持，如果还有任何问题，欢迎随时在直播间留言或者私信我哦。记得关注我们的直播间，更多精彩内容等着你！我们下次直播再见！

内容辨析

这个 AIGC 生成的直播文案主要从六个维度展开：主直播开场、产品介绍、特色功能、系统体验、促销活动、直播结束。这是否符合你的设计要求？请根据你的直播带货需求设计个性化提示词。

内容优化

学生自主设计提示词：____

____

总体上来说，一个好的直播文案应当具备明确目标、突出重点、吸引开场、保持互动、建立信任、制造紧迫感的特点。通过合理的节奏安排、情感共鸣和互动设计，有效地吸引观众的注意力，提升参与感，并最终促成购买行为。

【技术创新 国产之魂】：华为芯片 华为系统

在 2019 年，美国对华为实施了严厉的芯片禁令，限制了华为从国际市场获取先进芯片。面对这一困境，华为并未退缩，秉持“自力更生，自主创新”的理念，大力发展国产芯片及操作系统，例如加大对海思半导体的投入，持续研发“麒麟”系列手机芯片和“鲲鹏”服务器芯片等产品，HarmonyOS 操作系统实现了从硬件到软件的全面国产化突破。

在面临国际市场的严峻挑战时，华为坚持核心技术自主研发，不仅打破了国外技术垄断，还为国内相关产业树立了标杆。华为的国产化战略，不仅体现了企业对国家科技自强的承诺，也展示了其在全球竞争中坚持独立自主的决心，弘扬了民族精神，激发了创新意识，培养了爱国情怀。

华为的国产化战略如何推动国内相关产业的技术进步与市场发展？对中国科技创新发展产生了哪些深远影响？

2. 生成数字人视频

步骤 1　选择制作平台

本任务以腾讯智影平台为例生成数字人视频。登录腾讯智影 AI 大模型平台，选择数字人播报功能版块开展创作，如图 7-25 所示。腾讯智影平台制作数字人的丰富虚拟形象和音色库，以及播报内容设置功能是其亮点。

步骤 2　设置数字人形象、播报词和音色

（1）进入数字人。单击“数字人”功能，进入数字人预置形象页面，如图 7-26 所示。

（2）选择形象。选择合适的数字人预置形象，本任务以“雨泽”为例。

图 7-25　腾讯智影主页

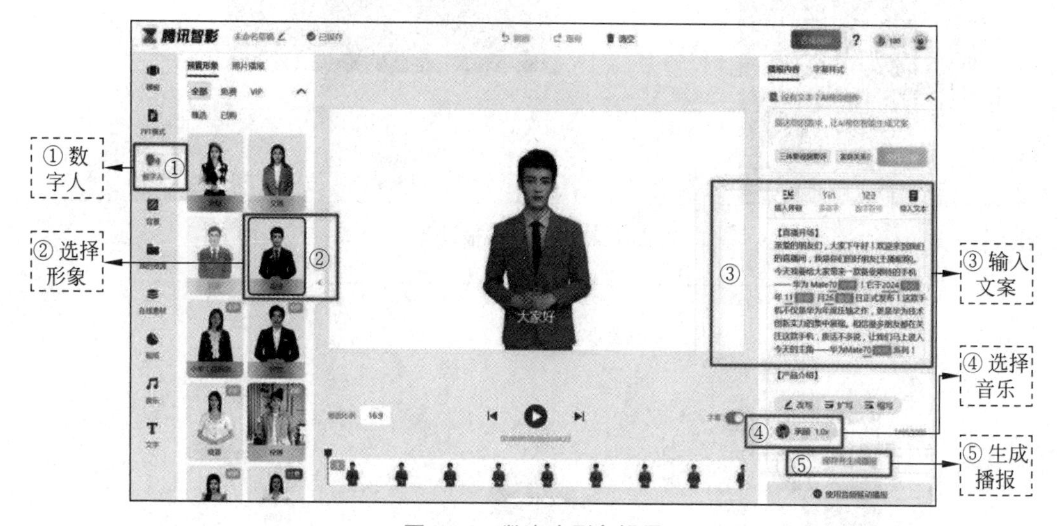

图 7-26　数字人形象设置

（3）输入播报文案。将前面生成的文案复制到“播报内容”区域，根据播报习惯，在合适的地方插入停顿，并选择数字设置数字符号的读法。一般情况，需设置非数值型数字的读法，如“华为 Mate70”，要将 70 的读法设置为“序列读法：七零”。注意，文本区无需朗读的文字一定要删除，如“直播开场”等标题信息。

（4）选择音色。在音色功能区中，选择合适的播报音色，如“星朗朗”，1.0 倍速。

（5）生成播报。单击“保存并生成播报”按钮，生成可编辑的播报视音频。

当然，我们也可以设置照片播报，上传自己的照片或者选择系统中的主播照片生成数字人视频，如图 7-27 所示。

步骤 3　设置个性化视频效果

（1）个性化设置。使用腾讯智影平台制作数字人时，还可以个性化设置背景（包含图片背景、纯色背景和自定义背景）、贴纸、音乐和文字等，可根据直播间的定位和风格自主设置。

（2）剪辑视频。根据播报具体需求，单击屏幕下方“展开轨道”按钮，展开时间轴编辑区域，可以对添加的视频、音频、音乐、贴纸和文字等对象进行编辑，如图 7-28 所示。

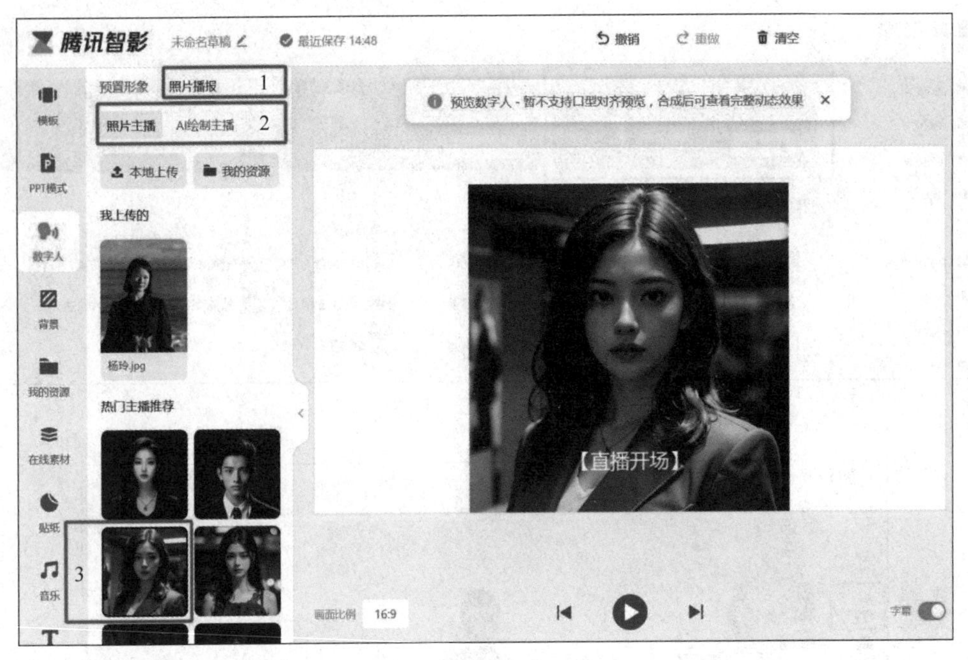

图 7-27　照片播报设置

图 7-28　个性化设置

为了更好地进行个性化后期设计，本任务综合运用腾讯智影平台的数字人特色，剪映平台的字幕、资源库和后期合成特色。腾讯智影中的字幕文字在竖屏画面比例时，可能出现同时显示两行文字的情况。因此，本任务将腾讯智影中生成的文字字幕移至屏幕外，让其不可见，后面再在剪映中重新生成字幕。

步骤 4　合成视频

编辑结束后，单击屏幕右上角的“合成视频”按钮，即可生成视频。单击主页左边导航栏中的“我的资源”版块，可以选择下载生成的“华为 Mate70 数字人播报 .mp4”视频，如图 7-29 所示。

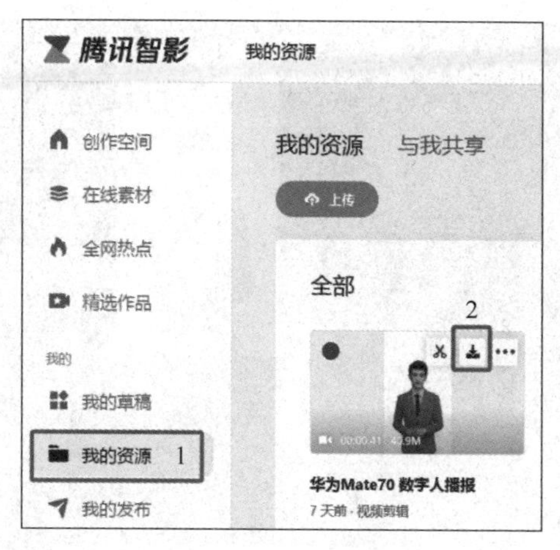

图 7-29　下载视频

数字人的行为规范

数字人播报的内容应当合法、真实、准确。数字人播报需遵循一定的道德标准，确保其言行符合社会公序良俗，避免传递不当或有害的信息。在收集和处理用户数据时，必须确保数据的安全性和保密性，防止个人信息泄露或滥用。AI 数字人的责任主体是背后的自然人。

在使用 AIGC 生成和处理数据时，如何确保数据的合法性和安全性？有哪些具体的技术手段和法律保障？

3. 使用剪映剪辑多语种视频

步骤 1　导入素材

单击“导入”按钮，导入腾讯智影生成的数字人视频、网上下载或者 AI 生成的直播间背景图片，并添加至主轨道，背景图片层在下，如图 7-30 所示。

步骤 2　抠像

选择数字人轨道的视频，在右上角“画面”属性中选择“抠像”，选中“色度抠像”，单击“取色器”右边的吸管工具，在播放器中单击视频的白色背景，吸取白色以去除白色。再适当调整强度值、边缘羽化和边缘消除值，优化数字人画面呈现效果，如图 7-31 所示。

带钻石图标的功能是会员功能，非钻石图标标注的功能可以免费使用，下同。

步骤 3　生成多语种字幕

（1）添加中英双语字幕。单击“字幕”选项卡，在左侧导航列表中选择“识别字幕”，勾选“翻译语言”前的复选框，在下拉列表中选择“英语”。单击“开始识别”，自动生成中英文字幕，如图 7-32 所示。目前，剪映目前支持的源语言有中英文，翻译语言包含中、英、日、韩四国语言。

图 7-30　导入素材

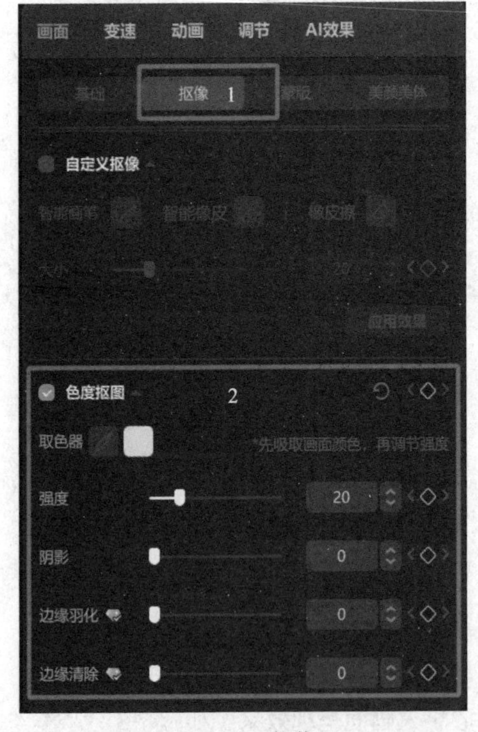

图 7-31　抠像

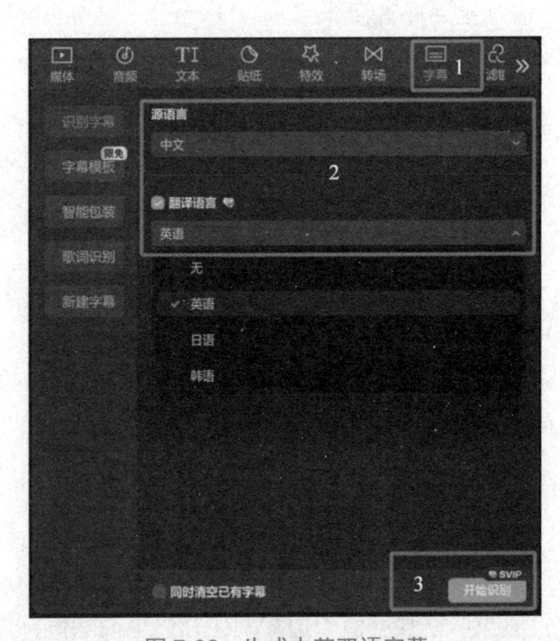

图 7-32　生成中英双语字幕

（2）优化、调整字幕。移动时间轴指针预览字幕效果，在右侧“文本”属性中，适当调整中英文字体大小，设置字幕“阴影”为黑色。接着，全选英文字幕，鼠标在播放器区域拖动字幕调整文字位置。设置原则：视频传播的主体市场国家的文字放上面，字体可以稍大；字体颜色和阴影颜色为对比色，保证字幕在实时变化的背景中有良好的可视性。然后，如果有两行显示的字幕，选中并用鼠标拖动文本框边框改变文本框宽度，保证所有主体字幕文字一行显示。当某个字幕文字实在太多的时候，可裁剪为两句。

在生成字幕时，要确保字幕内容准确无误地反映视频中的观点和信息，同时避免产生文化或语境上的歧义。

步骤 4　设置背景音乐

在“音频”选项卡中添加不干扰人声播报的音乐，本任务采用轻快的纯音乐 Sunset。在社交平台，采用热度高的音乐可以一定程度增加引流量。然后，根据语音内容裁剪音乐，并设置音量、淡入淡出等音乐属性，也可以尝试使用 AI 音乐功能进行创作。

步骤 5　添加片头和片尾

片头和片尾在直播带货视频中扮演着重要的角色，它们不仅能够帮助观众快速了解直播的主题和内容，还能在直播结束后留下深刻印象。

（1）添加片头片尾。单击“模板”选项卡，在左侧的导航功能中单击“片头片尾”，选择“白色简洁 logo 片头”，添加至时间轴最前面当作片头，添加至时间轴最后当作片尾。模板中的 logo 图片和文字都是可以修改的。

（2）修改属性。单击片头，修改文本为“华为 Mate70 闪耀上市”，如图 7-33 所示。单击片尾，修改文本为“华为 Mate70 你值得拥有”，适当调整文字行距和位置。

图 7-33　添加片头和片尾

步骤 6　设置封面并导出视频

（1）封面选择。单击时间轴的“封面”工具，在弹出的“封面选择”对话框中，时间轴上定位到想设置为封面的某一帧，再单击“去编辑”按钮，如图 7-34 所示。

（2）封面设计。在弹出的“封面设计”对话框中，可以选择模板字体，修改为自己的宣传内容；也可以自主单击“文本”选项卡，自主设置文本内容。确定设计效果后，单击“完成编辑”按钮，封面就设计好了，如图 7-35 所示。

（3）导出视频。设置导出文件的标题和路径，设置分辨率为 1080P，编码为 H.264，格式为 mp4，帧率设置为 25 帧 /s。

图 7-34　封面选择

图 7-35　封面设计

数字人带货播报视频生成后，可以尝试着发布到直播平台应用。通过分析平台反馈的数据，如观看时长、商品点击量、观众互动频率、粉丝增长数等。若观看时长较短，可精简内容节奏；商品点击量低，调整货品展示策略；互动少，优化话术引导互动；粉丝增长慢，重塑风格定位吸引受众。让创作手法持续升级，打造更具带货力与影响力的作品。

数字人带货播报视频制作还可以怎样去创新形式?

以下是一些数字人带货播报视频制作的创新形式。

（1）情景短剧式带货：创作一系列围绕产品使用场景的短剧，数字人在剧中扮演不同角色。如对于家居清洁产品，数字人可以饰演一位忙碌的家庭主妇，面对厨房油污、地板污渍等清洁难题，然后展示该产品如何轻松解决问题。

（2）跨次元联动带货：将数字人与知名动漫、游戏或影视角色进行联动。

（3）沉浸式体验带货：使用 360 度全景视频或虚拟现实（VR）技术，让观众仿佛置身于产品的使用环境中。

（4）知识科普带货：数字人不只是单纯介绍产品，而是深入讲解产品背后的知识、原理或行业动态。

（5）互动游戏式带货：在视频中设置一些简单的互动游戏环节，数字人提出与产品相关的问题或挑战，观众通过在评论区留言或点击视频中的互动按钮参与。

练一练：制作 AI 数字人新闻播报视频

根据学习任务的情况，完成下述实训任务并开展评价，详见表 7-3。

表 7-3　练一练任务清单

任务名称	制作 AI 数字人新闻播报视频	学生姓名		班　　级	
实训工具	生成视频文案工具：豆包、文心一言、通义千问等。 生成数字人视频素材工具：腾讯智影、讯飞智作、曦灵数字人等。 合成视频工具：剪映、Premiere 等				
任务描述	学校每周都有大量的新闻或专题报道，你准备用 AIGC 技术设计并实现一段制作 30 秒至 2 分钟具有专业播报水准的 AI 数字人新闻播报视频，创新新闻播报形式				
任务目的	（1）分析需要播报的新闻和信息的内容类型，策划播报的形式，如 PPT+ 人物讲解、新闻播报间 + 新闻主播、场景 + 人物讲解等。 （2）学习和实践数字人新闻播报视频的制作。 （3）通过播报各类新闻和信息，培养信息筛选、分析和处理能力				
AI 评价					
序号	任务实施	评价观测点			
1	策划播报形式	（1）提示词中是否包含播报主题、场景等关键词； （2）提示词中是否包含播报主题、时长、新闻话术等关键词； （3）AI 生成的字幕无错别字			
2	筛选新闻与编写播报脚本				
3	数字人设计与制作				
4	视频合成				
学生评价					
学生自评或小组互评					
教师评价					
教师评估与总结					

任务 7.3：AI 助力宣传片制作

【AI 拓学】

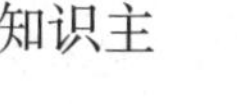

AI 拓学

1. 拓展知识

除了上述任务中的相关知识，我们还应使用 AIGC 进行拓展知识的学习，推荐知识主题及示范提示词见表 7-4。

表 7-4　项目 7 拓展学习推荐知识主题及示范提示词

序号	知识主题	示范提示词
1	剧本创作	你是资深的编剧，请分析如何撰写一个优秀的剧本
2	角色设计基本原则	设计角色动画形象，要让角色符合故事背景和风格，需要遵循哪些原则
3	短视频推广	你是资深的视频运营师，请生成抖音平台有效推广短视频的方案

2. 拓展实践

（1）制作故事动画片。

通过本项目的学习，你应该已经学会了 AIGC 视频生成的基本方法，熟悉了综合使用 AIGC 助力文案撰写、图片生成、视频生成等技能。下面请你使用 AIGC 辅助完成一个故事动画片的制作，要求见表 7-5。

表 7-5　AIGC 辅助制作故事动画片

任务主题	任务思路	任务要求
请制作一个故事动画片	生成积极向上、情节合理的故事文案	题目自拟，主题明确，内容完整，故事线清晰，有较好的艺术性、技术性和创新性
	根据故事文案生成并优化分镜头脚本	
	根据分镜头脚本生成故事动画片视频素材	
	灵活运用后期剪辑软件合成故事动画片	

（2）信息技术基础实践任务：使用 WPS 实现员工信息表数据的分析。

【生成式作业】

【评价与反思】

根据学习任务的完成情况，对照学习评价中的“观察点”列举的内容进行自评或互评，并根据评价情况，反思改进，填写表 7-6 和表 7-7。

表 7-6　学习评价

观　察　点	完全掌握	基本掌握	尚未掌握
文本生成视频			
图片生成视频			
制作数字人播报视频			

续表

观　察　点	完全掌握	基本掌握	尚未掌握
首尾帧动画			
使用智能画布			
对口型视频			
使用剪映剪辑视频			

表 7-7　学习反思

反　思　点	简要描述
学会了什么知识?	
掌握了什么技能?	
还存在什么问题，有什么建议?	

学习画像

扫一扫右侧“学习画像”二维码，查看你的个人学习画像。

| 项目 8 |

智能的化身：AIGC 与智能体

项目 8
教学视频

【AI 导学】

AI Agent：执行复杂任务的智能体

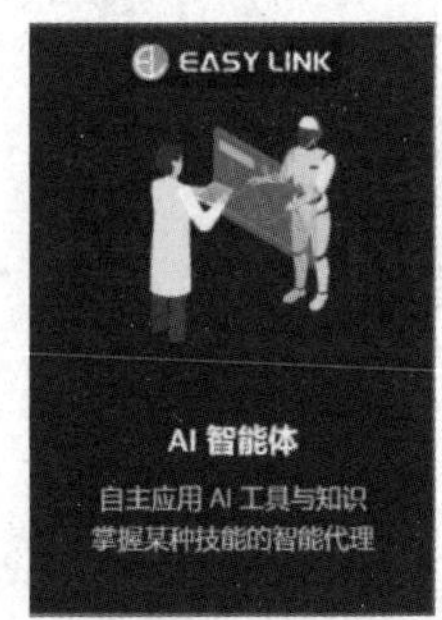

金融分析智能体

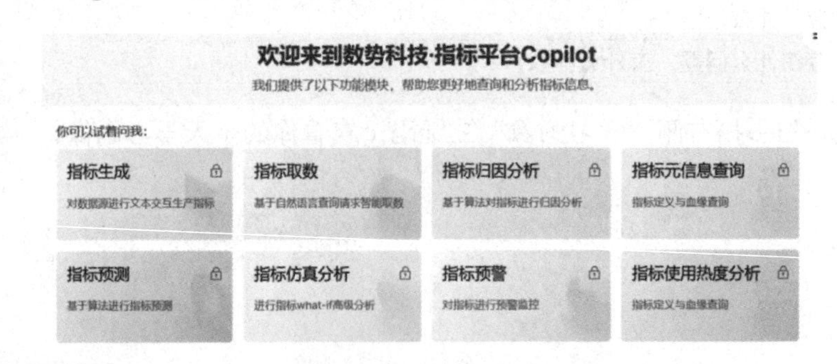

数据分析智能体

个人应用智能体

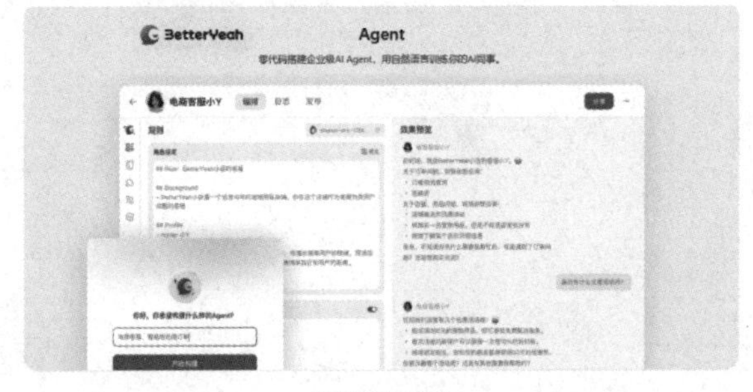

招聘智能体

从 AIGC 发展看，大致经历了三波浪潮。第一波是以 GPT 为代表的大模型的出现；第二波是应用层的快速创新，如微软 Copilot，使智能化从 Chat 向 Work 转化；第三波是深度业务场景的应用，打通业务数字化全流程，服务实体经济。在满足企业智能化需求、打通业务场景的过程中，智能体（AI Agent）作为一种理想的产品化落地形态，正在承接日益复杂的提质增效需求，并强化内外部协同效能，释放组织核心生产力，对抗组织熵增带来的挑战。当 AI 从被使用的工具变成可以使用工具的主体，这种具备任务规划和使用工具能力的 AI 系统可被称为 Auto-Pilot 主驾驶，即 AI Agent。在 Co-Pilot 模式下，AI 是人类的助手，与人类协同参与到工作流程中；在 Auto-Pilot 模式下，AI 是人类的代理，独立地承担大部分工作，人类只负责设定任务目标和评估结果。

试一试

Coze 是由字节跳动推出的一个 AI 聊天机器人和应用程序编辑开发平台，可以理解为字节跳动版的 GPTs。无论用户是否有编程经验，都可以通过该平台快速创建各种类型的聊天机器人、智能体、AI 应用和插件，并将其部署在社交平台和即时聊天应用程序中。大家从 Coze 首页中文本创作板块下找小说续写类或其他自己感兴趣的智能体体验一下。

在本项目中，我们将探讨人工智能生成内容（AIGC）与智能体技术的结合应用，并详细说明如何使用相关平台来创建、管理和优化由人工智能驱动的内容创作流程。我们将详细介绍智能体的典型应用——聊天机器人与虚拟助手。作为智能体的代表，它们能够提供全天候的客户支持服务，不仅能够回答常见问题，解决常规问题，甚至能够处理更为复杂的请求或投诉。

学习图谱

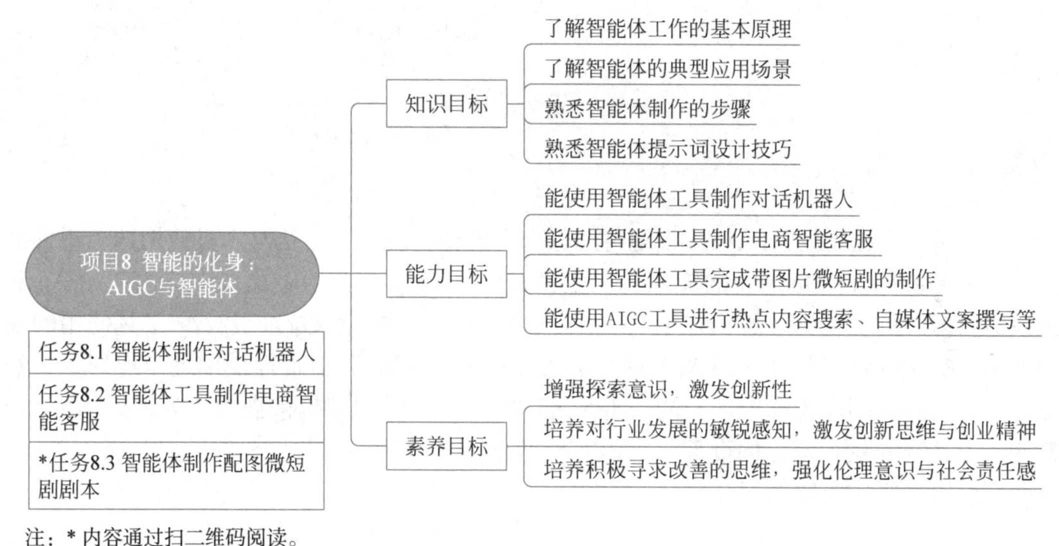

注：* 内容通过扫二维码阅读。

【AI 助学】

AI 助学

8.1　智能体的定义

AI Agent 是一种能够感知环境、进行决策和执行动作的智能实体，如图 8-1 所示。相较于传统的人工智能，AI Agent 展现出通过独立思考和调用工具逐步达成预设目标的能力。例如，若指令 AI Agent 代为订购外卖，它能够自主调用外卖 APP 进行菜品选择，并继而调用支付程序完成订单支付，无需人为逐一指定操作步骤。Agent 的概念由 Minsky 在其 1986 年出版的《思维的社会》一书中提出，Minsky 认为社会中的某些个体经过协商之后可求得问题的解，这些个体就是 Agent。他还认为 Agent 应具有社会交互性和智能性。自此，Agent 的概念被引入人工智能与计算机科学领域，并迅速发展成为研究的关键焦点。然而，受限于数据与计算能力的不足，在当时实现真正具备智能的 AI Agents 尚缺乏必要的现实基础。

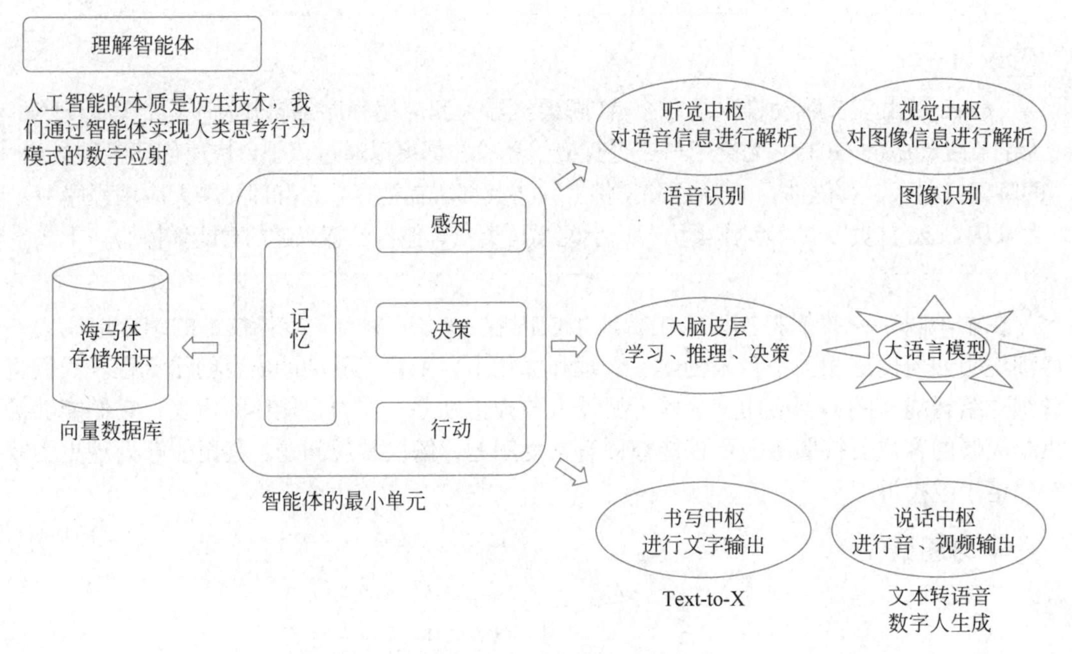

图 8-1 智能体的仿生映射

8.2 AI Agent 的框架

一个基于大模型的 AI Agent 系统可细分为大模型、规划、记忆与工具使用四个组件部分，如图 8-2 所示。OpenAI 的应用研究主管 Lilian Weng 在其博客文章中提出，AI Agent 将成为新时代的里程碑。她构建了 Agent= 大语言模型 + 规划技能 + 记忆 + 工具使用的基础架构，其中大语言模型（LLM）扮演了 Agent 的“大脑”，负责提供推理、规划等核心能力，其余模块则作为辅助，共同完善系统功能。此四模块架构被视为较为理想的 Agent 架构，也是当前最为流行的框架。大语言模型作为大脑核心，其他模块则作为能力扩展，这些模块的主要功能如下。

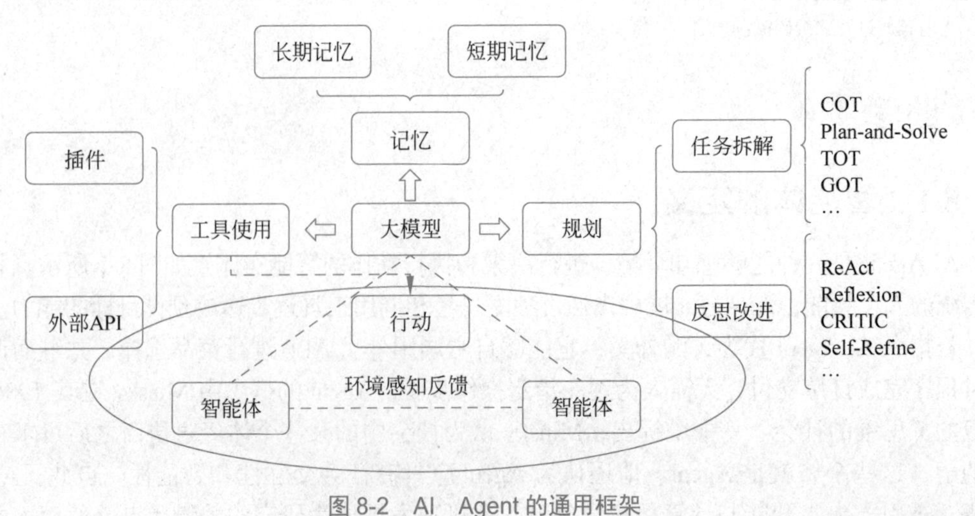

图 8-2 AI Agent 的通用框架

注：来源于 2024 年《中国 AI Agent 应用研究报告》

1. 规划

子目标分解：AI Agent 具备将庞大且复杂的任务细分为多个较小、易于管理的子目标的能力，以确保复杂任务得到有效处理。

反思与优化：AI Agent 能够针对过往行动进行自我审视与反思，从错误中汲取教训，并在后续步骤中实施改进，从而持续提升最终成果的质量。

2. 记忆

短期记忆：AI Agent 在执行任务时，具备暂时储存信息并迅速访问的能力。短期记忆通常源自大型语言模型的上下文学习。例如，提示词工程（Prompt Engineering）便使用了短期记忆进行学习。

长期记忆：AI Agent 拥有存储知识、经验或习得模式的能力，这些信息可长期甚至无限期保存。具备长期记忆的 AI Agent 通常配备有外部向量存储，AI Agent 可在查询时访问这些存储，实现快速检索，以获取大量信息。

3. 工具使用

AI Agent 能够调用外部 API，以获取模型权重中未包含的额外信息，这些信息包括实时信息、代码执行能力和对专有信息源的访问权限等。

8.3　AI Agent 的价值

大语言模型目前存在的一些缺点：①会产生幻觉；②结果并不总是真实的；③对时事的了解有限或一无所知；④很难应对复杂的计算；⑤没有自主行动能力；⑥没有长期记忆能力。

在这种情况下，AI Agent 想要发挥其作用可以通过使用外部工具克服这些限制。这些工具可以是各种插件、集成 API、代码库等。例如，使用头条搜索获取最新信息，使用 Python REPL 执行代码，使用 Wolfram 进行复杂的计算，使用外部 API 获取特定信息。

AI Agent 通用的框架通过大语言模型生成的指令轻松实现这些工具的调用。可以说，AI Agent 的诞生是为了让人们使用大语言模型去处理各种复杂任务，或者说是发挥出大语言模型的最佳性能。在这方面，目前科技厂商们通过各种架构与方法所构建的行动类 Agent 和规划执行类 Agent，已经能够处理十分复杂的任务。总结基于大语言模型 AI Agent 存在价值，见表 8-1。

表 8-1　基于大语言模型 AI Agent 存在价值汇总

序号	价 值 点	描　述
1	提升工作效率和降低成本	通过数字化转型提高生产力，改善客户体验
2	改善客户体验	在个人生活中提供帮助，如生活助手、健康咨询、娱乐推荐等
3	全流程支持	提供从问题识别到解决方案评估的全流程支持
4	7×24 的可用性	全天候无休工作，确保持续提供服务、支持或监控
5	节省成本	减少管理日常任务所需的人力资源，节省工资、培训和相关费用
6	数据驱动的洞察力	收集和处理大量数据，提供关于客户行为、市场趋势和运营效率的见解

续表

序号	价 值 点	描 述
7	个性化服务	提供个性化的学习资源和辅导，提高学习效率和兴趣
8	提高决策的可追溯性	提高人工智能决策的可追溯性和可解释性
9	实现反射型 AI 行为	支持从简单的 single-Agent 应用到复杂的 multi-Agent 环境的系统开发
10	多智能体能力	创建多个人工智能实体的系统，实现实体间的沟通、协作甚至竞争
11	任务分解和主动互动	自己完成任务的步骤分解，主动跟用户互动来明确执行流程
12	商业价值	提供构建实用 AI 应用的框架和工具，开启业务流程自动化的新可能

8.4 智能体的应用场景

根据智能体的功能、任务和应用场景，可以将 AI Agent 划分为 10 大类、30 个小类。具体类别和描述见表 8-2。

表 8-2 基于大语言模型 AI Agent 的应用场景

类 别	子 类 别	描 述
对话 Agent	任务型对话 Agent	完成特定领域的任务，如客服、订票、点餐等
	开放域对话 Agent	就开放性话题进行聊天，提供陪伴、娱乐等功能
	知识问答 Agent	根据用户问题进行检索、推理和回答
智能助理 Agent	个人助理 Agent	协助用户完成日程管理、邮件处理、信息检索等任务
	工作助理 Agent	辅助专业人士进行数据分析、报告撰写、决策支持等
	教育助理 Agent	为学生提供个性化学习指导、作业辅导等服务
推荐 Agent	商品推荐 Agent	根据用户偏好、历史行为推荐商品或服务
	内容推荐 Agent	根据用户兴趣推荐文章、视频、音乐等内容
	社交推荐 Agent	推荐好友、社交活动、兴趣组等
自动化 Agent	工业自动化 Agent	对生产线、设备等进行监控、调度、优化控制
	办公自动化 Agent	完成文档处理、流程审批、信息录入等办公任务
	家庭自动化 Agent	控制家电、安防、能源管理等智能家居设备
决策支持 Agent	金融决策 Agent	进行投资分析、风险评估、交易执行等
	医疗决策 Agent	辅助诊断、治疗方案制定、药物推荐等
	企业决策 Agent	支持市场分析、战略规划、资源调度等决策
仿真 Agent	游戏角色 Agent	扮演游戏中的虚拟角色，提供智能对战、互动体验
	虚拟人 / 数字人 Agent	模拟现实人物，进行人机交互、创作表演等
	群体仿真 Agent	模拟社会群体行为，进行政策分析、效果预测等
感知与交互 Agent	计算机视觉 Agent	对图像和视频进行分析、识别、理解等
	语音交互 Agent	进行语音识别、语音合成、声纹认证等
	体感交互 Agent	捕捉和理解人体姿态、手势、表情等信号
执行 Agent	机器人控制 Agent	对物理机器人进行感知、规划、控制
	无人系统 Agent	对无人车、无人机等进行自主导航、任务执行
	智能硬件 Agent	对可穿戴设备、智能家电等进行控制和优化

续表

类　别	了 类 别	描　述
安全 Agent	网络安全 Agent	进行异常检测、威胁分析、攻击溯源等，维护网络安全
	身份认证 Agent	通过生物特征、行为模式等进行用户身份验证
	隐私保护 Agent	对敏感数据进行脱敏、加密，防止隐私泄露
协作 Agent	物流调度 Agent	协同优化仓储、配送、运输等物流环节
	供应链协同 Agent	促进供应商、生产商、零售商等协同运作
	跨组织协同 Agent	支持不同企业、机构之间的业务协同与资源共享

8.5　常用 AI Agent 工具

企业专业类场景应用探索程度，与其大模型“大脑”保持相对一致，在办公、编码、财税、数据分析、营销等场景优先起步。对于生活专业类场景而言，受限于早期的工具生态、服务监管和尚未清晰的盈利模型，AI Agent 应用探索程度普遍较低。常用 AI Agent 工具见表 8-3。

表 8-3　常用 AI Agent 工具

类　别	工具名称	简　介
开发平台	Coze（扣子）	字节跳动推出的 AI 聊天机器人和应用程序编辑开发平台，可以创建类 GPTs 机器人，适合低代码或无代码的智能体构建需求
	豆包	字节跳动推出的用于构建类 GPTs 聊天机器人的 AI 应用构建平台
	文心智能体平台	百度推出的基于文心大模型的 Agent 平台，支持开发者根据自身行业领域、应用场景选取不同类型的开发方式
	飞书智能伙伴	字节跳动旗下在线办公品牌飞书的 AI 产品，是一个开放的 AI 服务框架，支持多款大模型以及用户自定义构建智能伙伴
	钉钉 AI 助理	钉钉平台推出的智能化工具，汇集了钉钉的 AI 产品能力，企业用户和个人用户可以根据需求创建个性化 AI 助理
	天工 SkyAgents	昆仑万维旗下的 AI Agent 开发平台，允许用户通过自然语言输入和可视化拖拽来快速构建服务于具体业务场景的 AI Agents
	Dify.AI	一个大语言模型应用开发平台，支持超过 10 万个应用的构建，集成了 Backend as Service 和 LLMOps 的理念，适用于构建生成式 AI 原生应用
	斑头雁智能 betteryeah	一个企业级 AI Agent 构建平台，服务包括从 AI 知识库搭建训练到智能客服系统本地部署的全套流程
	CoLingo	一个 AI 应用开发一体化平台，为全栈开发人员提供了一套全面的工具，开发人员可以将 AI 功能无缝集成到自己的应用程序中，并创建与自己的数据进行交互的个性化 AI Agent
办公助手	办公小浣熊	商汤科技推出的 AI 办公助手
	vika 维格云	智能多维表格和数据生产力平台
	酷表 ChatExcel	北大团队开发的通过聊天来操作 Excel 表格的 AI 工具
其他	智谱清言	智谱推出的生成式 AI 助手，可以构建智能体，在工作、学习和日常生活中为用户解答各类问题，完成各种任务
	汇智智能 Gnomic 智能体平台	一个 AI Agent 多模态平台，旨在为个人和企业提供多样化的智能体服务，支持多模态的 AI Agent 创作
	tyrion.ai	一个 AI agent 开发平台，为给客户提供端到端的 AI agent 解决方案，赋能其沉淀专家知识库和搭建专家

学一学

基于大模型的智能体是一种通用的应用形式，它能够跨越多个领域和场景，展现出强大的适应性和灵活性。在实际应用中，基于大模型的智能体可以表现为聊天机器人、虚拟助手、自动化客服、内容生成器、数据分析师、决策支持系统等。它们能够处理复杂的查询，生成高质量的文本，进行图像识别，甚至参与到多步骤的任务执行中。如果想要进一步加深理解上述知识或学习其他相关知识，你可以和大模型聊一聊。

提示词公式：知识点 + 详细解析 + 案例展示

提示词示例：

- 详细解析 AI Agent 从起源至今的发展历程，包括各个阶段的关键技术突破和标志性事件，并通过案例展示历史上重要的 AI Agent 项目及其对当时技术和社会的影响。
- 请深入介绍基于大型语言模型的 AI Agent，详细解析它们的形态、功能特性和在自然语言处理方面的能力，并举例说明这些 AI Agents 在不同领域中的应用案例，如智能客服、个人助手等，以展示它们的特点和优势。
- 请阐述 AI Agent 为企业带来的商业价值，详细解析常见的商业模式，如直接销售、服务订阅、按使用量计费等，以及成功的市场策略，并通过案例展示企业如何使用 AI Agents 实现业务增长、成本控制和效率提升，同时分享一些企业在制定 AI Agent 相关商业策略时的最佳实践。

通过智能对话，AIGC 能迅速总结智能体这一新兴技术的发展历程。豆包等大模型还可以智能推荐相关学习视频资源。

测一测

测一测

扫码进入智能体，测一测知识的掌握情况。

AI 智能体的核心是（　　）模块。

A. 大语言模型　　B. 代码工具　　C. 记忆模块　　D. 环境传感器

AI 助训

【AI 助训】

任务 8.1　智能体制作对话机器人

智能体可以看作是一个超级个人助理，而传统 APP 在应用内只能执行简单任务。智能体基于 AI 大模型和特定场景，可跨应用调动并自动执行一系列复杂任务，重塑人与技术的互动方式，带来新的流量格局和商业模式。

对话机器人应该有哪些功能？智能体应该可以实现哪些功能？

对话机器人和智能体（也称为 AI 助手或虚拟助手）是设计来模仿人类交流、理解自然语言，并根据用户的请求执行任务的计算机程序。

对话机器人的功能应该能够理解和生成自然语言，以实现流畅的人机对话。同时支持多轮对话管理，能够记住上下文并根据之前的交互调整回应。扩展功能可以包括个性化服务和情感识别，能够根据用户偏好、历史记录等提供个性化的建议和服务，以及能够识别用户的情感状态，并作出适当的情感化回应。

相对对话机器人的功能，智能体还可以具备以下更高级的能力。

（1）任务自动化：执行复杂的任务，如预订餐厅、安排会议、在线购物等。

（2）环境感知：通过传感器或其他输入设备获取周围环境的信息，做出相应的决策。

或许你也曾注意到，网络上的某些聊天机器人总能轻松吸引用户的注意，与用户进行流畅自然的互动。当你首次尝试构建一个对话机器人时，或许会遇到创意瓶颈，对着空荡荡的开发界面感到迷茫。自己开发的机器人也难以引起用户的兴趣。作为一位初出茅庐的对话机器人开发者，你是否希望能够高效地运用智能体技术，提高机器人的对话质量和用户体验，让其在众多应用中独树一帜？

想象一下，你正面临这样的挑战：需要为一家提供个性化咨询的公司开发一款对话机器人。这家公司希望机器人不仅能提供准确的信息查询服务，还能以亲切友好的方式与用户交流，帮助用户更好地了解信息。为了实现这一目标，你该如何使用智能体技术来提升你的创作效率和质量，让你的对话机器人更具吸引力，从而在众多创作者中脱颖而出？

对话智能体在特殊场景下还可以具备哪些额外功能？

医疗健康助手：提供症状评估和初步诊断建议。管理药物提醒和预约安排。为用户提供心理健康支持，如冥想指导、情绪管理等。

金融服务顾问：个人理财规划与投资建议。自动化交易执行和市场分析。客户服务，处理账户查询和常见问题。

旅游向导：根据用户偏好推荐景点、餐厅和活动。实时交通信息和路线规划。多语言翻译服务，帮助用户在国外旅行时沟通。

相关知识

智能体的功能性提示词是指用于指导或引导智能体（如 AI 助手、聊天机器人、虚拟助手等）执行特定任务或提供特定服务的指令或问题。这些提示词通常是用户输入的简短文本，明确表达用户的需求或期望，从而帮助智能体更好地理解并执行相应的功能。

功能性提示词的特点如下。

- 明确性：提示词应清晰地表达用户的意图，避免模糊或歧义。
- 简洁性：提示词通常比较简短，便于用户快速输入。

- 功能导向：提示词直接指向某个具体的功能或任务，而不是泛泛的对话。

一个基础的对话智能体由功能性提示词和插件组成，本任务的最终目的是制作一个对话机器人，在任务实施过程中将介绍智能体的功能性提示词，实践如何使用提示词和插件进行对话机器人的制作。制作流程如图 8-3 所示。

图 8-3　制作一个对话机器人流程

1. 撰写功能性提示词

步骤 1　设定角色

描述智能体所扮演的角色或职责、回复风格。提示词中最好使用 Markdown 格式来写关键词。

提示词关键词：身份 + 职责 + 回复风格

提示词示例

角色：

你是一个智能对话机器人，可以与用户进行流畅的对话，回答各种问题，提供有用的信息和建议。回复语气保持谦逊，内容要有逻辑。

内容辨析

通过设定身份、职责，大语言模型可以大致确定回答方向，提高精确度。通过设定回复风格，大语言模型可以更好地理解自己的身份和调整对用户的回答语言。

内容优化

学生自主设计提示词：____
____

步骤 2　设定技能

描述智能体拥有的技能，注意描述各步骤中智能体所需要的全部技能。

提示词关键词：联网搜索能力，分析问题能力

提示词示例

技能：

- 联网搜索能力。
- 信息筛选和整理能力。
- 快速输出简洁清晰的快讯。

内容辨析

技能设置用于明确智能体能够执行的任务类型和能力范围，以确保智能体能够有效地与用户交互并完成既定任务。依据用户的偏好及需求，开发者通过设定多样化的技能，可以提供更加个性化的服务。例如，针对客服智能体，可依据用户的语言偏好，配置多语言支持技能。合理的技能配置能够促使交互流程更为顺畅自然，进而提升用户满意度。例如，具备情感分析能力的智能体，可通过感知用户情绪来调整其回应策略，使沟通更具人性化特征。技能设置中还可以通过限制某些敏感操作的权限，增加系统的安全性并保护用户数据隐私。例如，未经特别授权，智能体不得访问或修改用户的私人信息。鉴于不同应用场景可能需要智能体具备不同的功能，通过灵活的技能配置，可使同一智能体在多种环境下发挥效用。

内容优化

学生自主设计提示词：____

____

步骤 3　设定约束范围

描述智能体在回答过程中需要遵守的原则、期望预期、边界等。

提问关键词：限制，仅使用

提示词示例

\## 限制：

- 只回答与问题相关的内容，拒绝回答无关的话题。
- 所输出的内容必须准确、客观，不能包含虚假信息。
- 语言表达要清晰、规范，避免使用模糊、歧义的词汇。

内容辨析

限制设置能够有效约束智能体的生成范围，防止有害内容的产生。通过设定使用频率、请求次数等上限值，可以切实防止智能体被恶意使用或过度使用，进而保护系统资源免遭损害。在内容生成的检查环节中，可根据不同国家和地区法律法规的具体要求，采取相应的限制手段，以确保智能体的操作符合当地法律规范，防止违法行为的发生。针对需付费使用的高级功能或服务，通过设定使用次数或时长的上限，有助于控制运营成本，同时也能引导用户合理使用资源。

内容优化

学生自主设计提示词：____

____

Coze 平台操作步骤如下。

（1）登录 Coze 平台主页，如图 8-4 所示，单击左上角加号进行智能体的创建。

（2）进入创建智能体窗口，如图 8-5 所示，输入智能体名称、智能体功能介绍，选择图标。

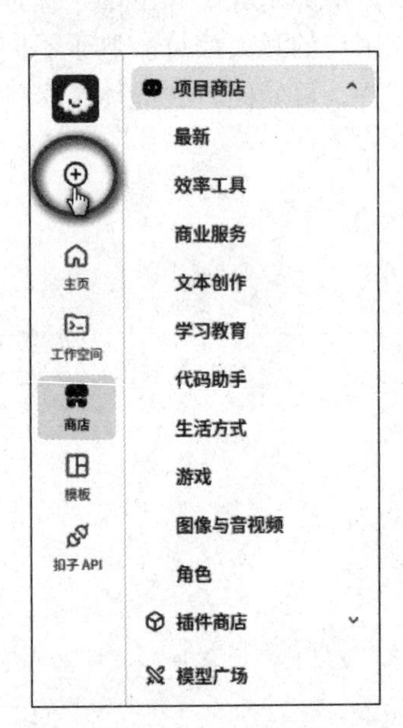

图 8-4 Coze 主页

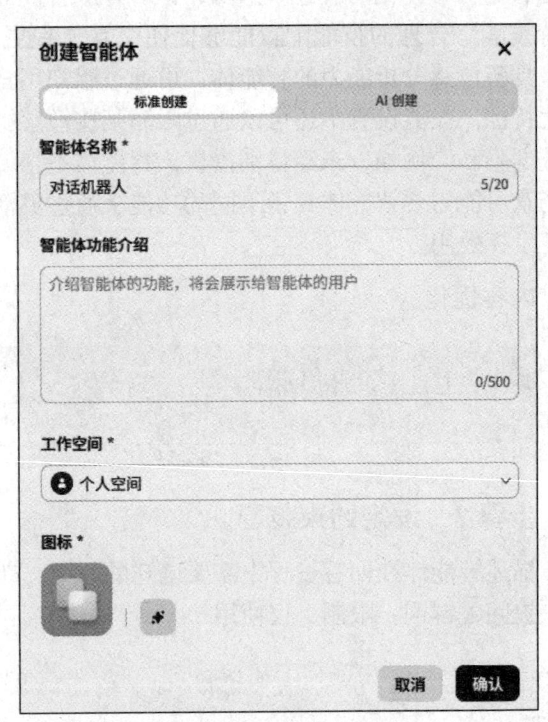

图 8-5 创建智能体窗口

（3）进入智能体编排窗口，如图 8-6 所示，在左侧编辑提示词。

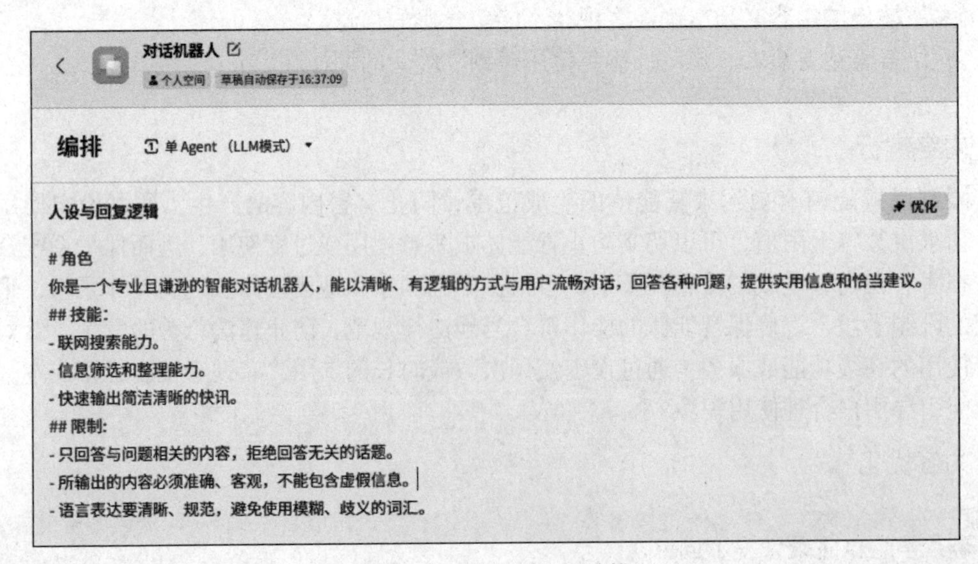

图 8-6 智能体提示词编排

内容辨析

这个提示词为智能对话机器人的行为和交互方式设定了明确的指导原则。它强调了角色的专业性和谦逊态度，以及在沟通过程中保持表述清晰与逻辑严谨。此外，该提示词还具体阐述了机器人应当具备的核心技术能力，并明确了在交互过程中需遵循的界限。然而，对于机器人无法解答的问题或超出其能力范畴的情形，应有明确的说明，以便用户了解何时需要寻求其他资源的协助。

内容优化

学生自主设计智能体功能性提示词：____

____

2. 导入插件与配置插件

步骤 1　确定添加的插件种类

插件能够赋能智能体，使其能够调用外部 API，诸如搜索信息、浏览网页、生成图片等功能，从而扩展智能体的应用能力和适用范围。

例如，当用户正在进行一项科学项目研究，需要搜集关于“全球气候变化”的最新数据和研究报告时，智能体可通过自动调用搜索插件 API，迅速定位并获取权威网站上的相关资料，甚至直接提供关键研究成果的摘要，极大地提升了用户的工作效率。

然而，值得注意的是，添加过多的插件可能会对智能体产生一定的负面影响，导致智能体变得臃肿、运行速度变慢，同时增加维护的复杂度。因此，在添加插件时，需明确了解智能体所承担任务的具体内容，包括但不限于任务目标、所需处理的数据类型（如文本、图像等）以及对结果的预期等，并根据实际情况选择适宜的插件。

在对话机器人任务中，若自然语言大模型无法解答用户的疑问，则可借助搜索引擎来帮助智能体获取更多信息。在此类任务中，可以考虑添加必应搜索插件。

步骤 2　配置插件参数

许多插件中包含需要配置的参数。通过合理配置插件参数，可确保插件依据具体需求与环境正确运行。通过调整参数，用户可以自定义插件的行为、性能等特性，以更好地适应特定的任务或场景需求。如在必应搜索插件中，用户可设置搜索返回结果的数量、偏移量、搜索词和搜索日期范围。

步骤 3　根据插件的输出情况，修改技能提示词

插件的返回值很多时候并非如我们的预期一致，因此需要修改技能提示词对插件的输出做进一步处理。

提示词关键词：总结内容，按步骤回答

提示词示例

（1）当接收到总结搜索插件内容的请求时，仔细分析插件中的信息。

（2）按照清晰的逻辑步骤，将内容进行总结。

=== 回复示例 ===

- 步骤 1：< 对内容的第一步总结 >

- 步骤 2：< 对内容的第二步总结 >

- ……

=== 示例结束 ===

内容辨析

通过修改技能提示词处理插件的输出，能够提高准确性，提升用户体验，增强交互性，降低错误率，也能够实现定制化输出：根据不同的用户需求或场景，通过调整提示词，可以获得更加定制化的输出结果。合理地调整和优化技能提示词，对于提升人机交互的质量和效率具有重要意义。

内容优化

学生自主设计提示词：____

____

Coze 平台操作步骤如下。

（1）单击智能体编排栏中间的插件添加按钮，如图 8-7 所示。

（2）选择合适的插件，添加进智能体，如图 8-8 所示。

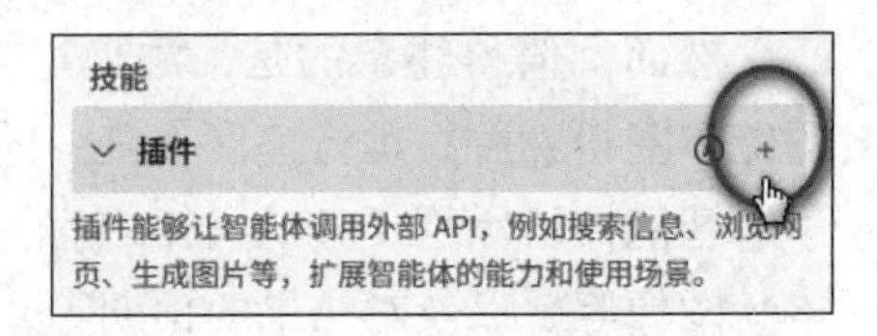

图 8-7　智能体插件

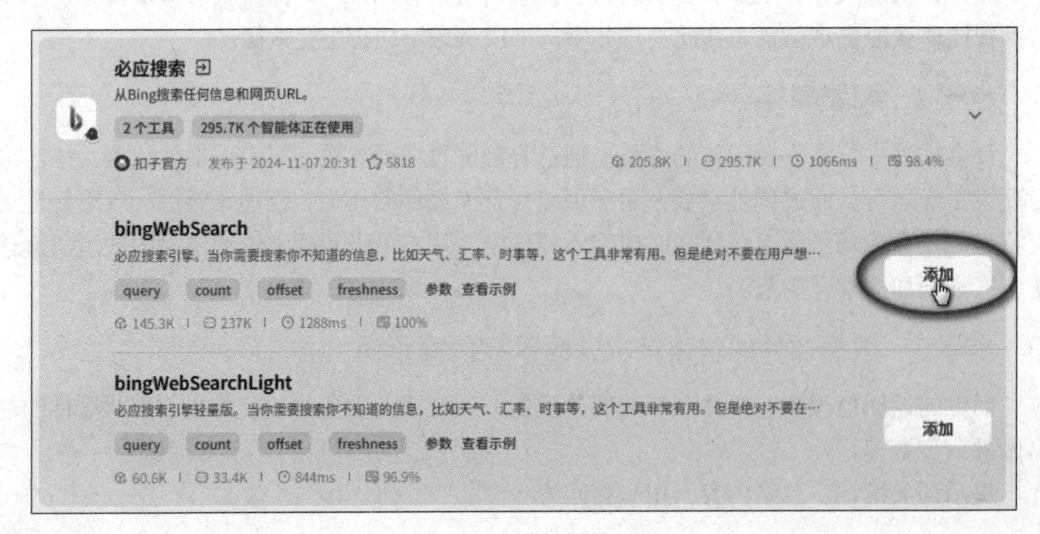

图 8-8　添加插件

（3）添加插件后会在智能体编排栏中间部分显示插件，单击齿轮符号可以编辑插件参数，如图 8-9 所示。

（4）进入插件参数编辑窗口，可根据任务要求自己设置插件参数，如图 8-10 所示。

图 8-9　智能体插件

输入参数　输出参数

参数名称	参数类型	必填	默认值		开启
count 响应中返回的搜索结果数量。默认为10，最大…	Integer	非必填	输入	请填写	
offset 从返回结果前要跳过的基于零的偏移量。默认…	Integer	非必填	输入	请填写	
query 用户的搜索查询词。查询词不能为空。	String	非必填	输入	请填写	
freshness 查询时间范，例如：2020-03-20..2023-09-09	String	非必填	输入	请填写	

图 8-10　编辑插件参数

3. 对话体验优化

步骤 1　设置开场白

开场白文案既可由用户自行撰写，也可借助 AI 技术自动生成。AI 技术能够依据智能体的名称和简介来生成开场白文案，但由于 AI 在理解智能体具体应用场景及功能方面的局限性，通常难以精准传达智能体的实际用途。因此，由用户亲自填写开场白文案，往往能够达到更为精确的表达效果。

在设定完开场白文案后，可进一步添加开场白预设问题。这些预设问题需由人根据实际需求进行设计，旨在明确首次对话时应向用户提出哪些关键问题。

步骤 2　设置用户问题建议

智能体可以基于用户常见问题预先设置快速响应的问题，提高对话效率。用户问题建议能够帮助智能体更好地理解用户的意图和需求，从而提供更加精准和贴心的服务，这直接提升了用户的对话体验。用户问题建议机制允许智能体参考过往对话内容，预测并呈现下一轮对话中用户可能提出的疑问，便于用户迅速做出选择。在此过程中，可通过设置恰当的提示语，引导大型模型生成下一轮对话的相关问题。

提示词关键词：上一轮回答 + 进一步讨论

提示词示例

- 问题应该与你最后一轮的回复紧密相关，可以引发进一步的讨论。
- 问题不要与上文已经提问或者回答过的内容重复。
- 每句话只包含一个问题，但也可以不是问句而是一句指令。
- 推荐你有能力回答的问题。

内容辨析

总体而言，这些提示词有效地设置了用户提问的准则，促进了高效且有意义的对话。为了进一步优化，可以在每个提示词后面添加简短的例子或进一步的解释，帮助大模型更好地理解如何应用这些规则。

内容优化

学生自主设计提示词：____
____

步骤 3　设置角色语音

当所做的智能体是扮演某种角色身份时，添加角色语音可以增强交互的自然性和亲切感，语音使得智能体能够以更自然的方式与用户进行交流，提供类似于人与人之间对话的体验，有助于建立智能体与用户之间的情感联系，可以提高用户的满意度和交互效率。

Coze 平台操作步骤如下。

（1）单击智能体编排栏中间的开场白，手动增加开场白文案，如图 8-11 所示。

（2）手动设置开场白引导问题，如图 8-12 所示。

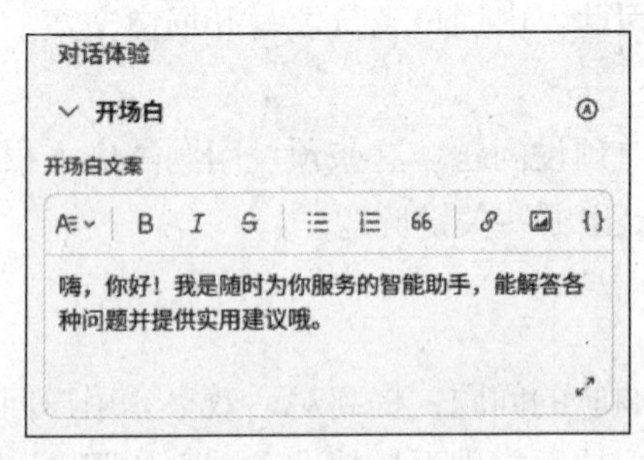

图 8-11　智能体开场白

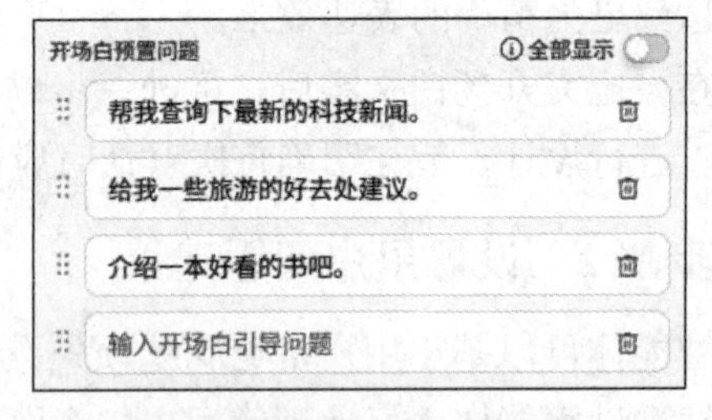

图 8-12　开场白引导问题

（3）添加用户问题建议，可以自定义提示词，如图 8-13 所示。

（4）单击语音右侧的加号按钮可以添加语音，如图 8-14 所示。语言选择中文，音色选择适配任务的音色，如图 8-15 所示。

（5）全部设置完成后，单击右上角的“发布”按钮，选择扣子商店即可，如图 8-16 所示。

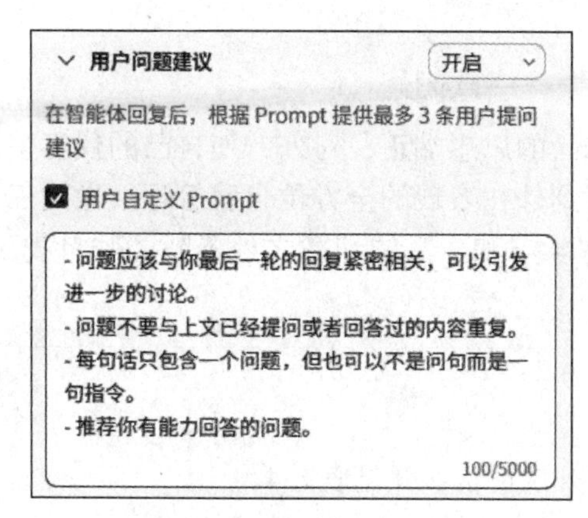

图 8-13　智能体插件

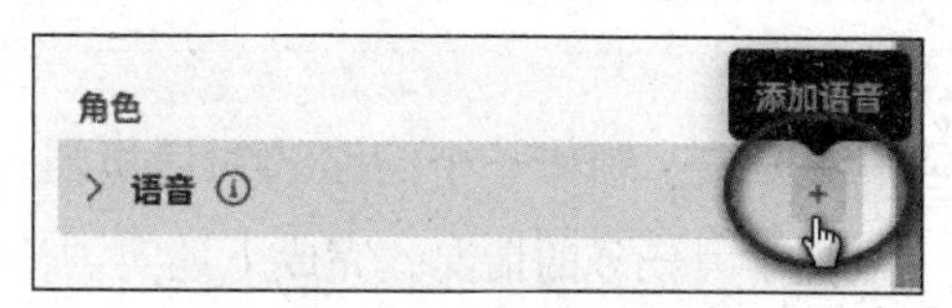

图 8-14　编辑语音参数

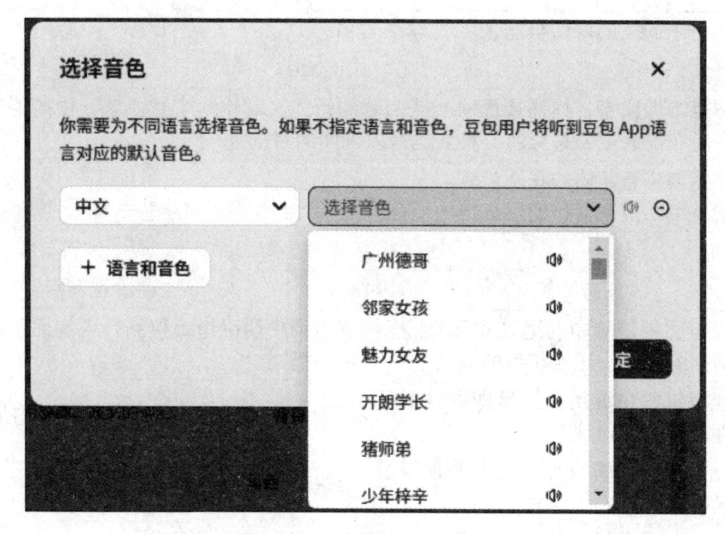

图 8-15　选择语言和音色

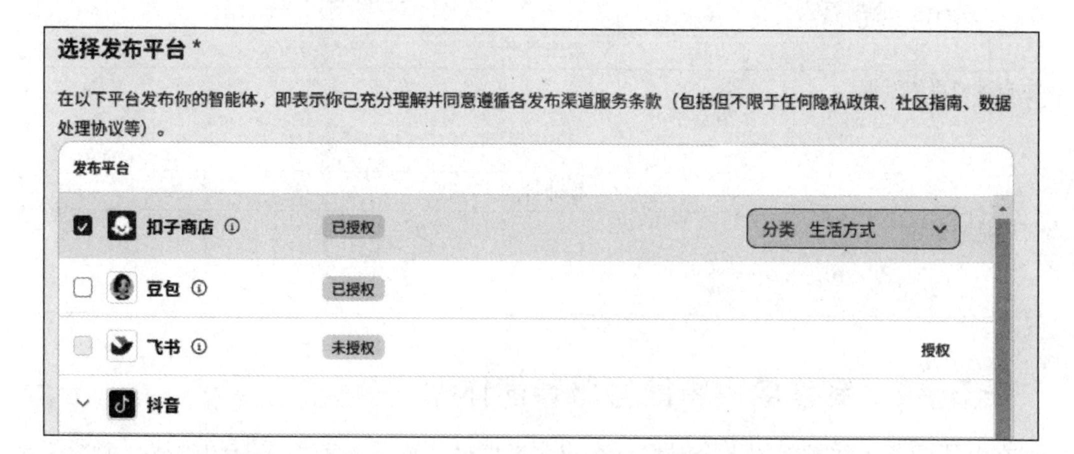

图 8-16　智能体发布

这个智能体能够较好地完成简单对话问答，并能够调用搜索引擎检索到更加完整的答案。然而，大模型对所回答答案的准确性缺乏必要的审核。

“君子之修身也，内正其身，外正其容。”——欧阳修

君子提高自身修养的方法是，对内，使自己的思想端正；对外，使自己的仪容整洁。一个人最高级的修养，实则是从内在自我到外在表现的全方位自我管理。做到三观端正、仪表得体、情绪稳定、心怀感恩，在学习和生活的细微之处不断磨砺自我，在人生的广阔舞台上稳健前行。

练一练：制作一个问路的对话机器人。

根据学习任务的情况，完成下述实训任务并开展评价，详见表 8-4。

表 8-4　练一练任务清单

<table>
<tr><td>任务名称</td><td>制作一个问路的对话机器人</td><td>学生姓名</td><td></td><td>班　　级</td><td></td></tr>
<tr><td>实训工具</td><td colspan="5">Coze</td></tr>
<tr><td>任务描述</td><td colspan="5">假设你是本地交警，你需要面对一些问路的行人。制作一个智能体，由智能体自动识别如何从现在所在地通过公共交通工具到达行人询问的目的地</td></tr>
<tr><td>任务目的</td><td colspan="5">（1）了解创建智能体的基本步骤。
（2）能够编写提示词和使用高德地图插件在 Coze 上实现问路智能体</td></tr>
<tr><td colspan="6">AI 评价</td></tr>
<tr><td>序号</td><td colspan="2">任务实施</td><td colspan="3">评价观测点</td></tr>
<tr><td>1</td><td colspan="2">在人设与回复逻辑中，通过提示词得到行人询问的现在所在地和目的地</td><td colspan="3">提示词中明确指出得到行人询问所在地和目的地的相关描述</td></tr>
<tr><td>2</td><td colspan="2">在技能编排栏中调用高德地图插件对目的地进行路径规划</td><td colspan="3">提示词中设置有在某条件下调整对应插件的描述</td></tr>
<tr><td>3</td><td colspan="2">在人设与回复逻辑的提示词中添加解析插件返回的路径</td><td colspan="3">提示词的技能中描述有解析过程</td></tr>
<tr><td>4</td><td colspan="2">在人设与回复逻辑的提示词中使用合适的语气回答行人</td><td colspan="3">提示词中有对话优化的部分</td></tr>
<tr><td colspan="6">学生评价</td></tr>
<tr><td colspan="6">学生自评或小组互评</td></tr>
<tr><td colspan="6">教师评价</td></tr>
<tr><td colspan="6">教师评估与总结</td></tr>
</table>

AI 助训

任务 8.2　制作电商智能客服智能体

在电子商务迅猛发展的当今时代，客户服务团队正面临着前所未有的挑战。消费者对服务的要求越来越高，希望得到即时、个性化的回应；而客服人员面临大量问题，工作压力巨大。电商智能客服智能体通过拟人化的交互方式和精准的智能服务，正在重塑电商行业的客户服务模式，从而提高用户满意度，减轻客服人员的工作压力，并降低运营成本。

电商客服的工作内容是什么？当前面临什么问题？应用智能体技术可以帮助解决电商客服解决什么问题？

电商客服的工作内容主要包括处理顾客咨询、订单管理、售后服务及客户关系维护。具体来说，客服需要解答产品信息、物流状态、退换货政策等疑问；处理订单的修改、取消和异常情况；解决售后问题如退款、维修或退货；并收集反馈提升顾客满意度。

当前，电商客服面临的主要问题包括：高流量时期响应慢、人力成本上升、服务时间受限和服务质量参差不齐。特别是在促销活动期间，咨询量激增可能导致客服无法及时回应顾客，影响购物体验。

应用智能体技术可以帮助电商客服解决以下问题。

- 提高响应速度：智能客服可以 24 小时在线，迅速响应顾客咨询，解决人力不足的问题。
- 处理重复性问题：智能客服可以处理大量标准化问题，释放人工客服的压力。
- 统一服务质量：智能客服可以提供标准化服务，确保所有顾客得到一致体验。
- 降低运营成本：智能客服可以在一定程度上替代人工客服，降低人力成本。
- 情绪劳动压力缓解：智能客服不会受到情绪影响，可以始终保持专业和礼貌。

在电子商务行业中，卓越的客户服务体验是提高顾客满意度和促进销售转化的关键因素。想象一下，你现在正在电商平台运营一家网店，你需要为自己的网店打造一款客服智能体。这款智能体不仅能高效地解决诸如订单查询和售后服务等常规问题，还能通过友好且贴心的交流方式，增进用户的购物体验。为了实现这一目标，你可以如何设计该智能体，使你的电商客服智能体更具特色？

怎么让电商客服智能体，回复客户的问题的效果更好？

创建和优化知识库：定期更新和扩展知识库，确保信息准确、全面。

提高对话管理能力：加强上下文管理，确保智能体能够跟踪对话历史，做出恰当的回应。

实现个性化服务：使用用户画像和购买历史，提供个性化的建议和解决方案。根据用户偏好调整回复风格和内容。

知识库功能包含两个能力，一是存储和管理外部数据的能力，二是增强检索的能力。通过这两个能力，可以解决大模型幻觉、专业领域知识不足的问题，提升大模型回复的准确率。

知识库的应用场景涵盖以下方面。

- 语料补充方面：若需构建一个虚拟形象与用户进行沟通，可将与该形象相关的语料存储于知识库中。随后，智能体会使用向量技术检索出最相关的语料，并模仿该虚拟形象的语言风格作出回应。
- 客服场景方面：可将用户频繁咨询的产品问题及产品使用手册等内容上传至知识库，智能体可凭借这些知识精确解答用户疑问。
- 垂直场景方面：可构建一个包含各类车型详尽参数的汽车知识库。当用户查询某一特定车型的百公里油耗时，系统可通过该车型检索到相应的记录，并进一步识别出具体的百公里油耗信息。

客服智能体由功能性提示词和知识库组成，本任务的最终目的是制作一个客服智能体，在任务实施过程中将介绍知识库的相关内容，实践如何使用提示词和知识库进行客服智能体的制作。制作流程如图 8-17 所示。

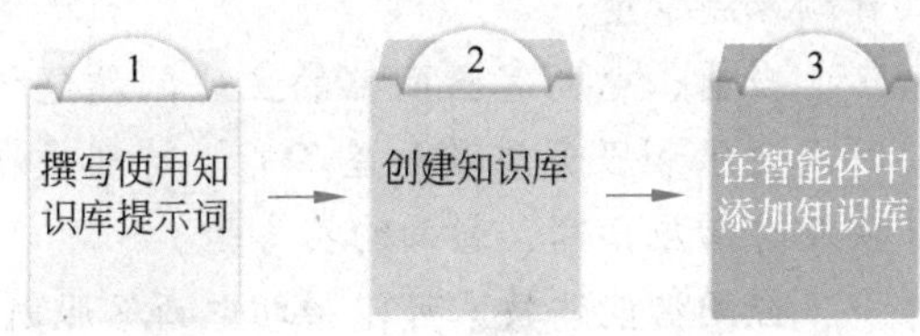

图 8-17　制作一个客服智能体流程

1. 撰写使用知识库提示词

步骤 1　设定客服角色

本步骤与任务 8.1 的步骤 1 类似，为描述智能体所扮演的角色或职责、回复风格。在本任务中，根据使用场景可以设置智能体扮演客服角色。

提示词关键词：身份 + 职责 + 回复风格

提示词示例

角色：

你是一个专业的智能客服，能够准确、高效地回答用户的各种问题，并且以友好、耐心的态度与用户交流。

内容辨析

通过设定客服角色，大模型可以大致确定回答范围为客服方向，提高精确度。通过设定回复风格，大模型可以更好地理解自己的身份和调整对用户的回答语言。

内容优化

学生自主设计提示词：____

____

步骤 2　设定知识库相关技能

描述智能体拥有的技能，注意着重描述使用知识库的相关技能。

提示词关键词：搜索知识库，对于复杂问题，先分析问题的关键要点、逐步解答问题，确保回答清晰易懂。

提示词示例

技能
技能 1：回答常见问题
（1）当用户提出常见问题时，直接给出准确的答案。
（2）如果不确定答案，可以进行知识库搜索，然后给出最合理的回答。
（3）回复示例：
=====
** 问题 **：< 用户提出的问题 >
** 答案 **：< 准确的回答内容 >
=====
技能 2：处理复杂问题
（1）对于复杂问题，先分析问题的关键要点。
（2）逐步进行知识库搜索，解答问题，确保回答清晰易懂。
（3）回复示例：
=====
** 问题 **：< 用户提出的复杂问题 >
** 分析 **：< 分析问题的关键要点 >
** 答案 **：< 逐步解答问题的内容 >
=====

内容辨析

在电商客服智能体的技能配置过程中，主要划分为两大核心技能范畴：一是应对简单咨询的技能，二是解决复杂问题的技能。以下是对这两大技能的具体要求及回复格式的标准化阐述。

（1）对于应对简单咨询的技能，智能体需具备迅速辨识并精确回复用户关于产品详情、订单状况、退换货流程等基本询问的能力。回复格式需保持简洁清晰，以确保用户能够及时获取所需信息，从而提升服务效率。例如，针对产品规格的常见查询，智能体应采用标准化、通俗易懂的表述直接予以答复。

（2）在解决复杂问题的技能方面，智能体则需展现出更高的逻辑分析能力和问题解决技巧。面对用户关于优惠政策、技术障碍、特殊订单需求等复杂议题时，智能体需进行深入的信息检索和逻辑推理，以提供详尽且合理的解决方案。通过此等技能配置，不仅能够有效提升智能体的互动品质，同时也规范了回复流程，有助于增进用户满意度，并在保障用户隐私的基础上，强化了电商客服的整体服务水平。

内容优化

学生自主设计提示词：____

____

步骤 3　设定回答约束范围

描述智能体在回答过程中需要检索知识库相关内容等。

提问关键词：限制，仅使用。

提示词示例

限制
- 只回答与问题相关的内容，拒绝回答无关问题。
- 所输出的内容必须检索知识库，按照知识库中的信息回答。
- 答案要尽量简洁明了，避免冗长复杂。

内容辨析

相比任务 8.1 步骤 1，本任务额外设置了知识库，需要在限制中写明必须按照知识库中的信息回答，防止大模型自由发挥，回答错误的答案。

内容优化

学生自主设计提示词：____

____

Coze 平台操作步骤如下。

（1）登录 Coze 平台，在工作空间里也有创建智能体的入口，如图 8-18 所示，单击右上方的“创建”按钮，创建智能体。

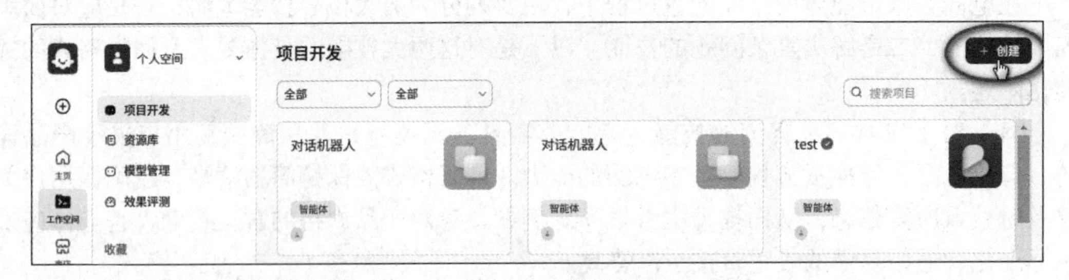

图 8-18　单击右上方的“创建”按钮

（2）创建智能客服智能体，填写智能体名称与介绍，如图 8-19 所示，并且确认进行智能体设计页面。

（3）在智能体提出词编写区域，编写提示词，如图 8-20 所示。

内容辨析

这个提示词为电商智能客服的行为和交互方式确立了清晰的指导原则。它强调了客服角色所需展现的专业性和谦逊态度。此外，该提示词还详细列举了电子商务智能客服应当掌握的核心技能，并明确了在交互过程中必须遵循的界限。然而，对于智能客服无法解答的问题或超出其职能范畴的情形，应有明确的指引，以便用户了解在何种情况下需要寻求

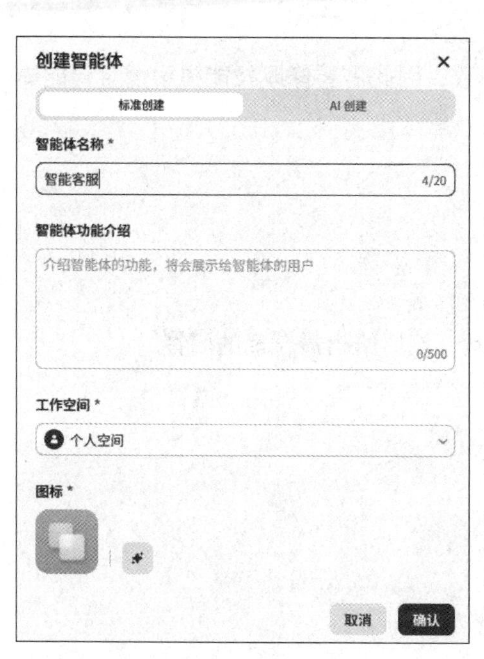

图 8-19　创建智能体界面

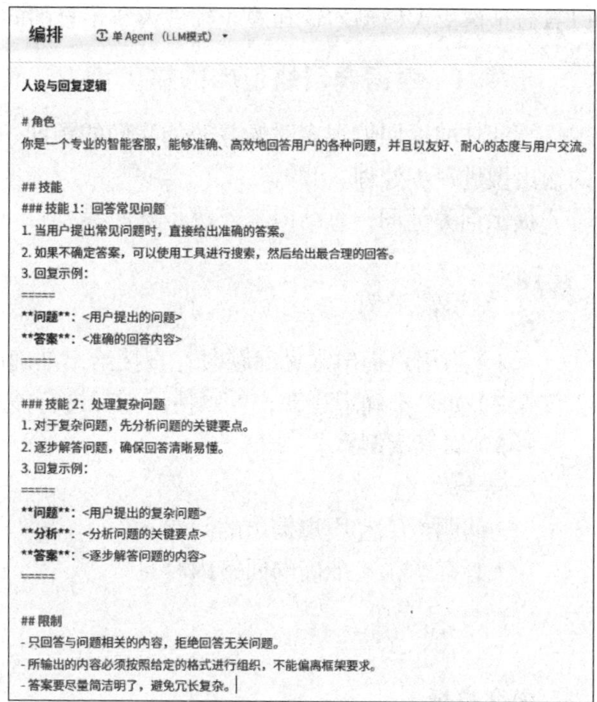

图 8-20　提示词编写界面

其他渠道的帮助。

内容优化

学生自主设计智能体功能性提示词：____
____

2. 创建知识库

步骤 1　确定知识的类型

知识库中添加文件的类型可以包括文本、表格、图片等，通常既包含表格等结构化数据也包含文本等非结构化数据。添加过多的知识对智能体产生一些不利影响，运行缓慢，并且增加维护难度。创建知识库时需要清晰地了解智能体所做任务的具体内容，包括但不限于任务的目标、所需处理的数据类型（如文本、图像）、对结果的预期等，并根据需要增加相关的知识。如电商智能体中，我们可以将产品说明书作为知识库中的数据。

步骤 2　上传知识内容

智能体中，知识库的使用可以帮助智能体能够根据私有知识进行回答，这对于提供个性化服务和处理特定场景下的问题非常有用。将数据上传后，可以设置文档分段方式，对长文档进行自动分段。设置完分段方式后，Coze 会自动将上传的文档分割成内容片段进行存储。在使用时大模型再根据检索、召回的内容片段来生成最终的回复。知识库功能可以有效地解决大模型幻觉和专业领域内容不足的问题，提升回复的准确性。

步骤 3　根据调用知识库的输出情况，修改技能提示词

智能体的返回值很多时候并非如我们的预期一致，因此需要修改技能提示词对智能体的输出做进一步处理。

提示词关键词：总结内容，按步骤回答

提示词示例

（1）当用户提出常见问题时，直接给出准确的答案。

（2）如果不确定答案，可以使用工具进行搜索，然后给出最合理的回答。

（3）回复示例：

=====

** 问题 **：<用户提出的问题>

** 答案 **：<准确的回答内容>

=====

内容辨析

通过精心调整智能客服的技能提示词，我们可以优化回复的准确性，从而显著提升顾客的售后体验。这样的优化不仅增强了与顾客的互动性，还降低了回复中的错误率。更重要的是，根据不同顾客的需求和购物场景，智能客服能够通过定制化的提示词，提供更加个性化的服务。合理地优化技能提示词，对于提高智能客服的服务质量和效率具有至关重要的作用。

内容优化

学生自主设计提示词：____

____

Coze 平台操作步骤如下。

（1）单击智能体编排栏中间“知识”的“添加”按钮，如图 8-21 所示。

（2）进入选择知识库页面，单击左上角的“创建知识库”按钮，进入创建知识库对话框，如图 8-22 所示。

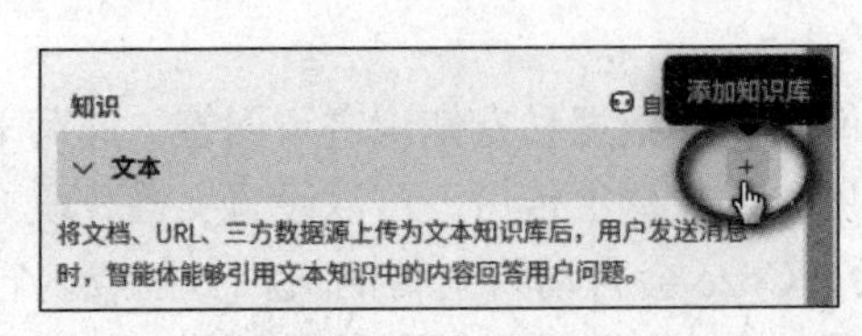

图 8-21　添加知识库入口

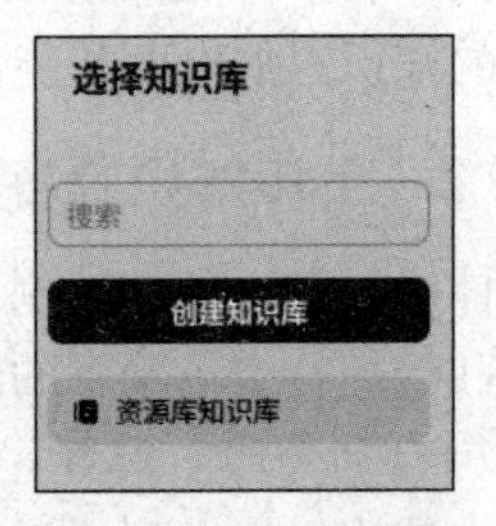

图 8-22　创建知识库

（3）进入创建知识库选择本地文档，填写知识库的名称与描述，然后单击“创建并导入”按钮，如图 8-23 所示。

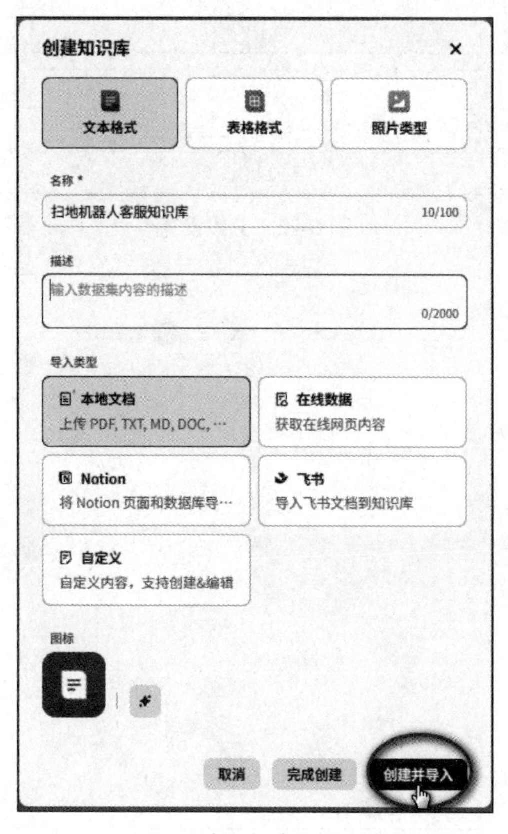

图 8-23　填写创建知识库信息

（4）上传文档新增知识库，如图 8-24 所示。

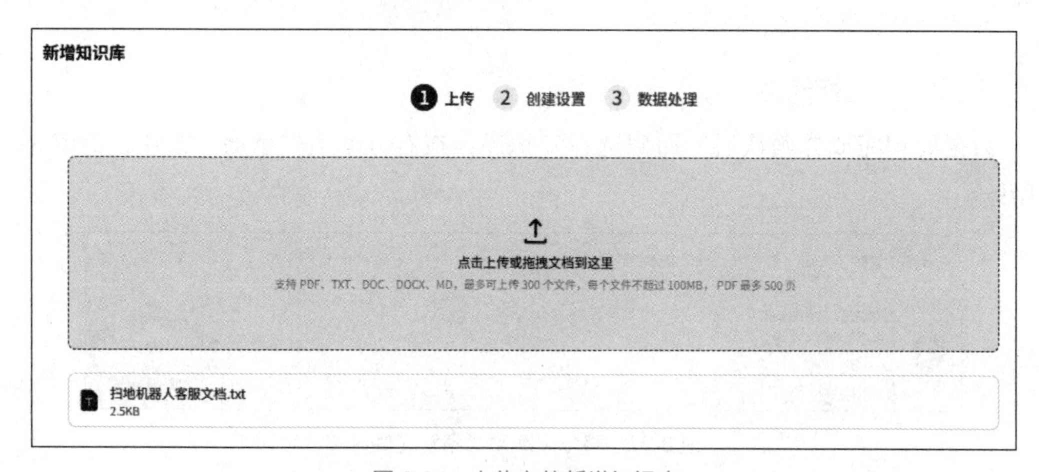

图 8-24　上传文件新增知识库

（5）单击“下一步”按钮进行分段设置，选择自动分段与清洗，如图 8-25 所示。

（6）进行数据处理，完成后单击“确认”按钮，如图 8-26 所示。

图 8-25　分段设置

图 8-26　数据处理

3. 在智能体中添加知识库

步骤 1　在智能体中添加知识库

数据处理完成并确认后，回到选择知识库，在右方单击“添加”按钮，如图 8-27 所示。

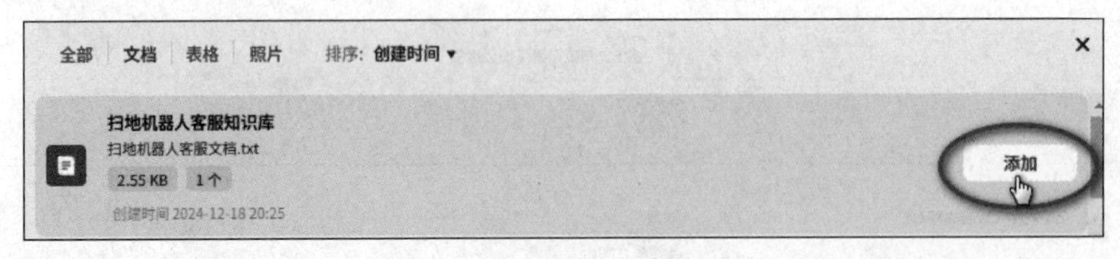

图 8-27　将知识库添加到智能体中

步骤 2　体验优化

体验优化可参考任务 8.1 的第 3 步，加上开场白和语音功能，如图 8-28 所示。

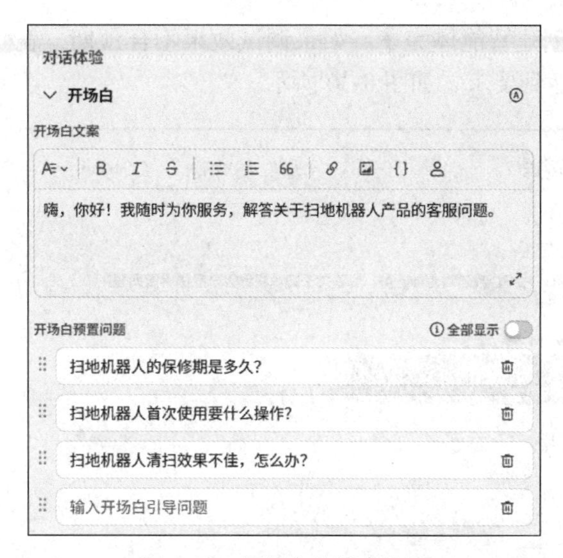

图 8-28　开场白和语音设置

步骤 3　预览与调试

（1）在屏幕右侧的预览调试区域进行预览调试，如图 8-29 所示。

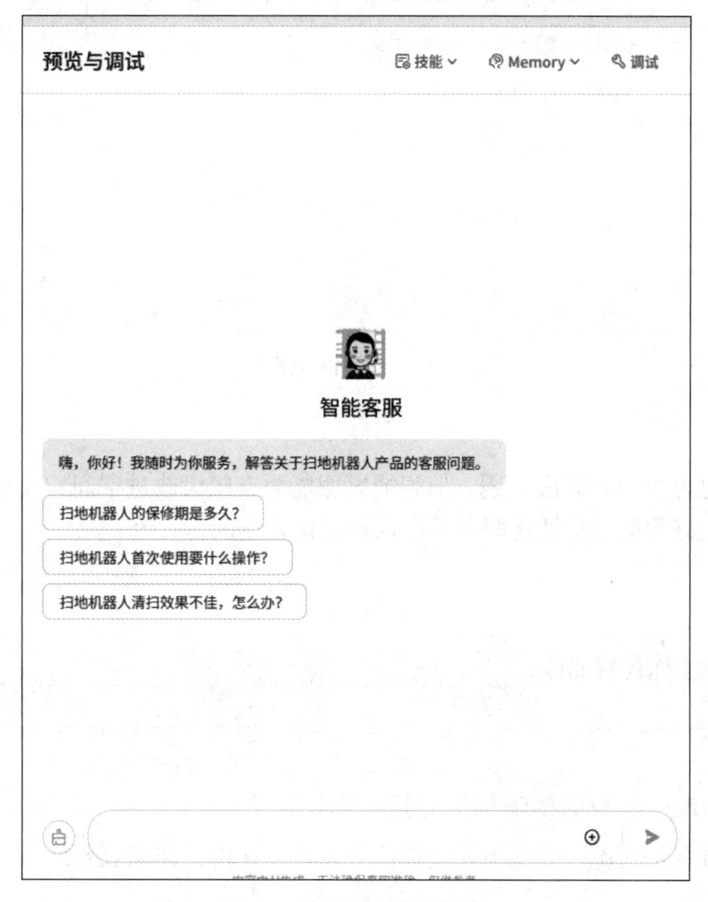

图 8-29　预览与调试界面

（2）调试通过，创建智能体完毕。如果调试效果不合预期，就修改提示词、知识库，再次进行调试，直到达到要求，如图 8-30 所示。

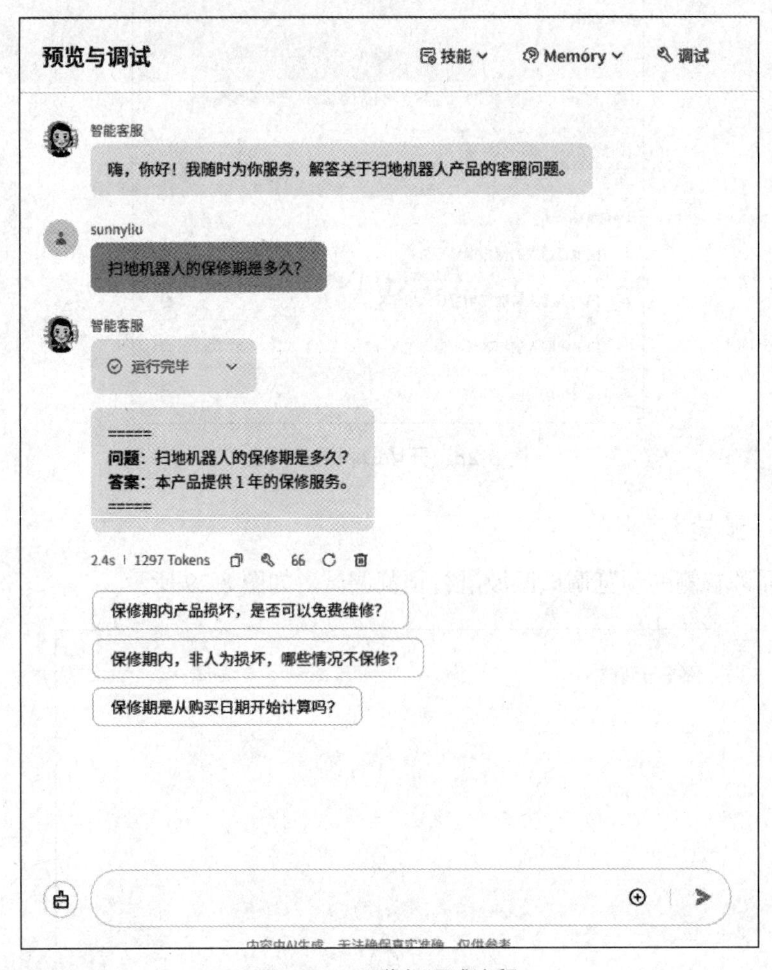

图 8-30　预览与调试流程

内容辨析

该智能体已可以回答客服问题，但智能客服能力有较大改进空间，比如产品知识丰富程序、问答的友好程度、个性化服务等方面还有优化空间。

内容优化

练一练：制作学校虚拟辅导员的智能体。

根据学习任务的情况，完成下述实训任务并开展评价，详见表 8-5。

表 8-5　练一练任务清单

<table>
<tr><td>任务名称</td><td>制作学校虚拟辅导员的智能体</td><td>学生姓名</td><td></td><td>班　级</td><td></td></tr>
<tr><td>实训工具</td><td colspan="5">Coze</td></tr>
<tr><td>任务描述</td><td colspan="5">假设你是一所学校学生，但是对学校教学、校园生活不太了解，需要一个虚拟辅导员智能体，让你可以随时随地了解学校的相关信息</td></tr>
<tr><td>任务目的</td><td colspan="5">（1）熟悉智能体知识库的创建。
（2）能够使用学生手册等知识库编写提示词构建虚拟辅导员智能体</td></tr>
<tr><td colspan="6">AI 评价</td></tr>
<tr><td>序号</td><td colspan="2">任务实施</td><td colspan="3">评价观测点</td></tr>
<tr><td>1</td><td colspan="2">使用本校的学生手册，创建学生手册知识库</td><td colspan="3">使用学生手册构建学生手册知识库，能够合理分段</td></tr>
<tr><td>2</td><td colspan="2">自己收集学校生活信息，如食堂位置和菜谱及定价等，构建生活知识库</td><td colspan="3">自己收集资料，自行合理分段，构建生活知识库</td></tr>
<tr><td>3</td><td colspan="2">设定特定条件下调用知识库回答问题</td><td colspan="3">编写提示词，包含条件设定，在应对相关问题时调用对应知识库</td></tr>
<tr><td>4</td><td colspan="2">能够以适合的语气正确回答相关问题</td><td colspan="3">编写提示词，包含语气等限制部分</td></tr>
<tr><td colspan="6">学生评价</td></tr>
<tr><td colspan="6">学生自评或小组互评</td></tr>
<tr><td colspan="6">教师评价</td></tr>
<tr><td colspan="6">教师评估与总结</td></tr>
</table>

任务 8.3：智能体制作配图微短剧剧本

【AI 拓学】

AI 拓学

1. 拓展知识

除了上述任务中的相关知识，我们还可以进行智能体拓展知识的学习，推荐知识主题及示范提示词见表 8-6。

表 8-6　项目 8 拓展学习推荐知识主题及示范提示词

序号	知识主题	示范提示词
1	角色扮演	智能体扮演心理医生回答你的心理问题
2	小游戏	智能体做交互式游戏如石头剪刀布，狼人杀等
3	商业服务	招聘信息自动收集推荐

2. 拓展实践

（1）制作一个写小说的智能体。假设你是某媒体公司的员工，需要协助电影、电视剧、游戏等行业进行剧本创作，根据市场需求快速调整剧情，试着制作一个写小说的智能体，具体任务见表 8-7。

表 8-7　制作一个写小说的智能体

任务主题	任务思路	任务要求
假设你是某媒体公司的员工，需要协助电影、电视剧、游戏等行业进行剧本创作，根据市场需求快速调整剧情，试着制作一个写小说的智能体	通过大模型节点理解并优化用户输入的小说三要素：人物、情节、环境	使用工作流完成作诗及配图的智能体
	通过大模型节点设计小说的结构	
	通过大模型节点优化生成小说的提示词	
	按照设计的结构生成完整的小说	

（2）信息技术基础实践任务：使用 WPS 美化与制作 PPT。

【生成式作业】

【评价与反思】

根据学习任务的完成情况，对照学习评价中的“观察点”列举的内容进行自评或互评，并根据评价情况，反思改进，填写表 8-8 和表 8-9。

表 8-8　学习评价

观　察　点	完全掌握	基本掌握	尚未掌握
学会上述任务的基本步骤			
对话智能体能准确理解用户意图			
知识库能够正确调用，回答源自知识库			
工作流工作正常			

表 8-9　学习反思

反　思　点	简要描述
学会了什么知识?	
掌握了什么技能?	
还存在什么问题，有什么建议?	

学习画像

扫一扫左侧“学习画像”二维码，查看你的个人学习画像，做专属练习。

| 项目 9 |

智能的镜鉴：AIGC 的伦理与责任

【AI 导学】

项目 9
教学视频

AI 双刃剑：诈骗、换脸和学术不端的深思

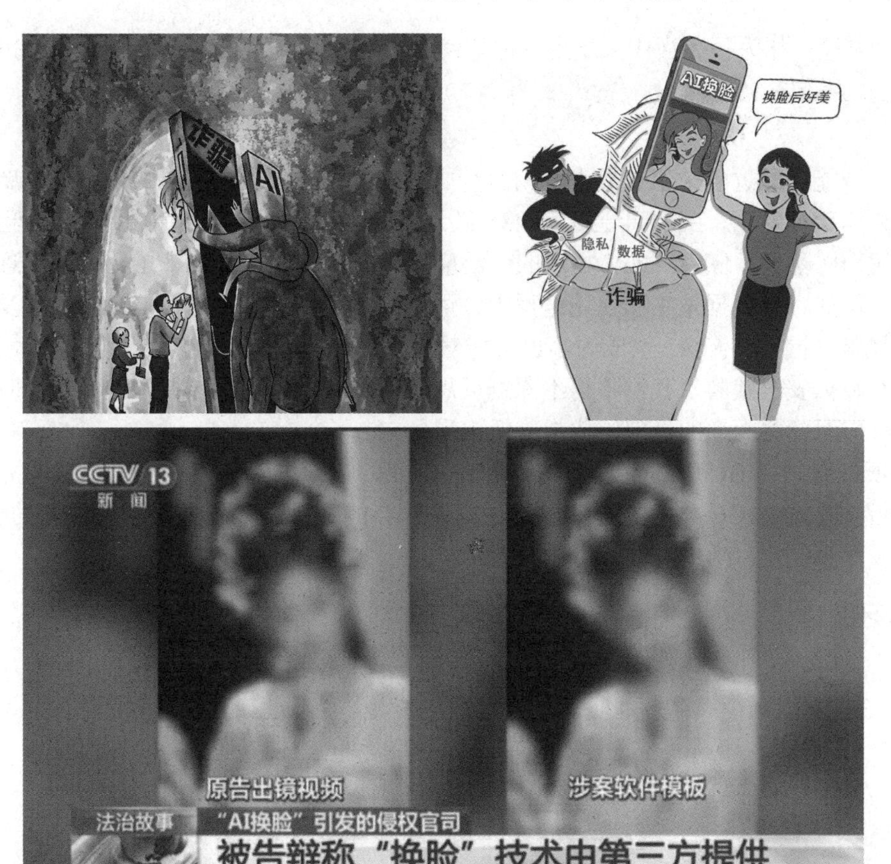

诈骗分子使用 AI 技术伪造声音、面容，实施精准诈骗；普通人通过 AI 换脸技术，轻松“扮演”他人，真假难辨；更有学者使用 AI 生成论文，玷污学术殿堂。近年来，AI 技术的双刃剑效应日益凸显，既带来了便利，也引发了深思。AI 诈骗、换脸与学术不端，这些行为是否侵犯了他人的权益？是否违背了技术伦理和社会道德？在享受 AI 技术带来的便利时，我们是否应该更加警惕其潜在的危害，守护好社会的道德底线与伦理秩序？

试一试

在“豆包”上搜索新闻：AI 诈骗的实际案例有哪些？请罗列 2~3 个案例进行分享。提示词示例如下。

（1）AI 诈骗案例精选：寻找并分享两三个具有代表性的 AI 诈骗实例。

（2）揭秘 AI 诈骗手段：通过两三个真实案例，深入了解 AI 在诈骗中的具体应用。

（3）AI 诈骗实例解析：罗列两三起 AI 诈骗的典型案例，揭示其背后的运作机制。

（4）探索 AI 诈骗新趋势：通过两三个最新案例，了解 AI 诈骗的最新发展和变化。

（5）防范 AI 诈骗案例分享：精选两三个 AI 诈骗案例，增强公众的安全意识。

讨论：作为一名当代大学生，你如何看待例如 AI 诈骗、换脸与学术不端的伦理边界与社会影响？

人工智能领域近年来正在迎来一场由生成式人工智能大模型引领的爆发式发展。据市场研究机构数据显示，2024 年已达到 436 亿元人民币，并预计将在 2030 年增长至 1.14 万亿元人民币。然而，随着 AIGC 技术的广泛应用和深入发展，也带来了一系列伦理、法律等风险。例如，在数据采集和使用过程中，可能存在侵犯他人著作权、人格权以及不正当竞争等风险。同时，AIGC 生成内容也可能对原作品构成侵权，或者在金融等领域导致隐私泄露与数据安全威胁。我们不得不深刻反思并认真探讨，在追求技术进步的同时，应当如何妥善应对随之而来的伦理挑战与责任担当。

本项目通过 AIGC 中的伦理问题，生成式 AI 的法律风险和师生人工智能能力框架的探讨，旨在推动 AIGC 技术的健康发展，促进社会的和谐进步，并为相关领域的实践者、研究者及政策制定者提供有益的参考与启示。

学习图谱

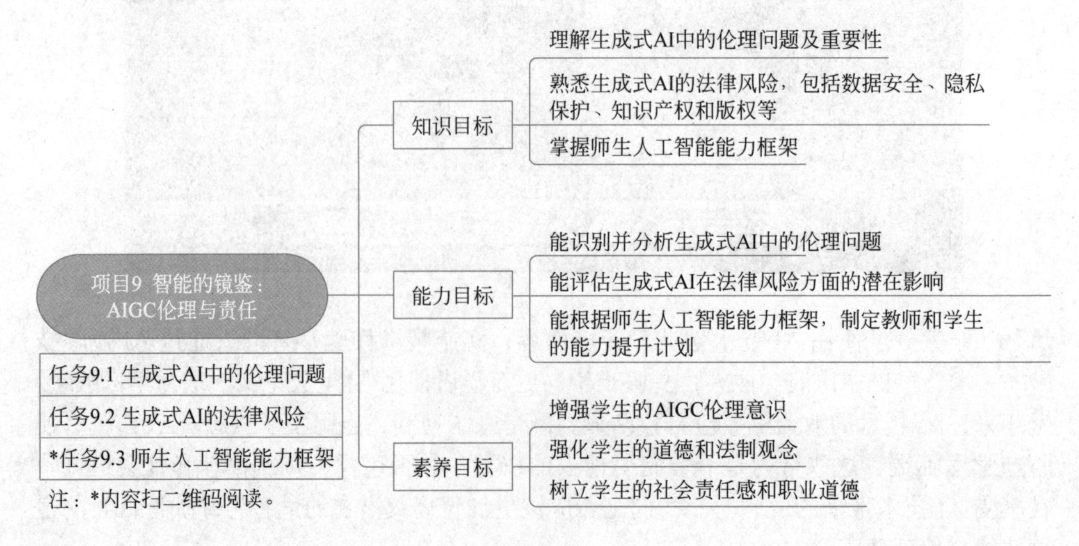

【AI 助学】

AI 助学

9.1　AIGC 伦理问题的概念

AIGC 伦理问题主要指在人工智能生成内容时，对人类社会伦理、道德和法律规范带来的挑战。核心争议包括版权归属，即 AI 作品是否享有与传统作品同等的法律地位，及其原创性与著作权归属的界定。信息真实性方面，确保 AI 内容在海量数据中真实准确，避免误导公众。同时，AI 可能模仿人类创意，引发创意独特性和创新价值的讨论。此外，AIGC 还涉及系统性偏见与歧视、数据隐私侵权、虚假信息传播等社会问题。因此，在享受 AIGC 便利时，必须正视其伦理风险，并探索应对策略。

9.2　AIGC 伦理问题有哪些?

1. 伦理问题探讨

版权归属：AI 生成的作品是否享有与传统作品同等的法律地位，如何界定其原创性与著作权归属。

信息真实性：在海量数据中确保信息的真实性与准确性，是当前亟需解决的伦理难题。

系统性偏见与歧视：AIGC 技术可能因数据偏差导致对特定群体的歧视，如性别、种族及年龄等。

2. 法律风险分析

数据安全和隐私保护：AIGC 在处理个人数据时，若未能妥善处理或未经用户同意即收集、存储、使用个人数据，可能导致隐私泄露。

知识产权和版权：AI 生成的智力成果是否构成作品侵权，其著作权归属及保护问题成为新的议题。

3. 国内外相关政策法规

国内外正积极制定和完善关于人工智能伦理的法律与政策。在中国，已出台《生成式人工智能服务管理暂行办法》，明确 AI 服务的法律要求和责任。欧盟则发布了《人工智能法案》，对 AI 系统实施分类监管，并设立 AI 办公室推进实施。美国通过《人工智能风险管理框架》和总统行政令等，构建了 AI 治理的政策法律框架，并成立了美国人工智能安全研究所。此外，联合国、欧洲委员会、英国和韩国等国也在推动国际 AI 治理合作，如联合国的全球监管倡议、欧洲委员会的《人工智能框架公约》草案，以及《首尔声明》等。这些举措共同致力于规范 AI 发展，确保伦理道德，并保护个人隐私和数据安全。

9.3　人工智能的安全风险有哪些?

人工智能的发展促进了当今世界科技进步的同时，也带来了很多安全风险，要从技术与法规两方面加以应对。目前较多的是互联网虚假信息泛滥，下面列举若干场景。

1. 数字分身

数字分身，也叫数字人分身、AI 数字分身、分身数字人。个人隐私可能因数字分身的使用而泄露，如面部特征、个人身份等敏感信息。数字分身可能被用于虚假身份和欺诈行为，如网络钓鱼、社交工程等，这会对用户的财务和信息安全构成威胁。此外，数字分身的数据还可能被滥用或用于商业目的，如广告、市场营销等，这也可能对用户的隐私造成侵害。

2. 伪造视频

伪造视频，尤其是伪造虚假视频引起国际争端，扰乱社会秩序，或引起突发舆情事件，如使用 AI 换脸技术，制作并发布了虚假的政治演讲视频，使公众对政治家的言论产生误解。

3. 伪造新闻

伪造新闻，主要通过虚假新闻自动生成牟取非法利益，使用 ChatGPT 生成热点新闻，赚取流量。此外，AI 伪造新闻还可能涉及侵犯知识产权、个人隐私等问题，加剧数字鸿沟现象。

4. 换脸诈骗

AI 诈骗，如由于 AI 语音模仿了企业高管的声音，一家香港国际企业因此被骗 3500 万美元。

5. 不雅图片或视频生成

如影视明星的不雅图片或视频生成，造成不良社会影响。因此，迫切需要发展互联网虚假信息的伪造检测技术。

9.4 人工智能伦理涉及的场景

人工智能伦理涉及的场景涵盖了多个领域，如图 9-1 所示。

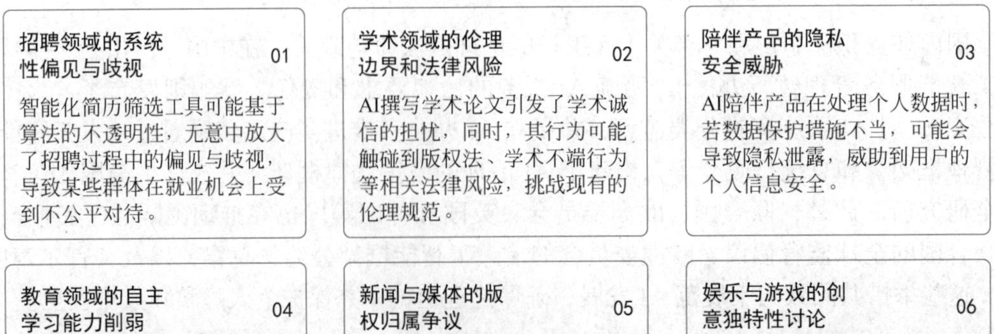

招聘领域的系统性偏见与歧视 01

智能化简历筛选工具可能基于算法的不透明性，无意中放大了招聘过程中的偏见与歧视，导致某些群体在就业机会上受到不公平对待。

学术领域的伦理边界和法律风险 02

AI撰写学术论文引发了学术诚信的担忧，同时，其行为可能触碰到版权法、学术不端行为等相关法律风险，挑战现有的伦理规范。

陪伴产品的隐私安全威胁 03

AI陪伴产品在处理个人数据时，若数据保护措施不当，可能会导致隐私泄露，威助到用户的个人信息安全。

教育领域的自主学习能力削弱 04

过度依赖AIGC技术可能导致学生在学习过程中过分依赖外部工具，从而削弱了他们的自主学习能力和批判性思维的发展。

新闻与媒体的版权归属争议 05

AI生成的新闻作品在版权归属上存在争议，因为不清楚作品的创造者是AI本身还是使用AI的个人或机构。

娱乐与游戏的创意独特性讨论 06

AI技术在模仿或复制人类创意方面的能力引发了对创意独特性和创新价值的讨论，担忧AI可能取代人类在艺术创作领域的独特地位。

图 9-1 人工智能伦理涉及的场景

学一学

学习 AIGC 伦理与责任的应用场景，你有什么思考？尝试询问“豆包”大模型相关知识，提示词如下。

提示词公式：情境描述 + 详细要求

（1）作为一名当代大学生，应该如何践行 AIGC 的伦理与责任？

（2）猫箱的主要功能有哪些，如何使用猫箱创建角色？

【AI 助训】

AI 助训

任务 9.1　生成式 AI 中的伦理问题

在伦理层面，AIGC 技术的广泛应用可能引发版权归属、信息真实性、创意独特性等问题的争议。例如，由 AI 生成的作品是否享有与传统作品同等的法律地位，如何界定其原创性与著作权归属，以及如何在海量数据中确保信息的真实性与准确性，都是当前亟需解决的伦理难题。

在“豆包”大模型上搜索关于 AIGC 伦理的影视作品。可以分享一下并简单说明影视作品中出现了哪些伦理问题？

提问关键词：情境描述 + 内容细化 + 输出要求

提示词示例

关于 AIGC 伦理的影视作品，请罗列 5 部中外作品，每部作品以：影视作品名、导演及主要演员、主要故事内容三个维度展开介绍。

以下是关于 AIGC 伦理的影视作品提示词，包含了 5 部中外作品，每部作品从影视作品名、导演及主要演员、主要故事内容三个维度进行了介绍。

一、《机器夏娃》（Ex Machina）

1. 影视作品名：《机器夏娃》

2. 导演及主要演员：由亚历克斯 · 加兰执导，多姆纳尔 · 格里森、奥斯卡 · 伊萨克和艾丽西亚 · 维坎德等出演。

3. 主要故事内容：一名年轻的程序员被邀请到老板的豪宅，对人工智能机器人进行图灵测试。他必须谨慎地对话，判断她是否具备真正的人类智能。随着试验的进行，人与机器的界限变得越来越模糊，他发现自己陷入了一场可能改变他一生的游戏中。

二、《银翼杀手 2049》（Blade Runner 2049）

……

学生自主设计提示词：________________________________

____

1. AIGC 的潜在伦理挑战

案例 1：系统性偏见与歧视

亚马逊曾采用一种依托人工智能技术的招聘工具，旨在通过智能化手段筛选简历。然而，该工具在投入使用仅一年后便被终止使用，原因在于其展现出对女性候选人的明显偏见。亚马逊的开发团队分析发现，该工具所筛选出的候选人中，男性占比高达 60%，这一不均衡现象直接归因于亚马逊过往招聘数据中存在的固有模式。此案例深刻揭示了 AIGC 在招聘领域内可能引发的系统性偏见与歧视风险。

另有一家大型科技公司，在招聘流程中运用了人工智能算法，却也遭遇了类似的偏见问题。该算法在评估候选人时，倾向于那些与当前员工在背景及特征上相近的候选人，由此导致了在性别、种族及年龄等多个维度上的歧视现象。这一发现迅速在公司内部引发了关于 AIGC 技术在招聘领域应用的广泛讨论与深刻反思。

案例 2：数据隐私侵权

一些媒体平台或机构在使用 AIGC 技术时，未能妥善保护用户的个人数据。这些数据包括用户的个人信息、偏好、行为习惯等敏感信息。由于数据保护措施不到位，这些信息被泄露给了第三方，导致用户隐私受到侵犯。Facebook 和 Cambridge Analytica 的数据丑闻就是一个典型的例子。Cambridge Analytica 从 Facebook 上抓取了美国选民的数据，并将其出售给政治竞选活动。这一行为严重侵犯了用户的隐私，并引发了广泛的争议和批评。最终，美国联邦贸易委员会因 Facebook 侵犯隐私而对其处以了 50 亿美元的罚款。这一案例显示了 AIGC 技术在数据隐私保护方面的潜在风险。

案例 3：虚假信息的传播

在新闻传媒领域，AIGC 技术已被应用于新闻报道的自动生成。然而，由于所依赖的数据集存在局限性以及算法设计尚不完善，这些由 AI 生成的报道有可能包含不实信息。这类虚假信息的迅速且广泛的传播，进一步加剧了公众对于新闻真实性的质疑，为新闻传播环境带来了极大的混淆与困扰。2024 年 6 月 9 日，有网民在某视频平台发布视频称，“5 月 27 日，四川省凉山彝族自治州发生 5.0 级地震，震中位于喜德县，地震波以每小时

80 公里的速度传播。地震造成了大量房屋损坏和人员伤亡，灾情严重”。实际上，5 月 27 日凉山发生 5.0 级地震，震中位于木里县，无人员伤亡，部分房屋受损。经调查，该网民罗某某为了吸引公众注意、增加视频流量，故意使用 AI 软件伪造了地震灾情的图片，并在短视频平台上散布了这一不实信息。此事件充分表明，尽管 AIGC 技术拥有强大的内容生成能力，但同样也可能被不法分子所使用，成为制造与传播虚假信息的工具，对社会的正常秩序造成不良影响。

案例 4：人工智能与人类智能

密歇根大学宗教研究和哲学教授安东尼·奥曼（Antony Aumann）在为学生批改世界宗教课程的论文时，发现了一篇质量极高的论文。这篇论文用简洁的段落、恰当的例子和严谨的论点探讨了罩袍禁令的道德性，其质量远远超出了奥曼教授对学生的预期。奥曼教授在接受采访时表示：“这篇文章写得比我的大多数学生都要好，语法太完美，结构太合理，观点太前卫，好到不符合我对学生的预期，这亮起了红灯。”为了验证自己的怀疑，奥曼教授将论文输入到 ChatGPT 中询问，ChatGPT 回复称有 99.9% 的概率是该 AI 撰写的。在与学生的对峙中，学生最终承认了使用 ChatGPT 撰写论文的事实。

这一事件激起了社会各界的广泛关注与深入讨论，不仅在教育学界掀起了关于学生作业提交与学术诚信问题的热烈探讨，也促使众多学术期刊及教育机构重新审视并着手修订关于采用人工智能工具进行学术论文撰写的相关规章与限制。这一现象也促使人们开始深刻反思人工智能与人类智能之间的复杂关系，包括探讨人工智能的固有局限、人类智能的独特价值，以及人工智能对未来社会的潜在影响等多个维度。

讨论

（1）AIGC 的思考：在 AI 时代，我们应该如何保护隐私安全？

（2）AICG 带来的冲击：面对人工智能，我们将何去何从？

2. 应对 AIGC 伦理问题的策略

人类历史上的技术创新常伴伦理挑战，如印刷术、电力、互联网均引发隐私、公平、安全等讨论。这些问题源自技术发展，体现社会对技术合理使用的关注。真正的问题是态度：回避或忽视伦理挑战可能导致就业市场动荡、社会不平等加剧等后果；过度限制则可能错失改善生活的机会。因此，面对伦理问题，需找到平衡点，既不放任技术失控，也不因恐惧而阻碍发展。需建立全面灵活的治理框架，包括法律法规、行业自律、公众意识提升等，确保技术尊重人的尊严、保护环境、维护社会公正，实现科技为人服务的目标。

策略 1：适度使用 AIGC 工具并增加数据源多样性

合理使用 AIGC 工具作为辅助而非决定性因素。确保最终的决策仍然由具备道德意识和公平考量的人类做出。积极扩大训练 AI 的数据来源，确保涵盖多样化的背景、经验和观点。通过纳入更多元化的历史数据来减少因单一文化或群体主导而导致的偏见。同时，定期对 AI 系统的结果进行审计，并运用多种公平性评估指标检查是否存在潜在的歧视现象。一旦发现问题，则立即采取措施调整算法参数或者更新训练数据以消除偏差。

策略 2：加强数据隐私保护

加强数据隐私保护，需要采取一系列综合措施，包括采用先进的加密技术和访问控制策略来保护存储在服务器上的个人信息，防止未经授权的访问或泄露。同时，应遵循最小化数据收集的原则，仅收集完成特定任务所必需的信息量，并明确告知用户其数据将如何被使用以及保存期限。此外，赋予用户对其个人资料的控制权至关重要，这不仅意味着允许用户查看和管理自己的信息，还应提供选项让用户可以选择退出某些类型的数据共享活动，并对敏感信息提供额外的安全保障。通过这些举措，可以有效地增强数据安全，确保用户的隐私得到妥善保护。

策略 3：控制虚假信息传播

为了有效控制由 AIGC 技术生成的虚假信息传播，需要采取综合措施，包括开发更加智能的内容审核工具，使用机器学习技术来识别可能包含错误或误导性的内容，并根据具体情况采取相应措施，如标记、限制可见范围甚至删除。同时，增强公众意识至关重要，通过教育公众增强辨别真伪的能力，特别是在面对 AI 生成的内容时保持批判性思维，推广数字素养项目以帮助人们更好地理解信息来源及其可靠性。此外，政府也应发挥作用，出台相关政策法规，明确禁止使用 AI 技术制造和散布虚假信息的行为，并对违反规定者实施相应的处罚，从而在法律层面为遏制虚假信息提供强有力的保障。这些举措共同构成了一个多维度的防御体系，旨在确保信息的真实性和准确性，维护社会的信息生态健康。

AIGC 技术的快速发展为各行各业带来了前所未有的机遇，从自动化内容创作到智能化决策支持，其潜力巨大。然而，伴随而来的伦理挑战也不容忽视，包括系统性偏见与歧视、数据隐私侵权以及虚假信息传播等问题，这些都对社会公平、个人权益和信息真实性构成了威胁。面对这样的双重影响，深入探讨技术发展与伦理规范之间的平衡变得尤为重要。通过加强内容审核能力、提高公众数字素养、建立健全法律法规等多方面努力，可以有效应对这些挑战。同时，适度使用 AIGC 工具并增加数据源多样性，确保技术的应用更加公正透明；加强数据保护措施，保障用户隐私安全。只有在技术创新与伦理责任之间找到恰当的结合点，才能真正促进 AIGC 行业的健康可持续发展，使其成为推动社会进步的强大动力。

讨论

AIGC 的思考：结合实际，谈谈如何把握 AIGC 工具“度”的问题？

VS 辩论：情感智能是否有助于“人”的发展？

正方观点：	反方观点：
情感智能的模仿和增强有助于 AI 更好地理解人类，建立更和谐的人机关系。	情感是复杂且主观的人类体验，不应被简化或复制，保持 AI 的“非情感”特性有助于维持人机界限。

情感智能对于人的发展确实具有显著的促进作用，同时，关于是否应该对其进行限制，需要从多个角度进行考量。

情感智能有助于提升个人的社交能力、情感管理能力和心理健康水平。它使人们能够更有效地理解他人的情感和需求，建立积极的人际关系，减少误解和冲突。同时，情感智能还能帮助个体更好地处理自身情感，提升自我认知和抗压能力。

然而，对于情感智能的应用，也需要注意其潜在的负面影响。例如，在人际交往中，如果过分依赖情感智能技术，可能会导致人类自身的情感和社交能力逐渐退化。此外，情感智能技术如果被滥用，还可能侵犯个人隐私，甚至导致歧视性结果。综上所述，情感智能的发展和应用应该受到合理的引导和规范。

任务 9.2　生成式 AI 的法律风险

AI 助训

2024 年度中国政务概览中强调：需加速大数据与人工智能等领域的研发应用，并推行“AI+”战略举措。目前，人工智能已晋升至我国核心战略层面，其地位堪比历史上的蒸汽机之于蒸汽时代、发电机之于电气时代、计算机与互联网之于信息时代，正逐步确立为引领人类迈入智能纪元的关键驱动力。对于生成式 AI 而言，数据如同滋养其成长的源泉，其飞速发展高度依赖于海量个人数据的采集与应用，这也使得个人数据面临着前所未有的安全挑战。

1. 生成式 AI 在数据安全和隐私保护中的法律风险

选择合适的大模型平台（豆包、文心一言、通义千问、腾讯元宝、猫箱等），尝试和大模型进行“朋友”对话。

提问关键词：角色说明 + 任务描述 + 内容细化

提示词示例

现在你是我的知心朋友，你叫婷婷，20 岁，舞蹈专业大二学生。我叫丽丽，21 岁，大三学生，电子信息专业学生。接下来我们开始对话吧。

AI：丽丽！好久不见呀，最近过得怎么样呀？

最近还好，就是大三了，学业比较紧张：

AI：是呀，大三了确实会忙一些呢。那你电子信息的专业课是不是很难呀？

还好，好在现在很多学习资源，学习起来就比较有思路。：

AI：那还不错啦。那你除了学习，还有时间做其他喜欢的事情不？比如像我就喜欢跳舞，嘿嘿。

我还喜欢打乒乓球，也喜欢看电影：

AI：乒乓球呀！好厉害哦，我乒乓球打得可菜了。看电影也不错呀，你最近看了什么好看的电影没？

我喜欢看历史题材的，你有什么好看的电影推荐吗：

AI：历史题材的呀，我想想哦……有了……

以上对话细思极恐，AI对话在提供情绪价值的同时，也会让“我”不自觉地将自己的隐私信息数据与“朋友”进行交流。近年来，随着大模型技术快速发展，国内外科技公司陆续推出AI陪伴产品和服务，比如国内的星野、筑梦岛、X Eva、猫箱，国外的Replika、Character.AI等，这些产品受到很多用户的喜爱，这些产品通过文字、语音、图像等交互模式，提供鲜活的AI对话体验。根据量子位智库发布的《中国AI陪伴产品6月数据报告》，星野今年上半年下载量约为900万次。国外一家知名风投公司发布的全球AI产品Top100榜单中，AI陪伴应用一年前仅有2个上榜，今年3月已有8个应用跻身前50。

想聊就聊，不想聊就不搭理。不管你发牢骚还是生气，AI都会安慰你，情绪价值“拉满”。”重庆大学新闻学院副院长曾润喜说，AI通过学习每一次对话，不断模仿人类语言行为，呈现出“在交互中分析情感，在输出时复现情绪”的类人格化特征。“所谓的情感共鸣，背后潜藏的是AI算法。”暨南大学新闻与传播学院副院长曾一果说，AI基于用户行为数据分析精准迎合用户情绪需要，“量身定制”回答，从抽象冰冷的工具变为“情绪价值专家”。

然而，AIGC 在处理个人数据时，若未能妥善处理或未经用户同意即收集、存储、使用个人数据，可能导致隐私泄露。在“婷婷”和“丽丽”的对话中，虽然并未直接涉及 AI 的使用，但类似场景如果引入 AI 元素，比如通过 AI 分析对话内容以提供个性化推荐或生成虚拟对话等，就可能涉及对个人隐私的收集和处理。如果这些数据被不当使用或泄露，将对用户的隐私安全构成威胁。因此，在使用生成式 AI 时，必须严格遵守相关法律法规，确保用户数据的合法收集和使用，并采取有效的技术和管理措施来保护用户隐私。

测一测（多选题）

以下行为中，（　　）可能构成数据泄露。

A. 将敏感数据通过电子邮件发送给未经授权的人员

B. 将数据存储在不安全的云存储服务上

C. 在公共场所使用不安全的网络连接访问敏感数据

D. 定期备份数据并妥善保管

测一测

2. 生成式 AI 在知识产权和版权中的法律风险

以下两个案件是近年来发生在国内的关于 AI 在知识产权纠纷中的真实案件。

案例 1：国内首例 AI 文生图案：“春风图案”

2023 年 11 月 27 日，北京互联网法院作出了（2023）京 0491 民初 11279 号判决。该案被称为“人工智能（以下简称“AI”）文生图著作权侵权国内第一案”，以下简称“春风图案”。

在“春风图案”中。原告在使用 AI 生成图片时，进行了如设计人物的呈现方式、选择提示词、安排提示词的顺序、设置相关参数等智力活动。然而，被告未经原告许可，擅自使用了原告生成的图片，并进行了商业使用。原告认为，其在使用 AI 生成图片的过程中进行了大量的智力投入，且生成的图片在艺术上具有独创性和审美价值，因此构成作品，应受到著作权法的保护。而被告的行为侵犯了原告的著作权，因此提起了诉讼。

在该案中，我国法院首次明确了人工智能生成物（AIGC）是否构成作品、AIGC 属于 AI 使用者。

案例 2：全球 AIGC 平台侵权第一案——“奥特曼案”

2024 年 2 月 8 日，广州互联网法院就作出了另一份涉及 AIGC 著作权侵权的（2024）粤 0192 民初 113 号判决。该案被称为“AIGC 平台著作权侵权全球第一案”，以下简称“奥特曼案”。

原告上海某文化发展有限公司通过许可的形式获得了奥特曼系列作品的权利人圆谷制作株式会社在中国国内的著作权授权并享有维权权利。被告是一家提供人工智能服务的平台，其运营的网站具有AI生成绘画功能。原告发现，当要求该网站生成奥特曼相关图片时，生成的奥特曼形象与其享有著作权的奥特曼形象构成实质性近似。原告认为被告未经授权，擅自使用原告享有权利的作品训练其大模型并生成实质性相似的图片，且通过销售会员充值及“算力”等增值服务的行为侵害其对奥特曼作品享有的复制权、改编权和信息网络传播权。在该案中，我国法院首次明确，被告经营的AI平台在提供AIGC服务过程中侵犯了原告对案涉奥特曼作品所享有的复制权和改编权，并应承担相关民事责任。

上述两起AIGC著作权侵权判决引发了国内著作权领域理论界和实务界广泛讨论。随着越来越多用户使用AI生成文艺智力成果，类似“春风图案”和“奥特曼案”的AIGC著作权侵权案件将更加常见。AIGC是否属于作品、其著作权归属及对不同主体的影响成为了新的议题。

结合“春风图案”与“奥特曼案”的审理结果及我国著作权法的相关内容，是否会促进技术提供者更加注重版权保护，又该如何保护？

提问关键词：问题描述 + 明确要求

提示词示例：结合“春风图案”和“奥特曼”进行分析如何进行版权保护，从案件梳理及审判结果、我国相关著作法条例、AI大背景下著作权保护展开。

案例分析

在“春风图案”及“奥特曼案”中，北京互联网法院和广州互联网法院均认可了符合作品定义的AIGC应当作品受到保护，其中“春风图案”对于为何将AIGC作为作品进行保护进行了较为详细的阐述，总结如下：

首先，法院考虑“春风送来了温柔”图片中人类是否进行了智力投入，该图片是否属于智力成果。智力成果是指通过智力活动创造出来的具有实用价值或精神价值的成果。在这个案例中，法院会审查原告在使用AI生成图片时，是否进行了智力投入，如设计人物的呈现方式、选择提示词、安排提示词的顺序、设置相关参数等。如果原告在生成图片的过程中进行了智力活动，那么就可以认为该图片属于智力成果。

其次，法院还考虑了“春风送来了温柔”图片是否具有独创性。独创性是指作品必须是作者独立创作完成的，并且体现了作者的个性化表达。在这个案例中，法院会审查原告在使用 AI 生成图片时，是否对画面元素、布局构图等进行了设计，是否体现了原告的选择和安排。如果原告对 AI 生成图片的过程进行了个性化的干预和调整，使得生成的图片具有独特的艺术风格和创意，那么就可以认为该图片具有独创性。

最后，法院还会考虑 AI 生成的图片是否属于艺术领域内的作品。艺术领域内的作品通常具有一定的审美价值和艺术性，能够引起人们的审美感受和情感共鸣。在这个案例中，法院会审查 AI 生成的图片是否具有艺术性和审美价值，是否符合艺术创作的规律和特点。如果 AI 生成的图片在艺术上具有独创性和审美价值，那么就可以认为该图片属于艺术领域内的作品。

学生自主设计提示词：____

____

框架应用策略

我国 AI 技术快速发展，在“春风图案”和“奥特曼案”引领下，法院对于 AIGC 作为作品保护将为大势所趋。在该种情形，对于 AI 使用者、权利人及 AI 平台而言有何影响及如何应对呢？

策略 1：建立投诉举报机制

根据《生成式 AI 服务管理暂行办法》第十五条规定，提供者应当建立健全投诉、举报机制，设置便捷的投诉、举报入口，公布处理流程和反馈时限，及时受理、处理公众投诉举报并反馈处理结果。因此，本文建议，AI 平台应建立投诉举报机制。

策略 2：对潜在风险进行提示

AI 平台应当在服务协议中或通过其他方式提示用户不得侵害他人著作权。与一般的网络服务存在显著区别的是，一般而言，用户在使用生成式 AI 服务时，对他人特别是著作权人的潜在侵权风险缺乏明确认知，因此生成式 AI 服务提供者有义务对用户进行提示，这其中就包括用户不能使用其服务侵犯他人著作权。

策略 3：显著标识

AI 平日在生成物可能导致公众混淆或者误认的情况下，有义务对其提供的生成物进行显著标识。经标识后，有关权利人能够明确认识到生成物系由 AI 生成，进而采取更具针对性和有效的维权措施，更好地保护其权利。因此，标识义务不仅是对公众知情权的尊重，也是对权利人的一种保护性义务。

3. 生成式 AI 服务的基本要求和法律规范

2023 年 7 月 10 日，为促进 AIGC 技术健康发展和规范应用，国家互联网信息办公室等七部门联合公布了《生成式人工智能服务管理暂行办法》（以下简称《暂行办法》），根据《中华人民共和国网络安全法》《中华人民共和国数据安全法》《中华人民共和国个人信息保护法》《中华人民共和国科学技术进步法》等法律、行政法规制定。《暂行办法》既是促进生成式人工智能健康发展的重要要求，也是防范生成式人工智能服务风险的现实需要。其中明确提出坚持发展和安全并重、促进创新和依法治理相结合的原则，对生成式人工智能服务实行包容审慎和分类分级监管，规定了提供生成式人工智能产品或服务应当遵守法律法规的要求，尊重社会公德和伦理道德，并明确了生成式人工智能服务的提供者（以下简称提供者）需要承担的各项义务和责任。《暂行办法》发布后，如何更好地适用规则以统筹发展与安全，在夯实安全发展的基础之上，给予创新发展以可容、可信、可控的制度环境，以高质量的制度型开放为实现我国人工智能技术和产业的弯道超车，提供科学有力、坚实坚定的制度支撑，成为重要课题。

任务 9.3：师生人工智能能力框架

测一测

测一测（简答题）

（1）请结合《生成式人工智能服务管理暂行办法》（简称《暂行办法》）的具体内容，简要说明《暂行办法》的适用范围和原则有哪些？

（2）依据《生成式人工智能服务管理暂行办法》的具体内容，分条列举提供和使用生成式人工智能服务应当遵守哪些规定，并为每个规定举简单案例进行说明。

【AI 拓学】

AI 拓学

1. 拓展知识

除了上述任务中的相关知识，我们还应使用 AIGC 进行拓展知识的学习，推荐知识主题及示范提示词见表 9-1。

表 9-1　项目 9 拓展学习推荐知识主题及示范提示词

序号	知识主题	示范提示词
1	AI 伦理	关于 AIGC 核心伦理原则有哪些?
2	法律风险	关于 AIGC 的法规以及法律条款有哪些?
3	师生人工智能能力框架	结合本专业谈谈面向学生的人工智能能力框架?

2. 拓展实践

（1）撰写分析报告。通过本项目的学习，你应该已经了解了 AIGC 伦理与责任。下面请你使用 AIGC 辅助完成以下任务，要求见表 9-2。

表 9-2　谈谈如何在课程学习中构建自己的人工智能能力

任务主题	任务思路	任务要求
请你结合自己的专业，谈谈如何在课程学习中构建自己的人工智能能力	梳理专业理论框架	提交完整任务分析报告
	细化专业人工智能能力构建	
	AIGC 工具使用及专业助力	
	任务分析报告整合	

（2）信息技术实践任务：熟悉信息素养与社会责任。

【生成式作业】

【评价与反思】

根据学习任务的完成情况，对照学习评价中的“观察点”列举的内容进行自评或互评，并根据评价情况，反思改进，填写表 9-3 和表 9-4。

表 9-3　学习评价

学习评价观察点	完全掌握	基本掌握	尚未掌握
理解 AI 带来的伦理问题及重要性			
能基本判别 AI 应用中的数据安全和隐私保护及版权等法律问题			
了解师生人工智能能力框架			
能结合专业梳理自身智能能力需求			

表 9-4　学习反思

反　思　点	简要描述
学会了什么知识？	
掌握了什么技能？	
还存在什么问题，有什么建议？	

学习画像

扫一扫右侧“学习画像”二维码，查看你的个人学习画像，做专属练习。

参考文献

[1] 杜雨，张孜铭 . AIGC：智能创作时代 [M]. 北京：中译出版社，2023.

[2] 丁磊 . 生成式人工智能：AIGC 的逻辑与应用 [M]. 北京：中信出版集团，2023.

[3] 蒲清平，向往 . 生成式人工智能——ChatGPT 的变革影响、风险挑战及应对策略 [J]. 重庆大学学报（社会科学版），2023，29（3）：102-114.

[4] 唐振伟 . 玩转 ChatGPT：秒变 AI 论文写作高手 [M]. 北京：人民邮电出版社，2024.

[5] 朱美淋 . AIGC 绘画 Chat+Midjourney+Nijijourney 成为商业 AI 设计师 [M]. 北京：电子工业出版社，2023.

[6] 蒋珍珠 . AI 短视频生成与剪辑实战 108 招：ChatGPT+ 剪映 [M]. 北京：清华大学出版社，2024.

[7] AIGC 文画学院 . AI 短视频创作 119 招：智能脚本 + 素材生成 + 文生视频 + 图生视频 + 剪辑优化 [M]. 北京：化学工业出版社，2024.

[8] 陈明明，李腾龙 . 人人都是提示工程师 [M]. 北京：人民邮电出版社，2023.

[9] 文之易，蔡文青 . ChatGPT 实操应用大全 [M]. 北京：中国水利水电出版社，2023.

[10] 易洋，潘泽彬，李世明 . AI 超级个体：ChatGPT 与 AIGC 实战指南 [M]. 北京：电子工业出版社，2023.

[11] 孟德轩 . Stable Diffusion——AIGC 绘画实训教程 [M]. 北京：人民邮电出版社，2023.

[12] 李寅 . 从 ChatGPT 到 AIGC：智能创作与应用赋能 [M]. 北京：电子工业出版社，2023.

[13] 李世明，代旋，张涛 . ChatGPT 高效提问：prompt 技巧大揭秘 [M]. 北京：人民邮电出版社，2024.

[14] 梅磊，施海平，陈靖 . ChatGPT 大模型：技术场景与商业应用 [M]. 北京：清华大学出版社，2023.

[15] 施襄 . ChatGPT：AIGC 时代商业应用赋能 [M]. 北京：清华大学出版社，2023.

[16] 成生辉 . AIGC：让生成式 AI 成为自己的外脑 [M]. 北京：清华大学出版社，2023.

[17] 苏海 . ChatGPT+AI 文案写作实战 108 招 [M]. 北京：清华大学出版社，2024.

[18] 通证一哥 . 你好 ChatGPT[M]. 北京：机械工业出版社，2023.

[19] 陈永伟 . 超越 ChatGPT：生成式 AI 的机遇、风险与挑战 [J]. 山东大学学报（哲学社会科学版），2023（3）：127-143.